中国电力教育协会审定

 "十二五"高职高专电力技术类专业系列教材

电气设备运行与检修

全国电力职业教育教材编审委员会　组　编

郭　琳　鲁爱斌　主　编

马　雁　石锋杰　高　虹　副主编

姜秉梁　王锐凤　彭　博　郭　雷　编　写

吴斌兵　主　审

中国电力出版社

CHINA ELECTRIC POWER PRESS

内 容 提 要

本书采用任务驱动、行动导向的方式编写，包括项目描述、教学环境、教学目标、任务描述、任务准备、相关知识等环节，目标任务明确。

本书共七个项目，主要内容包括高压断路器的运行与检修，高压隔离开关的运行与检修，互感器、限流限压及补偿设备的运行与检修，高压开关柜的运行与检修，SF_6 组合电器的运行与检修，电气主接线及倒闸操作，配电装置的布置。

本书可供高职高专院校电力工程类相关专业师生使用，也可供电力工程类相关专业技术人员阅读。

图书在版编目（CIP）数据

电气设备运行与检修/郭琳，鲁爱斌主编；全国电力职业教育教材编审委员会组编 .—北京：中国电力出版社，2015.6（2023.8 重印）

全国电力高职高专"十二五"规划教材 . 电力技术类（电力工程）专业系列教材

ISBN 978 - 7 - 5123 - 7548 - 2

Ⅰ.①电…　Ⅱ.①郭…②鲁…③全…　Ⅲ.①电气设备－运行－高等职业教育－教材②电气设备－维修－高等职业教育－教材　Ⅳ.①TM

中国版本图书馆 CIP 数据核字（2015）第 071809 号

中国电力出版社出版、发行
（北京市东城区北京站西街 19 号　100005　http：//www.cepp.sgcc.com.cn）
廊坊市文峰档案印务有限公司印刷
各地新华书店经售

*

2015 年 6 月第一版　2023 年 8 月北京第六次印刷
787 毫米×1092 毫米　16 开本　15.25 印张　369 千字
定价 30.00 元

全国电力职业教育教材编审委员会

参 编 院 校

山东电力高等专科学校　　　　西安电力高等专科学校
山西电力职业技术学院　　　　保定电力职业技术学院
四川电力职业技术学院　　　　哈尔滨电力职业技术学院
三峡电力职业学院　　　　　　安徽电气工程职业技术学院
武汉电力职业技术学院　　　　福建电力职业技术学院
江西电力职业技术学院　　　　郑州电力高等专科学校
重庆电力高等专科学校　　　　长沙电力职业技术学院

电力工程专家组

组　长　解建宝

副组长　李启煌　陶　明　王宏伟　杨金桃　周一平

成　员　（按姓氏笔画排序）

王玉彬　王　宇　王俊伟　刘晓春　余建华　吴斌兵

张惠忠　李建兴　李道霖　陈延枫　罗建华　胡　斌

章志刚　黄红荔　黄益华　谭绍琼

出 版 说 明

为深入贯彻《国家中长期教育改革和发展规划纲要》（2010—2020）精神，落实鼓励企业参与职业教育的要求，总结、推广电力类高职高专院校人才培养模式的创新成果，进一步深化"工学结合"的专业建设，推进"行动导向"教学模式改革，不断提高人才培养质量，满足电力发展对高素质技能型人才的需求，促进电力发展方式的转变，在中国电力企业联合会和国家电网公司的倡导下，由中国电力教育协会和中国电力出版社组织全国 14 所电力高职高专院校，通过统筹规划、分类指导、专题研讨、合作开发的方式，经过两年时间的艰苦工作，编写完成全国电力高职高专"十二五"规划教材。

本套教材分为电力工程、动力工程、实习实训、公共基础课、工科专业基础课、学生素质教育六大系列。其中，电力工程和工科专业基础课系列教材 40 余种，主要针对发电厂及电力系统、供用电技术、继电保护及自动化、输配电线路施工与维护等专业，涵盖了电力系统建设、运行、检修、营销以及智能电网等方面内容。教材采用行动导向方式编写，以电力职业教育工学结合和理实一体化教学模式为基础，既体现了高等职业教育的教学规律，又融入电力行业特色，是难得的行动导向式精品教材。

本套教材的设计思路及特点主要体现在以下几方面。

（1）按照"行动导向、任务驱动、理实一体、突出特色"的原则，以岗位分析为基础，以课程标准为依据，充分体现高等职业教育教学规律，在内容设计上突出能力培养为核心的教学理念，引入国家标准、行业标准和职业规范，科学合理设计任务或项目。

（2）在内容编排上充分考虑学生认知规律，充分体现"理实一体"的特征，有利于调动学生学习积极性。是实现"教、学、做"一体化教学的适应性教材。

（3）在编写方式上主要采用任务驱动、行动导向等方式，包括学习情境描述、教学目标、学习任务描述、任务准备、相关知识等环节，目标任务明确，有利于提高学生学习的专业针对性和实用性。

（4）在编写人员组成上，融合了各电力高职高专院校骨干教师和企业技术人员，充分体现院校合作优势互补，校企合作共同育人的特征，为打造中国电力职业教育精品教材奠定了基础。

本套教材的出版是贯彻落实国家人才队伍建设总体战略、实现高端技能型人才培养的重要举措，是加快高职高专教育教学改革、全面提高高等职业教育教学质量的具体实践，必将对课程教学模式的改革与创新起到积极的推动作用。

本套教材的编写是一项创新性的、探索性的工作，由于编者的时间和经验有限，书中难免有疏漏和不当之处，恳切希望专家、学者和广大读者不吝赐教。

全国电力职业教育教材编审委员会

前　言

随着我国职业教育的不断发展，以工作过程为导向的职业教育思想已被我国职业教育界所接受，并对我国职业教育课程改革的理论研究和方法研究产生了深刻影响。为贯彻落实《国家中长期教育改革和发展规划纲要》（2010—2020）要求企业参与职业教育的文件精神，满足电力行业产业发展对高技术技能型人才的需求，中国电力教育协会联合国家电网公司人力资源部，在全国各电力高职高专院校和中国电力出版社共同参与下，组织编制了全国电力高职高专"十二五"规划教材。

本教材以《关于全面提高高等职业教育教学质量的若干意见》为指导，主要采用行动导向编写方式，按照"项目导向、任务驱动、理实一体、突出特色"的原则，以岗位分析为基础，以课程标准为依据，充分体现高等职业教育教学规律。教材内容突出能力培养为核心的教学理念，引入国家标准、行业标准和职业规范，科学合理设计任务或项目，充分考虑学生认知规律，充分体现任务驱动的特征，充分调动学生学习积极性。本书作为高职高专院校电力技术类专业的教材，在编写过程中坚持人才培养目标的要求，以适用为度，同时结合我国电力生产现状，由郑州、武汉、长沙、保定和福建的电力职业院校的在校教师共同编写。

本书共分七个项目，项目一由郭琳（郑州电力高等专科学校）、鲁爱斌（武汉电力职业技术学院）、高虹（长沙电力职业技术学院）、彭博（郑州电力高等专科学校）共同编写，项目二由鲁爱斌、高虹、石锋杰（郑州电力高等专科学校）彭博共同编写，项目三和项目五由郭琳、石锋杰、马雁（郑州电力高等专科学校）、郭雷（洛阳供电公司）共同编写，项目四由郭琳、鲁爱斌、姜秉梁（保定电力职业技术学院）共同编写，项目六由王锐凤（福建电力职业技术学院）、高虹、马雁、郭雷共同编写，项目七由石锋杰、王锐凤共同编写。全书由郭琳统稿。

本书承蒙江西电力职业技术学院吴斌兵主审，提出了宝贵的修改意见，在此表示衷心的感谢。

由于编者教学水平和生产实际经验有限，不足之处在所难免，希望读者批评指正。

编　者

2015 年 4 月

目　录

项目一

高压断路器的运行与检修

【项目描述】

本项目介绍高压断路器的作用及类型、基本技术参数及型号、结构及操动机构等基本知识，了解高压断路器的运行规程和检修规范，了解高压断路器常见的事故类型，熟悉其预防措施。通过本项目的学习与训练，学生能够完成高压断路器的巡视、维护工作，能够根据异常现象分析故障原因并完成故障处理等方面的工作。

【教学目标】

（1）掌握高压断路器的作用、工作原理、基本技术参数和结构。

（2）了解高压断路器的运行规程和检修规范，掌握高压断路器的巡视、维护内容，掌握高压断路器的操作方法。

（3）了解高压断路器的技术资料内容，熟知设备的缺陷分类，熟悉事故处理预案内容，了解一些现场的事故案例。

（4）了解检修对人员、环境及工器具的要求，熟知检修工作过程和检修工艺。

（5）能够读懂高压断路器的产品技术说明书，根据其运行管理规范，能对设备进行验收、安装和投运。

（6）能够根据高压断路器的特点及用途，结合近年来国家电网公司输变电设备评估分析、生产运行情况分析以及设备运行经验，为防止和减少设备运行故障，对其进行正常巡视、特殊巡视、正常操作和异常操作。

（7）根据高压断路器的运行维护情况，能对其进行缺陷管理、事故处理，并做事故处理预案及方案，建立健全的技术资料档案，对高压断路器的运行做出分析，定期对运行的高压断路器进行评级，对其运行状态做出科学评价，指导检修。

（8）根据高压断路器检修的一般规定，能收集检修所需的资料，确定检修方案，准备检修工具、备件及材料，设置检修安全措施，处理检修环境，进行检修前的检查和试验，确定检修项目，实施高压断路器的检修，能做检修记录和总结报告。

（9）根据高压断路器在运行中频繁出现的、典型的事故（故障），能进行预防和处理。

【教学环境】

教学场所：多媒体教室、实训基地。

教学设备：电脑、投影仪、展台、扩音设备、纸质及电子资料。

教学资源：实训场地符合安全要求，实训设备充足可靠。

任务 1.1　高压断路器的认识

【教学目标】

1. 知识目标

(1) 掌握高压断路器的基本要求、类型、参数、型号；

(2) 熟悉高压断路器的灭弧原理；

(3) 熟悉高压断路器本体和机构的工作原理及结构。

2. 能力目标

(1) 能看懂断路器技术说明书；

(2) 能指出断路器的主要组成部分及作用。

3. 态度目标

(1) 能做到认真预习和收集上课所需要的资料；

(2) 能认真上课，仔细看书，听老师所讲的内容，积极参与讨论并发表意见；

(3) 尊重小组的决定，积极配合小组其他成员完成分配的工作任务；

(4) 在学习中，学习他人的长处，改正自己的缺点，积极与老师、同学交流和探讨；

(5) 能吃苦耐劳，团结互助，具备职业岗位所需要的基本素质。

【任务描述】

在对高压断路器的类型、型号、基本技术参数、结构等知识有了深入了解之后，能够对实训室现有高压断路器实物，说出其结构特点，并准确指出主要组成部分。

【任务准备】

课前预习相关部分知识，通过观看实训基地现有高压断路器的实物、图片、动画、视频，经讨论后能独立回答下列问题：

(1) 断路器的作用是什么？分为哪几种类型？型号如何表示？

(2) 断路器有哪些额定参数？分别表示什么意义？

(3) 断路器的基本结构可分为哪几部分？

【相关知识】

高压开关指额定电压 1kV 及以上，主要用于开断和关合导电回路的电器。高压开关设备指高压开关与控制、测量、保护、调节装置以及辅件、外壳和支持件等部件及其电气和机械的联结组成的总称。

高压开关设备按其功能和作用的不同，可以分为元件及其组合和成套设备。元件及其组合包括断路器、隔离开关、接地开关、重合器、分断器、负荷开关、接触器、熔断器以及上述元件组合而成的负荷开关-熔断器组合电器、接触器-熔断器（F-C）组合电器、隔离负荷开关、熔断器式开关、敞开式组合电器等。成套设备是将上述元件及其组合与其他电器（如变压器、互感器、电容器、电抗器、避雷器和二次元件等）进行合理配置，有机地组合于金属封闭外壳内，具有相对完整使用功能的产品，如金属封闭开关设备（开关柜）、气体绝缘金属封闭开关设备（GIS）和高压/低压预装式变电站等。

高压开关设备按其绝缘可分为空气绝缘的敞开式开关设备（AIS）、气体绝缘金属封闭开关设备（GIS）和混合技术开关设备（MTS）三种类型。

AIS 以优化投资成本为特征，GIS 以最小的空间需求为特征，MTS 则以可靠性极高的单线布置为特征。MTS 是基于敞开式开关设备组合及气体绝缘金属封闭开关设备组合的组合式开关设备。MTS 可分两类：一类为敞开式组合电器；另一类为 H-GIS 即复合式 GIS。敞开式组合电器是以敞开式元件组合形成的开关设备，基本型号为 ZCW。H-GIS 是三相空气绝缘且不带母线的单相 GIS，基本型号为 ZHW。国内将 H-GIS 亦称为准 GIS、简化 GIS 等。

AIS 以瓷套作为设备外壳及外绝缘，优化了投资成本；但占地面积大且设备外露部件多，易受气候环境条件的影响，不利于系统的安全及可靠运行。GIS、H-GIS 在减少占地面积方面具有明显的优势，GIS、H-GIS 的功能元件封闭在气体绝缘壳体内，因而抵御外界环境影响能力较强。GIS 是属于可靠性高、免维护的开关设备，占地面积最小，但由于配置大量的金属封闭母线，使得造价昂贵，而 H-GIS 的造价介于 AIS 和 GIS 之间。

相对于 GIS，H-GIS（或 MTS）只将一相断路器、隔离/接地开关、电流互感器等集成为一组模块，整体封闭于充有绝缘气体的容器内，而对发生事故几率极低的母线，则采用常规方式（敞开式）进行布置。也就是说，H-GIS 是一种不带充气母线的相间空气绝缘的单相 GIS，因而，使得其现场结构清晰、简洁、紧凑、安装和维护方便、运行可靠性高。相对于 AIS，MTS 将隔离开关和接地开关封闭在充气的壳体内，这样就避免了户外隔离开关经常出现的绝缘子断裂、操作失灵、导电回路过热、腐蚀等四大问题。又由于隔离开关与接地开关合一简化了结构，大大缩小了尺寸。这种三工位隔离开关与接地开关，不存在常规隔离开关与接地开关间各种可能的误操作，因此可省略它们之间的电气操作联锁，使运行的可靠性大大提高。

H-GIS 的特点：①完全解决了户外隔离开关运行可靠性问题，同时由于各元件组合，大大减少了对地绝缘套管和支柱数。减少了绝缘支柱因污染造成对地闪络的概率，有助于提高运行的可靠性。②由于元件组合，缩短了设备间接线距离，节省了各设备的布置尺寸。相对于传统的 AIS，大大缩小了高压设备纵向布置尺寸，减少占地面积达 40%～60%。③由于采用在制造厂预制式整体组装调试、模块化整体运输和现场施工安装的方式，现场施工安装更为简单、方便。同时减少了变电站支架、钢材需用量；又由于基础小，工程量少，混凝土用量少，大大减少了基础工作和费用开支。④由于 MTS 模块化，非常灵活，特别适用于老式变电站的改造。MTS 正是适应欧洲 20 世纪五六十年代老电站改造而兴起的，MTS 降低了老变电站升级改造的施工难度和投资规模，同时提高了可靠性。

高压断路器是电力系统中最重要的控制和保护设备，它结构完善，并有灭弧装置和高速传动机构，能关合和开断各种状态下高压电路中的电流。其在电力系统中主要起两方面的作用：①控制作用，即在正常时，根据电力系统的运行需要，接通或断开电路的工作电流；②保护作用，当系统中发生故障时，高压断路器与继电保护装置及自动装置配合，迅速、自动地切除故障电流，将故障部分从电力系统中断开，保证电力系统无故障部分的安全运行，以减小停电范围，防止事故扩大。

一、高压断路器的基本要求、类型

（一）高压断路器的基本要求

电力系统的运行状态、负荷性质是多种多样的，起控制和保护作用的高压断路器，必须满足以下基本要求：

（1）工作可靠。断路器应能在规定的运行条件下长期可靠地工作，并能正确地执行分、合闸命令，圆满完成接通或断开电路的任务。

（2）具有足够的开断能力。断路器在断开短路电流时，触头间会产生很大的电弧，此时断路器应具有足够强的灭弧能力才能安全可靠地断开电路，并且还要有足够的热稳定性。

（3）具有尽可能短的开断时间。分断时间要短，灭弧速度要快，这样当电网发生短路故障时可以缩短切除故障的时间，以减轻短路电流对电气设备和电力系统的危害，有利于系统的稳定。

（4）具有自动重合闸功能。由于输电线路的故障多数是暂时性的，采用自动重合闸可以提高供电可靠性和电力系统的稳定性。即在发生短路故障时，继电保护动作使断路器跳闸，切除故障电流，经无电流间隔时间后自动重合闸，恢复供电。当然，如果故障仍然存在，断路器则再次立即跳闸，切断故障电流。

（5）具有足够的机械强度和良好的稳定性能。正常运行时，断路器应能承受自身重量、风载和各种操作力的作用。在系统发生短路故障，断路器通过短路电流时，应有足够的动稳定和热稳定，以保证断路器的安全运行。

（6）结构简单、价格低廉。在满足安全、可靠要求的前提下，还应考虑经济性。因此要求断路器结构简单、体积小、质量轻、价格合理。

（二）高压断路器的类型

高压断路器按安装地点不同可分为屋内式和屋外式两种。按它使用的灭弧介质不同可分为：

（1）油断路器（包括多油断路器和少油断路器）。它是用变压器油作为灭弧介质。多油断路器的油除灭弧外，还作为对地绝缘使用；少油断路器的油仅作灭弧介质和分闸后触头间的绝缘使用。油断路器维护简单、价格低廉、技术成熟，但随着无人值守变电站中无油化基本要求的推广，它已逐渐被其他类型断路器取代。

（2）真空断路器。它是一种用高度真空作为灭弧介质和绝缘介质的断路器，具有可频繁操作、维护工作量少、体积小等优点。

（3）空气断路器。它以压缩空气作为灭弧介质和绝缘介质，具有灭弧能力强、动作迅速等优点，但结构复杂、运行费用高、价格高，已逐步被六氟化硫断路器所取代。

（4）六氟化硫（SF_6）断路器。它是采用具有优异的绝缘性能和灭弧能力的六氟化硫气体作为灭弧介质和绝缘介质的断路器，具有开断能力强、动作快、维护工作量小、运行稳定、安全可靠等优点，目前在110kV及以上系统中已得到了广泛的应用。

真空断路器、SF_6断路器是现在和未来重点发展与使用的断路器。

二、高压断路器的基本技术参数和型号

（一）高压断路器的主要技术参数

（1）额定电压：表征断路器绝缘强度的参数，是断路器长期工作的标准电压。为了适应电力系统工作的要求，断路器又规定了与各级额定电压相应的最高工作电压。对3～220kV

各级，其最高工作电压较额定电压高 15％左右；对 330kV 及以上等级，最高工作电压较额定电压约高 10％。断路器在最高工作电压下，应能长期可靠地工作。

（2）额定电流：表征断路器通过长期电流能力的参数，即断路器允许连续长期通过的最大电流。

（3）额定开断电流：表征断路器开断能力的参数。在额定电压下，断路器能保证可靠开断的最大电流，称为额定开断电流，其单位用断路器触头分离瞬间短路电流周期分量有效值的千安数表示。当断路器在低于其额定电压的电网中工作时，其开断电流可以增大。但受灭弧室机械强度的限制，开断电流有一最大值，称为极限开断电流。

（4）动稳定电流：表征断路器通过短时电流能力的参数，反映断路器承受短路电流电动力效应的能力。断路器在合闸状态下或关合瞬间，允许通过的电流最大峰值，称为电动稳定电流，又称为极限通过电流。断路器通过动稳定电流时，不能因电动力作用而损坏。

（5）关合电流：表征断路器关合电流能力的参数。因为断路器在接通电路时，电路中可能预伏有短路故障，此时断路器将关合很大的短路电流。这样，一方面由于短路电流的电动力减弱了合闸的操作力，另一方面由于触头尚未接触就发生击穿而产生电弧，可能使触头熔焊，从而使断路器造成损伤。断路器能够可靠关合的电流最大峰值，称为额定关合电流。额定关合电流和动稳定电流在数值上是相等的，两者都等于额定开断电流的 2.55 倍。

（6）热稳定电流和热稳定电流的持续时间：热稳定电流也是表征断路器通过短时电流能力的参数，但它反映断路器承受短路电流热效应的能力。热稳定电流是指断路器处于合闸状态下，在一定的持续时间内，所允许通过电流的最大周期分量有效值，此时断路器不应因短时发热而损坏。国家标准规定：断路器的额定热稳定电流等于额定开断电流。额定热稳定电流的持续时间为 2s，需要大于 2s 时，推荐 4s。

（7）合闸时间与分闸时间：表征断路器操作性能的参数。不同类型断路器的分、合闸时间不同，但都要求动作迅速。合闸时间是指从断路器操动机构合闸线圈接通到主触头接触这段时间。断路器的分闸时间包括固有分闸时间和熄弧时间两部分。固有分闸时间是指从操动机构分闸线圈接通到触头分离这段时间。熄弧时间是指从触头分离到各相电弧熄灭为止这段时间。所以，分闸时间也称为全分闸时间。

（二）高压断路器的型号

目前我国断路器型号根据国家技术标准的规定，一般由文字符号和数字按以下方式组成：

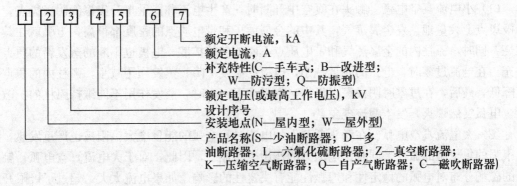

额定开断电流，kA
额定电流，A
补充特性（C—手车式；B—改进型；
　　　　 W—防污型；Q—防振型）
额定电压（或最高工作电压），kV
设计序号
安装地点（N—屋内型；W—屋外型）
产品名称（S—少油断路器；D—多
油断路器；L—六氟化硫断路器；Z—真空断路器；
K—压缩空气断路器；Q—自产气断路器；C—磁吹断路器）

例如：ZN28-12/1250-25，表示户内式真空断路器，设计序号为28，最高工作电压12kV，额定电流为1250A，额定开断电流为25kA。

三、高压断路器的基本结构和灭弧原理

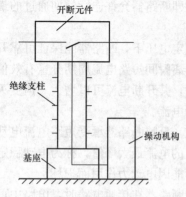

图1-1　高压断路器基本结构示意图

高压断路器的基本结构如图1-1所示。它的核心部件是开断元件，包括动触头、静触头、导电部件和灭弧室等。动触头和静触头处于灭弧室内。动、静触头是用来开断和关合电路的，是断路器的执行元件。断路器断口的引入载流导体和引出载流导体通过接线座连接。开断元件是带电的，放置在绝缘支柱上，使处在高电位状态下的触头和导电部分保证与接地的零电位部分绝缘。动触头的运动（开断动作与关合动作）由操动机构提供动力。操动机构与动触头的连接由传动机构和提升杆来实现。操作操动机构使断路器合闸、分闸。当断路器合闸后，操动机构使断路器维持在合闸状态。

下面分别以目前广泛使用的真空断路器和六氟化硫断路器为例介绍其基本结构和工作原理。

（一）真空断路器

在真空容器中进行电流开断与关合的开关电器叫真空断路器，它是利用真空度为6.6×10^{-2}Pa以上的高真空作为绝缘和灭弧介质。所谓真空是相对而言的，指的是绝对压力低于1个大气压（1atm＝1.0133×10^5P$_a$）的气体稀薄的空间。真空度就是气体的绝对压力与大气压的差值。气体的绝对压力值越低，真空度就越高。真空间隙气体稀薄，气体分子的自由行程大，发生碰撞游离的机会少，击穿电压高，绝缘强度高，电弧很容易熄灭。真空间隙在较小的距离间隙（2～3mm）情况下，有比变压器油、1个大气压下的SF$_6$气体和空气高得多的绝缘强度，这就是真空断路器的触头开距一般不大的原因。

1. 真空中电弧的形成与熄灭

真空电弧和一般的气体电弧放电现象有很大的差别，气体的游离现象不是产生电弧的主要因素，真空电弧放电是在触头电极蒸发出来的金属蒸气中形成的。同时，开断电流的大小不同，电弧表现的特点也不同。一般把它分为小电流真空电弧和大电流真空电弧。

（1）小电流真空电弧。触头在真空中开断时，产生电流和能量十分集聚的阴极斑点，从阴极斑点上大量地蒸发金属蒸气，其中的金属原子和带电质点的密度都很高，电弧就在其中燃烧。同时，弧柱内的金属蒸气和带电质点不断地向外扩散，电极也不断的蒸发新的质点来补充。在电流过零时，电弧的能量减小，电极的温度下降，蒸发作用减小，弧柱内的质点密度降低，最后，在过零时阴极斑点消失，电弧熄灭。有时，蒸发作用不能维持弧柱的扩散速度，电弧突然熄灭，发生截流现象。

（2）大电流真空电弧。在触头断开大的电流时，电弧的能量增大，阳极也严重发热，形成很强的集聚型的弧柱。同时，电动力的作用也明显了，因此，对于大电流真空电弧，触头间的磁场分布对电弧的稳定性和熄弧性能有决定性的影响。如果电流太大，超过了极限开断电流，就会造成开断失败。此时，触头发热严重，电流过零以后仍然蒸发，介质恢复困难，不能断开电流。

2. 真空断路器的结构和工作原理

真空断路器的生产厂家比较多，型号也较繁杂。按总体结构一般分为悬臂式和落地式两种类型，主要由框架部分、真空灭弧室部分（真空泡）和操动机构部分组成。

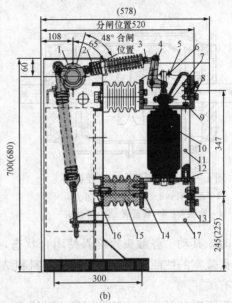

(a)　　　　　　　　　　　(b)

图 1-2　ZN28-12 型户内型悬臂式真空断路器

(a) 外观图；(b) 结构图

1—主轴；2—触头弹簧；3—接触行程调整螺栓；4—拐臂；5—导向板；6—导向杆；7—导电夹紧固螺栓；
8—动力架；9—螺栓；10—真空灭弧室；11—绝缘支撑杆；12—真空灭弧室紧固螺栓；
13—静支架；14—螺栓；15—绝缘子；16—绝缘子固定螺栓；17—绝缘隔板

ZN28-12 型户内型悬臂式真空断路器如图 1-2 所示。该真空断路器本体与操动机构一起安装在箱形固定柜和手车柜中。采用中间封接式纵磁场真空灭弧室，每个灭弧室由一只落地绝缘子和一只悬挂绝缘子固定，真空灭弧室旁有一棒形绝缘子支撑。真空灭弧室上下铝合金支架既是输出接线的基座又兼起散热作用。在灭弧室上支架的上端面，安装有黄铜制作的导向板，使导电杆在分闸过程中对中良好。触头弹簧装设在绝缘拉杆的尾部。操动机构、传动主轴和绝缘转轴等部位均设置滚珠轴承，用于提高效率。

ZW32-12 型户外落地式真空断路器可分为箱式和支柱式（见图 1-3）。由真空灭弧室、上下绝缘罩、箱体、操动机构及驱动部件等组合而成。断路器为直立安装，三相真空灭弧室分别封闭在三组绝缘罩内，绝缘罩（采用聚氨酯密封材料，内部采用新型的发泡灌封材料）固定在箱体上，箱体内安装弹簧操动机构。同时具备电动和手动操作功能，可配置智能开关控制器，设有三段式过电流保护、零序保护、重合闸、低电压、过电压保护等多种功能，支持多

图 1-3　ZW32-12 型户外支柱式真空断路器外观图

种通信信议，允许选用多种通信方式构成通信网，既可对开关进行本地手动或遥控操作，又可通过通信网实现远方控制。

真空灭弧室是真空断路器中最重要的部件，其结构如图1-4所示。它由外壳、触头和

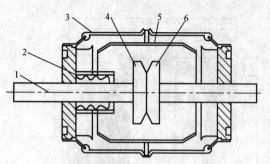

图1-4　真空灭弧室的原理机构

1—动触杆；2—波纹管；3—外壳；
4—动触头；5—屏蔽罩；6—静触头

屏蔽罩三大部分组成。外壳是由绝缘筒、两端的金属盖板和波纹管所组成的真空密封容器。灭弧室内有一对触头，动、静触头分别焊在动、静导电杆上，动导电杆在中部与波纹管的一个断口焊在一起，波纹管的另一端口与动端盖的中孔焊接，动导电杆从中孔穿出外壳。由于波纹管可以在轴向上自由伸缩，故这种结构既能实现在灭弧室外带动动触头做分合运动，又能保证真空外壳的密封性。

由于大气压力的作用，灭弧室在无机械外力作用时，其动、静触头始终保持闭合状态，当外力使动导电杆向外运动时，触头才分离。真空灭弧室的性能主要取决于触头材料和结构，并与屏蔽罩的结构、材质以及灭弧室的制造工艺有关。

真空灭弧室的触头，一般采用磁吹对接式。如图1-5所示，其触头的中间是一接触面的四周开有三条螺旋槽的吹弧面，触头闭合时，只有接触面相互接触。当开断电流时，最初在接触面上产生电弧，在电弧磁场作用下，驱动电弧沿触头四周切线方向运动，即在触头外缘上不断旋转，避免了电弧固定在触头某处而烧毁触头。电流过零时，电弧即熄灭。

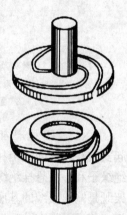

图1-5　内螺槽触头

3. 真空断路器的优缺点

真空断路器具有以下优点：

（1）寿命长，适于频繁操作。其额定电流开断次数为10 000次及以上，满容量开断次数可达30次以上。

（2）触头开距与行程小。不仅减小了灭弧室体积，而且大大减少了操动机构的合闸功，并且分合闸速度大，操作噪声及机械振动均小。

（3）燃弧时间短，一般不超过20ms，燃弧时间基本上不受分断电流大小和负载性质的影响。

（4）可以无油化，防火防爆，既不受外界污染，也不污染外界。

（5）体积小，质量轻。

（6）检修间隔时间长，维护方便。

真空断路器的缺点：

（1）真空灭弧室的真空度保持和有效的指示有待改进。其真空度可因某些意外而降低，并且尚无很可靠的检测方法。

（2）价格较昂贵。

（3）容易产生危险的过电压。

4. 新型真空断路器简介

（1）标准型真空断路器：短路开断电流一般为 25～50kA，做一般用途。

（2）特大容量真空断路器：短路开断电流高达 63～80kA 及以上，用于发电机保护。

（3）低过电压真空断路器：用于开断感性负荷，不用加过电压吸收装置，采用新开发出的触头材料，将过电压限制至常规值的 1/10。

（4）频繁操作断路器：操作次数 5 万～6 万次，用于投切电容的无重击穿真空断路器。

（5）超频繁型真空断路器：操作次数 10 万～15 万次。

（6）经济型真空断路器：开断电流 16～25kA，用于一般场合。

（7）多功能真空断路器：实现三工位（合-分-隔离）或四工位（合-分-隔离-接地）等功能。

（8）同步真空断路器：又叫选相真空断路器或受控真空断路器，在电压或电流最有利时刻关合或开断。可降低电网瞬态过电压负荷，改善电网供电质量，提高断路器电寿命及性能，简化电网设计，降低整个系统费用。

（9）智能化真空断路器：把计算机加入机械系统，使开关系统有了"大脑"，再加入传感器采集信息，用光纤传导信息，使开关系统有了"知觉"，大脑根据"知觉"做出判断与决定，使系统有了"智能"。

（二）六氟化硫断路器

1. SF_6 的特性

（1）物理性质。SF_6 为无色、无味、无毒、不可燃且透明的惰性气体，比空气重 5 倍。SF_6 的热导率随温度不同而变化，它在 2000～3000K 时热导率极高，而在 5000K 时热导率极低。正是这种特性，SF_6 对熄灭电弧起主要作用。

（2）化学性质。

1）SF_6 在常温下是极为稳定的惰性气体，在通常条件下与电气设备中常用的金属和绝缘材料是不起化学作用的，它不侵蚀与它接触的物质。

2）在有水分混入时，在电弧高温下会生成有严重腐蚀性的氢氟酸，会对设备内部某些材料造成损害及运行故障（玻璃、瓷、绝缘纸及类似材料易受损害）。

3）SF_6 气体在断路器操作中和出现内部故障时，在电晕、电弧或高温加热下分解发生化学反应，会产生极少量对人体有剧毒的微量物质，对人的呼吸系统有伤害，应予以充分重视。

4）采用合适的材料和结构，可以排除潮气和防止腐蚀。在设备运行中可以采用吸附剂（如氧化铝、碱石灰、分子筛或它们的混合物）清除设备内的潮气和 SF_6 气体的分解物。

（3）绝缘性能。

1）SF_6 气体具有良好的绝缘性能，原因是 SF_6 分子直径很大，所以电子在 SF_6 气体中的平均自由行程很短，它经常与中性分子发生弹性碰撞，并将积累的动能消耗掉，所以发生碰撞游离几率小。

2）SF_6 为强电负性气体，即 SF_6 气体及其分解物具有极强的电负性，能在较高的温度下吸附自由电子而生成负离子，易与正离子复合，从而使绝缘强度大为提高。

3）在均匀电场及相同压力下，SF_6 的绝缘性能为空气的 2～3 倍，故采用 SF_6 作为绝缘介质可大大减小绝缘间隙的尺寸和缩小电气设备的体积。

4）影响 SF$_6$ 气体绝缘性能下降的因素有电极间电场不均匀、水分含量超过规定值、SF$_6$ 气体中含有导电微粒及灰尘等。

（4）灭弧性能。SF$_6$ 气体具有很强的灭弧能力（在静止的 SF$_6$ 气体中，其开断能力要比空气大 100 倍），其原因有：

1）散热能力强。通过 SF$_6$ 气体的对流和传导，有效散失电弧的热量，降低电弧的温度。

2）电负性强。SF$_6$ 气体极强的电负性，使弧隙带电质点迅速减少，产生电场游离与热游离的几率也降低，在电弧电流过零前后促使介质强度迅速恢复。

3）SF$_6$ 气体中电弧的弧柱细小，含热量少，弧柱冷却快，弧隙介电强度恢复率也快，灭弧能力强；再者弧柱中热游离充分，电导率高，在相同的电流时，弧压降较小，燃弧时能量较少，对灭弧有利。

总之，SF$_6$ 气体是目前所知的最理想的绝缘和灭弧介质，在电力系统中得到了广泛的应用。

2. SF$_6$ 断路器的优缺点

（1）优点。

1）灭弧室单断口耐压高。

2）开断能力大，通流能力强。因 SF$_6$ 气体热导率高，对触头和导体冷却效果好；在 SF$_6$ 气体中的触头，不会氧化，接触电阻稳定。所以额定电流可达 8000A 以上。

3）电寿命长，检修间隔周期长。因 SF$_6$ 气体中触头烧损极为轻微，SF$_6$ 气体分解后还可还原；在电弧作用下的分解物不含有碳等影响绝缘能力的物质，也基本无腐蚀性，因此其寿命长。

4）开断性能优异。SF$_6$ 断路器除能开断很大的短路电流外，还能开断空载长线路（或电容器组）不发生电弧重燃现象，因而过电压小。

5）无火灾危险，无噪声公害。

6）发展 SF$_6$ 全封闭式组合电器，可大大减少变电站占地面积。

（2）缺点。

1）在不均匀电场中，气体的击穿电压下降很多，因此对断路器零部件加工要求高。

2）对断路器密封性能要求高，对水分与气体的检测与控制要求很严。

3）SF$_6$ 容易液化，在 45℃ 以上才能保持气态，因此，SF$_6$ 气体不能在过低的温度和过低的压力下使用。

4）制造成本高，价格昂贵。

5）SF$_6$ 气体处理和管理工艺复杂，要有完备的气体回收、分析测试设备，工艺要求高。因此，要专门设置密封良好的阀门、检漏设备、气体回收装置、压力监视系统及净化系统。

3. SF$_6$ 断路器本体结构

按照断路器总体布置的不同，SF$_6$ 断路器按外形结构的不同，分为瓷柱式和落地罐式。

瓷柱式 SF$_6$ 断路器的灭弧室布置成 T 形或 Y 形，我国生产的 SF$_6$ 断路器大多采用这种形式。110～220kV 断路器每相一个断口，整体成 I 形布置；330～500kV 断路器每相两个断口，整体成 T 形布置。瓷柱式 SF$_6$ 断路器的灭弧室置于高强度的瓷套中，用空心瓷柱支撑并实现对地绝缘。穿过瓷柱的动触头和操动机构的传动杆相连。灭弧室内腔和瓷柱内腔相通，充有相同压力的 SF$_6$ 气体。瓷柱式 SF$_6$ 断路器结构简单，运动部件少，产品系列性好，但其重心高抗振能力差。

落地罐式 SF_6 断路器是将断路器装入一个外壳接地的金属罐中。落地罐式 SF_6 断路器每相由接地的金属罐、充气套管、电流互感器、操动机构和基座组成。断路器的灭弧室置于接地的金属罐中，高压带电部分由绝缘子支持，对箱体的绝缘主要依靠 SF_6 气体。绝缘操作杆穿过支持绝缘子，将动触头与机构传动轴相连接，在两根出线套管的下部可安装电流互感器。落地罐式 SF_6 断路器的重心低，抗振性能好，灭弧断口间电场较均匀，开断能力强，可以加装电流互感器，还能与隔离开关、接地开关、避雷器等融为一体，组成复合式开关设备。但是罐体耗材量大，用气量大，制造困难，成本较高。

图 1-6 所示为 T 形布置断路器；图 1-7 所示为 I 形布置断路器。

图 1-6 T 形布置断路器

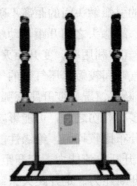

图 1-7 I 形布置断路器

图 1-8 所示为落地罐式断路器外形，图 1-9 所示为其结构图，其灭弧装置装在罐内，导电部分借助绝缘套管引出。

图 1-8 落地罐式断路器

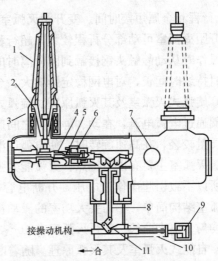

图 1-9 落地罐式 SF_6 断路器结构图

1—套管；2—支持绝缘子；3—电流互感器；4—静触头；
5—动触头；6—喷口工作缸；7—检修窗；8—绝缘操作杆；
9—油缓冲器；10—合闸弹簧；11—操作杆

4. SF₆ 断路器灭弧原理

SF₆ 断路器的灭弧室一般由动触头、绝缘喷嘴和压气活塞连在一起，通过绝缘连杆由操动机构带动。静触头制成管形，动触头是插座式，动、静触头的端部镶有铜钨合金。绝缘喷嘴用耐高温、耐腐蚀的聚四氟乙烯制成。

（1）单压式灭弧室及其灭弧装置。单压式灭弧室内 SF₆ 气体只有一种压力，工作压力一般为 0.6MPa 左右。在分闸过程中，动触杆带动压气缸，使 SF₆ 气体自然形成一定压力。当动触杆运动至喷口打开时，压气缸内的高压力 SF₆ 气体经喷口吹灭电弧，完成灭弧过程。

单压式灭弧室按开断过程中动、静触头之间开距的变化分为定开距和变开距两种。定开距灭弧室的两个喷嘴保持在固定位置，动触头与压气缸一起运动。在开断电流的过程中，断口两侧的引弧触头间的距离不随动触头桥的运动发生变化。变开距灭弧室在开断电流的过程中，动、静触头之间开距随动触头的运动而发生变化。定开距和变开距灭弧室的比较：

1）气体利用率。变开距灭弧室吹气时间较长，压气缸的气体利用率比较高。定开距灭弧室吹气时间较短，压气缸的气体利用率比较低。

2）断口情况。变开距灭弧室断口间电场强度分布稍不均匀，绝缘喷嘴置于断口之间，经电弧多次灼伤之后，可能影响断口的绝缘性能，故断口开距较大。定开距灭弧室断口间电场强度分布比较均匀，绝缘性能比较温度，故断口开距较小。

3）开断电流能力。变开距灭弧室的电弧拉得比较长，弧柱电压高，电弧能量大，不利于提高开断能力。定开距灭弧室的电弧长度短而固定，弧柱电压比较低，电弧能量小，有利于提高开断能力，且性能稳定。

4）喷口设计。变开距灭弧室的触头与喷嘴分开，有利于喷嘴最佳形状的设计，提高吹气效果。定开距灭弧室的气流经触喷嘴内喷，其形状和尺寸均有一定限制，不利于提高吹气效果。

5）行程和金属短接时间。变开距灭弧室可动部分行程较小，超行程与金属短接时间较短。定开距灭弧室可动部分行程较大，超行程与金属短接时间较长。金属短接时间指断路器在合闸操作时从动静触头钢接触到刚分离时的一段时间。金属短接时间长，则当重合闸于永久故障时持续时间长，对电网稳定影响大；金属短接时间短，则不利于灭弧。

（2）旋弧式灭弧室及其灭弧原理。旋弧式灭弧室在静触头附近设置磁吹线圈。开断电流时，线圈通过电弧电流，在动、静触头之间产生磁场，使电弧沿着触头中心高速旋转。由于电弧的质量较轻，在高速旋转时，使电弧逐渐拉长，最终熄灭。

旋弧灭弧室主要有以下特点：灭弧能力强，大电流时容易开断，小电流时也不产生截流现象，所以不致引起操作过电压，开断电容电流时，触头间的绝缘较高，不致引起重燃现象；灭弧室结构简单，不需要大功率的操动机构；电弧局限在圆筒电极内腔上高速运动，电极烧损均匀，电寿命长。旋弧灭弧室在 10～35kV 电压等级的 SF₆ 开关设备上大量采用。

（3）自能式灭弧室及其灭弧原理。随着断路器向小型化、高性能方向发展，利用自能灭弧原理的断路器正得到广泛应用。自能灭弧是利用电弧自身能量将电弧熄灭热，自能灭弧原理包括旋弧式和热膨胀式。旋弧式主要用于中压系统，热膨胀式主要用于高压系统。

热膨胀式灭弧室是利用电弧自身能量使 SF₆ 气体加热膨胀，产生较高的压力，形成气体吹弧。为了克服开断小电流时吹弧能力不足的问题，通常采用小型辅助压气活塞，辅以压气灭弧。传统的单压式断路器，是利用操动机构带动压气缸与活塞相对运动来压气灭弧，所需要操作功大，操动机构不得不采用液压或气动机构，而液压或气动机构的漏油或漏气给用户带来很多问题。在单压式断路器中，操动机构是发生故障最多的组件。热膨胀式断路器的出现大大减少了操作功，减轻了操动机构的负担，同时简化了灭弧室的结构，提高了断路器的可靠性。

新型的自能式断路器采用了多种复合灭弧技术，例如，热膨胀＋压气＋助推、热膨胀＋减少压气行程、旋弧＋热膨胀＋助吹、热膨胀＋辅助压气＋双动等多种结构形式。热膨胀＋辅助压气＋双动灭弧室仍属于双室的自膨胀灭弧原理，但由于采用了上、下触头在开断时反向运动的结构，在几乎不增加操作功的基础上，使刚分速度显著增加，提高了大电流的开断能力。

自能式 SF_6 断路器优化了灭弧室结构，降低了操作功，从而使配用轻型的弹簧机构成为可能，替代了液压或气动机构，减小了操作噪声，避免了操动机构介质泄漏的问题，提高了操作可靠性，是将来断路器的发展方向。但是降低操作功会使其断路器某些开断性能受到影响，从而限制其使用。由于自能式断路器主要依靠短路电弧自身的能量提高灭弧室内 SF_6 气体的压力，以达到熄弧压力，这样势必会增加燃弧时间，加重喷口和触头的烧损程度，使介质强度的初始恢复速度降低，从而影响短路开断能力、电寿命次数、近区故障开断能力。同时自能式 SF_6 断路器的灭弧室结构复杂，部件增多，而且在开断大小不同电流时均须可靠配合，这既增大了制造难度，同时也可能对可靠性造成不利影响。

采用弹簧机构克服了液压机构的渗漏问题，但可能会发生更多的机械故障，如机械变形、损伤、卡滞及分合闸锁扣失灵等，而弹簧本身的制造质量也难以控制。配用弹簧操动机构的自能式 SF_6 断路器的出现，解决了液压机构渗漏所带来的问题。自能式 SF_6 断路器仍处于发展过程中，缺乏运行经验，在其显现优势的同时，许多新出现的问题仍待解决。

四、高压断路器的操动机构

断路器的全部功能最终都体现在触头的分合闸动作上，触头的分合动作是通过操动机构来实现的，因此，操动机构是断路器的重要组成部分，断路器的工作可靠性在很大程度上依赖于操动机构的动作可靠性。断路器事故的分析结果显示，由于操动机构原因而导致断路器的事故占全部事故的 60％以上。

通常把独立于断路器本体以外的部分称为操动机构（也称操作机构）。因此操动机构往往是一个独立的产品，一种型号的操动机构可以配用不同型号的断路器，而同一型号的断路器也可配装不同型号的操动机构。

目前主要采用的操动机构有液压操动机构、弹簧操动机构、液压-弹簧操动机构。

操动机构的动作性能必须满足断路器的工作性能和可靠性要求，对操动机构的基本要求是：

（1）具有足够的操作功率。在操作合闸时，操动机构要输出足够的操作功率，除保证断路器获得一定的合闸速度外，还要克服分闸弹簧的反作用力并储能于分闸弹簧中，以实现快速分闸。若操作功率不够，则在断路器关合到短路电流时，有可能出现触头合不到位等情况，对断路器极为不利。

（2）具备维持合闸的装置。巨大的操作功率不能在合闸后继续长时间提供。为保证当操作功率消失后，在分闸弹簧的强劲作用下断路器仍能维持合闸状态，操动机构中必须有维持合闸的装置，且该装置不应消耗功率，可实现无功维持。

（3）具有可靠的分闸装置和足够的分闸速度。操动机构的分闸装置，其实就是解除合闸维持，释放分闸弹簧储能的装置。它除需满足远距离自动和手动操作外，还应能就地进行手动脱扣。为了设备和系统的安全，分闸装置务必工作可靠、灵敏快速，满足灭弧性能的要求，且在任何情况下都不允许误动或拒动。断路器分闸后，操动机构应自动回复到准备合闸位置。

（4）具有自由脱扣装置。在断路器进行合闸的过程中又接到分闸命令，操动机构应立即终止合闸过程，迅速进行分闸。这种合闸过程中的分闸称为自由脱扣。可见，自由脱扣装置是分闸装置的重要补充，两者常结合在一起。无论是对自动操动机构，还是对手动操动机构，该装置都是不可缺少的。

（5）具有防跳跃功能。当断路器关合到有短路故障电路时，断路器将自动分闸。此时若合闸命令还未解除，则断路器分闸后将再次合闸，接着又会分闸。这样，断路器就可能连续多次合分短路电流，这种现象称为跳跃。跳跃对断路器以及电路都有很大危害，必须加以防范。

（6）具备工作可靠、结构简单、体积小、质量轻、操作方便、价格便宜、便于维修等特点。

图 1-10　弹簧式操动机构

（一）弹簧式操动机构

弹簧式操动机构（见图 1-10）是利用弹簧作为储能元件使断路器合闸的机械式操动机构。弹簧的储能借助电动机通过减速装置来完成，并经过锁扣系统保持在储能状态。开断时，锁扣借助磁力脱扣，弹簧释放能量，经过机械传递单元使触头运动。断路器合闸时，分闸弹簧将拉伸、储能，以便断路器能在脱扣器作用下分闸。

弹簧式操动机构结构简单，可靠性高，分合闸操作采用两个螺旋压缩弹簧实现。储能电机给合闸弹簧储能，合闸时合闸弹簧的能量一部分用来合闸，另一部分用来给分闸弹簧储能。合闸弹簧一释放，储能电机立刻给其储能，储能时间不超过 15s（储能电机采用交直流两用电机）。运行时分合闸弹簧均处于压缩状态，而分闸弹簧的释放有一独立的系统，与合闸弹簧没有关系。弹簧式操动机构的缺点是：机械结构比较复杂，对加工制造和调整的要求较高。常用的弹簧式操动机构有 CT2、CT7、CT8、CT9、CT10、CT12、CTS 等型号。它们一般由储能元件、储能维持装置、凸轮连杆机构、合闸维持和分闸脱扣等部分组成。

弹簧式操动机构由于其本身众多的优点，在 SF₆ 断路器中得到了广泛的应用。尤其在用于操作功率较小的自能式和半自能式灭弧室中，由于其体积小、操作噪声小、对环境无污染、耐气候条件好、免运行维护、可靠性高等一系列优点受到电力系统广大用户的推崇，发展势头迅猛。

（二）液压式操动机构

液压式操动机构（见图 1-11）利用压缩空气储能，用压力油作为传递动力的介质，并借助各种操作油阀进行控制，全面

图 1-11　液压操动机构

实现操动机构的各项要求。这类操动机构结构比较复杂，制造工艺和密封要求较高。液压式操动机构压力高，动作迅速且准确，体积小，噪声和冲击力都很小，也不需要大功率合闸电源，短时失去电源仍可进行分合闸。

目前，国产的液压式操动机构主要有 CY3、CY4、CY5 等型号。可实现手动缓慢分、合闸；就地电动快速分、合闸；远方电动快速分、合闸和重合闸。并能依据断路器和操动机构本身的异常情况发出报警信号和闭锁信号，保证设备和系统的安全。液压式操动机构在110kV 及以上的断路器配套中得到了广泛应用，在 35kV 的断路器中也有应用。

【任务实施】

1. 以小组为单位，认识断路器的结构，熟练掌握断路器的灭弧原理、结构、性能。
2. 对应断路器实物，看懂其技术说明书，并指出该断路器的主要组成部分及作用。

任务 1.2　高压断路器的运行

【教学目标】

1. 知识目标
(1) 熟悉高压断路器验收和投运步骤；
(2) 掌握断路器的巡视要点；
(3) 掌握断路器的操作方法。
2. 能力目标
能对断路器进行投产验收、运行维护、操作，并做工作记录。
3. 态度目标
(1) 能做到认真预习和收集上课所需要的资料；
(2) 能认真上课，仔细看书，听老师所讲的内容，积极参与讨论并发表意见；
(3) 尊重小组的决定，积极配合小组其他成员完成分配的工作任务；
(4) 在学习中，学习他人的长处，改正自己的缺点，积极与老师、同学交流和探讨；
(5) 能吃苦耐劳，团结互助，具备职业岗位所需要的基本素质。

【任务描述】

根据断路器的巡视要点，对其进行正常巡视，巡视过程中若发现缺陷和隐患要及时做工作记录。按照断路器的操作规范对其进行分闸、合闸操作，操作时要进行危险点的分析与控制，并布置好安全措施。

【任务准备】

课前预习相关部分知识，观看断路器操作动画及设备巡视录像，经讨论后能独立回答下列问题：
(1) SF_6 断路器正常巡视项目有哪些？

（2）真空断路器正常巡视项目有哪些？

（3）断路器在操作过程中需要注意哪些问题？

【相关知识】

------------◎

一、高压断路器的验收和投运

（一）高压断路器验收标准及要求

（1）本体及基础架构固定牢靠，外表清洁完整，无锈蚀现象，铭牌、编号齐全、完好。

（2）三相瓷套完好无断裂、裂纹、损伤，绝缘子表面清洁。

（3）设备双接地完好，各接地点牢固，接触良好，色标清晰，接地螺栓无锈蚀。

（4）机构箱、端子箱内清洁无渗漏，各工作电源正常。箱门关闭严密无渗水现象，箱内清洁无杂物，电源开关完好，名称标志齐全，封堵良好，管道无渗漏现象，加热器、储能油泵、驱潮器、电动机正常完好，投（停）正确，各快分开关、元件、电缆吊牌齐全正确。

（5）液压机构无渗油现象，油箱油位、压力指示正确；弹簧机构储能正常且指示正确；机构箱内各种试验信号正确。

（6）真空灭弧室的真空度应符合产品的技术规定；SF_6气体压力表或密度表压力符合要求，密度继电器气体压力符合铭牌值；并联电阻、电容值应符合产品的技术规定。

（7）断路器跳合正常，无卡阻，跳合位置的机械和电气指示正确。辅助开关动作应准确可靠，各辅助触点无烧损、接触良好，所有桩头线夹引线无散股、断股。

（8）正确核对相关点表、信息及信号正确无误（包括与监控人员核对无误）。

（二）断路器正常运行的条件

（1）断路器工作条件必须符合制造厂规定的使用条件，如户内或户外、海拔、环境温度、相对湿度等。

（2）断路器的性能必须符合国家标准的要求及有关技术条件的规定。

（3）在正常运行时，断路器的工作电流、最大工作电压和断流容量不得超过额定值。

（4）在满足上述要求的情况下，断路器的瓷件、机构等部分均应处于良好状态。

（5）运行中的断路器，机构的接地应可靠，接触必须良好可靠，防止因接触部位过热而引起断路器事故。

（6）运行中与断路器相连接的汇流排，接触必须良好可靠，防止因接触部位过热而引起断路器事故。

（7）运行中断路器本体、相位油漆及分合闸机械指示等应完好无缺，机构箱及电缆孔洞使用耐火材料封堵。场地周围应清洁。

（8）断路器绝对不允许在带有工作电压时使用手动合闸，或手动就地操作按钮合闸，以避免合于故障时引起断路器爆炸和危及人身安全。

（9）远方和电动操作的断路器禁止使用手动合闸。

（10）明确断路器的允许分、合闸次数，以便很快地决定计划外检修。断路器每次故障跳闸后应进行外部检查，并做记录。

（11）为使断路器运行正常，在下述情况下，断路器严禁投入运行：

1）严禁将有拒跳或合闸不可靠的断路器投入运行。

2）严禁将严重缺油、漏气、漏油及绝缘介质不合格的断路器投入运行。

3）严禁将动作速度、同期、跳合闸时间不合格的断路器投入运行。

4）断路器合闸后，由于各种原因，一相未合闸，应立即拉开断路器，查明原因。缺陷消除前，一般不可进行第二次合闸操作。

二、断路器在运行中的巡视检查

在断路器运行时，电气值班人员必须依照现场规程和制度，对断路器进行巡视检查，特别对容易造成事故的部位如操动机构、出线套管等及时发现缺陷，并尽快设法解除，以保证断路器的安全运行。

（一）断路器的正常巡视检查项目

1. 表计观察

液压机构上都装有压力表，压力表的指示值过低，说明漏氮气，压力过高则是高压油窜入氮气中。如果液压机构频繁起泵，又看不出什么地方渗油，说明为内渗，即高压油渗到低压油内。这种情况的处理方法：一是停电进行处理，二是采取措施后带电处理。

对于 SF_6 断路器，应定时记录气体压力及温度，及时检查处理漏气现象。当室内的 SF_6 断路器有气体外泄时，要注意通风，工作人员要有防毒保护。

2. 瓷套引线检查

检查断路器的瓷套、支柱绝缘子应清洁，无裂纹、破损和放电痕迹。

3. 断路器导电回路和机构部分的检查

检查导电回路应良好，软铜片连接部分应无断片、断股现象。与断路器连接的接头接触应良好，无过热现象。对机构部分进行检查，紧固件应紧固，转动、传动部分应有润滑油，分、合闸位置指示器应正确。开口销应完整、开口。

4. 真空断路器检查

（1）真空灭弧室应无异常，真空泡应清晰，屏蔽罩内颜色应无变化。在分闸时，弧光呈蓝色为正常。

（2）检查断路器分合位置指示是否正确，其指示应与当时实际运行工况相符。

（3）检查支持绝缘子有无裂痕、损伤，表面是否光洁。

（4）检查真空灭弧室有无异常（包括有无异常声响），如果是玻璃外壳可观察屏蔽罩的颜色有无明显变化。

（5）检查金属框架或底座有无严重锈蚀和变形。

（6）可观察部位的连接螺栓有无松动、轴销有无脱落或变形。

（7）检查接地是否良好。

（8）检查引线接触部位或有示温蜡片的部位有无过热现象，引线弧垂是否适中。

5. SF_6 断路器检查

（1）套管不脏污，无破损裂痕及闪络放电现象。

（2）检查连接部分有无过热现象，如有应停电退出，进行消除后方可继续运行。

（3）检查内部有无异声（漏气声、振动声）及异臭味。

（4）壳体及操动机构应完整，不锈蚀；检查各类配管及其阀门有无损伤、锈蚀，开闭位置是否正确，管道的绝缘法兰与绝缘支持是否良好。

（5）检查断路器分合位置指示是否正确，其指示应与当时实际运行工况相符。

（6）检查 SF_6 气体压力是否保持在额定表压，SF_6 气体压力正常值为 $0.4\sim0.6MPa$，如压力下降即表明有漏气现象，应及时查出泄漏位置并进行消除，否则将危及人身及设备安全。

（7）对 SF_6 气体中的含水量进行监视。当水分较多时，SF_6 气体会水解成有毒的腐蚀性气体；当水分超过一定量，在温度降低时会凝结成水滴，黏附在绝缘表面。这些都会导致设备腐蚀和绝缘性能降低，因此必须严格控制 SF_6 气体中的含水量。

6. 操动机构的检查

（1）弹簧操动机构的检查。

1）机构箱门平整，开启灵活，关闭紧密。

2）断路器在运行状态，储能电机的电源开关或熔断器应在投入位置，并不得随意拉开。

3）检查储能电动机，行程开关触点无卡住和变形，分、合闸线圈无冒烟异味。

4）断路器在分闸备用状态时，分闸连杆应复归，分闸锁扣到位，合闸弹簧应储能。

5）防潮加热器良好。

6）运行中的断路器应每隔 6 个月用万用表检查熔断器情况。

（2）液压操动机构的检查。

1）检查项目：①机构箱门平整、开启灵活，关闭紧密，箱内无异味。②油箱油阀正常，无渗漏油。③液压指示在允许范围内。④加热器正常完好。⑤每天记录油泵起动次数。

2）运行注意事项：①经常监视液压机构油泵起动次数，当断路器未进行分合闸操作时，油泵在 24h 内起动，大多为高压油路渗油，应及时处理。高压油路渗油油压降低至下限，机械压力触点闭锁，断路器将不能操作。②液压机构蓄压时间应不大于 5min，在额定油压下，进行一次分合闸操作油泵运转不大于 3min。③运行中的断路器严禁慢分合操作（油压过低或开放高压放油阀将油压释放至零），紧急情况下，在液压正常时，可就地手按分闸按钮进行分闸。

7. 故障断路器紧急停用处理

当巡视检查发现以下情形之一时，应立即停用故障断路器进行处理：

（1）套管有严重破损和放电现象。

（2）SF_6 断路器室严重漏气，发出操作闭锁信号。

（3）真空断路器出现真空破坏的"嗞嗞"声。

（4）液压机构突然失压到零。

（5）断路器端子与连接线连接处发热严重或熔化。

（二）断路器的特殊巡视检查项目

（1）在系统或线路发生事故使断路器跳闸后，应对断路器进行下列检查：

1）检查各部位有无松动、损坏，瓷件是否断裂等。

2）检查各引线接点有无发热、熔化等。

（2）高峰负荷时应检查各部位是否发热变色，示温片是否熔化脱落。

（3）天气突变、气温骤降时，应检查油位是否正常，连接导线是否紧密等。

（4）下雪天应观察各接头处有无融雪现象，以便发现接头发热情况。雪天、浓雾天气，应检查套管有无严重放电闪络现象。

（5）雷雨、大风过后，应检查套管瓷件有无闪络痕迹，室外断路器上有无杂物，导线有无断股或松股现象。

三、高压断路器的操作及注意事项

1. 一般规定

(1) 断路器投运前，应检查接地线是否全部拆除，防误闭锁装置是否正常。

(2) 操作前应检查控制回路和辅助回路的电源，检查机构已储能。

(3) 真空断路器灭弧室无异常；SF_6断路器气体压力在规定的范围内；各种信号正确、表计指示正常。

(4) 长期停运超过 6 个月的断路器，在正式执行操作前应通过远方控制方式进行试操作 2～3 次，无异常后方能按操作票拟定的方式操作。

(5) 操作前，检查相应隔离开关和断路器的位置，应确认继电保护已按规定投入。

(6) 操作控制把手时，不能用力过猛，以防损坏控制开关；不能返回太快，以防时间短断路器来不及合闸。操作中应同时监视有关电压、电流、功率等表计的指示及红绿灯的变化。

(7) 操作开关柜时，应严格按照规定的程序进行，防止由于程序错误造成闭锁、二次插头、隔离挡板和接地开关等元件损坏。

1) 手车式断路器允许停留在运行、试验、检修位置，不得停留在其他位置。检修后，应推置试验位置，进行传动试验，试验良好后方可投入运行。

2) 手车式断路器无论在工作位置还是在试验位置，均应用机械联锁把手车锁定。

3) 当手车式断路器推入柜内时，应保持垂直缓缓推进。处于试验位置时，必须将二次插头插入二次插座，断开合闸电源，释放弹簧储能。

4) 10kV 断路器在压负荷状态情况下，或经调度遥控操作时，无需将断路器 KK 把手复位，以防止复位时出现误分、误合断路器以及重复出现 KK 把手位置不对应的情况。

(8) 断路器（分）合闸动作后，应到现场确认本体和机构（分）合闸指示器以及拐臂、传动杆位置，保证开关确已正确（分）合闸。同时检查开关本体有无异常。

(9) 断路器合闸后检查：红灯亮，机械指示应在合闸位置；送电回路的电流表、功率表及计量表是否指示正确；电磁机构电动合闸后，立即检查直流盘合闸电流表指示，若有电流指示，说明合闸线圈有电，应立即拉开合闸电源，检查断路器合闸接触器是否卡涩，并迅速恢复合闸电源；弹簧操动机构合闸后应检查弹簧是否储能。

(10) 断路器分闸后的检查：绿灯亮，机械指示应在分闸位置；检查表计指示正确。

2. 异常操作的规定

(1) 无自由脱扣的机构，严禁就地操作。

(2) 液压（气压）操动机构，如因压力异常导致断路器分、合闸闭锁时，不准擅自解除闭锁，进行操作。

(3) 一般情况下，凡能够电动操作的断路器，不应就地手动操作。

3. 故障状态下的操作规定

(1) 断路器运行中，由于某种原因造成 SF_6 断路器气体压力异常，发出闭锁操作信号，应立即断开故障断路器的控制电源。断路器机构压力突然到零，应立即拉开打压机构及断路器的控制电源，并及时处理。

(2) 真空断路器，如发现灭弧室内有异常，应立即汇报，禁止操作，按调度命令停用开关跳闸压板。

（3）断路器实际故障开断次数仅比允许故障开断次数少一次时，应停用该断路器的自动重合闸。

（4）分相操作的断路器发生非全相合闸时，应立即将已合上相拉开，重新操作合闸一次。如仍不正常，则应拉开合上相并切断该断路器的控制电源，查明原因。

（5）分相操作的断路器发生非全相分闸时，应立即切断该断路器的控制电源，手动操作将拒动相分闸，查明原因。

【任务实施】

（1）对 SF_6 断路器本体进行正常巡视，巡视项目及工艺标准如表 1-1 所示。

表 1-1 SF_6 断路器本体巡视检查项目及标准

	项　目	内容及工艺标准
SF_6 断路器本体的巡视	1. 检查 SF_6 断路器分、合闸位置	断路器分、合闸位置指示器正确
	2. 检查 SF_6 设备分、合闸信号及指示灯	各种指示灯及加热装置正确
	3. 检查 SF_6 断路器的动作计数器	断路器动作计数器指示值正确
	4. 检查本体无漏气现象	无漏气
	5. 判断 SF_6 断路器无异音或异臭	无异音或异臭
	6. 检查断路器支持绝缘瓷套、灭弧室瓷套	瓷套管应清洁，无破损裂纹和放电痕迹
	7. 检查断路器及机构箱外壳接地良好	各种螺丝无松动，外壳接地良好

（2）对断路器弹簧操动机构进行正常巡视，巡视项目及工艺标准如表 1-2 所示。

表 1-2   弹簧操动机构巡视检查项目及标准

	项　目	内容及工艺标准
弹簧机构的巡视	1. 检查机构箱	表面无锈蚀，无变形，无渗漏雨水现象
	2. 检查清理电磁铁扣板、掣子	（1）分、合闸线圈安装牢固，无松动、无卡滞、断线现象，直流电阻符合要求，绝缘应良好； （2）衔铁、扣板、掣子无变形，动作灵活
	3. 检查传动连杆及其他外露零件	无锈蚀，无变形，连接紧固
	4. 检查辅助开关	触点接触良好，切换接点正确，接线正确
	5. 检查分合闸弹簧	无锈蚀，拉伸长度应符合要求
	6. 检查分合闸缓冲器	测量缓冲曲线符合要求
	7. 检查分合闸指示器	指示位置正确，安装连接牢固
	8. 检查二次接线	接线正确
	9. 储能开关	动作正常
	10. 检查储能电机	电机零储能时间符合要求

（3）对断路器液压操动机构进行正常巡视，巡视项目及工艺标准如表 1-3 所示。

表 1-3　　　　　　　　　　　　　液压操动机构巡视检查项目及标准

	项　目	内容及工艺标准
液压机构的巡视	1. 检查操动机构压力状况	压力应正常
	2. 检查传动连杆部分	机构销子不应脱落
	3. 检查机构有无锈蚀	机构无变形，无锈蚀，齿轮没有脱出现象
	4. 检查操动机构接触部分	接触应良好，机构应灵活可靠
	5. 检查位置指示器	位置指示器应与实际相符

（4）对断路器进行合闸、分闸操作，操作内容及工艺标准如表 1-4 所示。

表 1-4　　　　　　　　　　　　　高压断路器的操作项目及标准

	项　目	内容及工艺标准
高压断路器的操作	1. 合闸操作	（1）检查液压机构储能应正常，合闸电源已投入； （2）监护人宣读操作项目，操作人手指开关的名称、标示牌进行复诵； （3）核对无误后，监护人发出"对，可以操作"的执行令，操作人进行解锁； （4）操作人将远、近控钥匙切至就地位置； （5）操作人手握开关把手，按正确合闸方向进行操作，将开关把手切至合闸位置； （6）操作中操作人要检查灯光与表计是否正确； （7）操作结束后，操作人手离开关把手，回答"执行完毕"； （8）操作后现场检查开关实际位置； （9）检查操作正确后操作人将远、近控钥匙切至遥控位置； （10）监护人核对操作无误后，根据需要盖上闭锁帽或挂牌
	2. 分闸操作	（1）检查液压机构储能应正常，操作电源已投入； （2）监护人宣读操作项目，操作人手指开关的名称、标示牌进行复诵； （3）核对无误后，监护人发出"对，可以操作"的执行令，操作人进行解锁； （4）操作人将远、近控钥匙切至就地位置； （5）操作人手握开关把手，按正确分闸方向进行操作，将开关把手切至分闸位置； （6）操作中操作人要检查灯光与表计是否正确； （7）操作结束后，操作人手离开关把手，回答"执行完毕"； （8）操作后现场检查开关实际位置； （9）检查操作正确后操作人将远、近控钥匙切至遥控位置； （10）监护人核对操作无误后，根据需要盖上闭锁帽或挂牌

任务 1.3　高压断路器的管理

【教学目标】

1. 知识目标
（1）掌握高压断路器的缺陷分类及情况；
（2）了解缺陷处理程序，了解各种事故处理方法；
（3）了解断路器的档案资料，了解断路器的评级及反措管理内容。
2. 能力目标
（1）根据高压断路器运行维护情况，对高压断路器进行缺陷管理、事故处理，并做事故处理预案及方案，建立健全开关设备的技术资料档案；

（2）对高压断路器的运行做出分析，定期对运行的高压断路器进行评级，对其运行状态做出科学评价，指导检修。

3. 态度目标

（1）能做到认真预习和收集上课所需要的资料；

（2）能认真上课，仔细看书，听老师所讲的内容，积极参与讨论并发表不同的意见；

（3）尊重小组的决定，积极配合小组其他成员完成分配的工作任务；

（4）在学习中，学习他人的长处，改正自己的缺点，积极与老师、同学交流和探讨；

（5）能吃苦耐劳，团结互助，具备职业岗位所需要的基本素质。

【任务描述】

在对高压断路器的缺陷管理、事故处理有了详细了解之后，根据运行的高压断路器做出科学评价，并对其进行评级，指导检修。

【任务准备】

课前预习相关部分知识，经讨论后能独立回答下列问题：

（1）高压断路器的缺陷分为哪几类？请举实例说明。

（2）高压断路器的事故处理预案都有哪些？

【相关知识】

一、缺陷的分类及定性

（一）危急缺陷

危急缺陷指高压开关设备在运行中发生了直接威胁安全运行并需立即处理的缺陷，否则，随时可能造成设备损坏、人身伤亡、大面积停电、火灾等事故。

高压开关设备发生表1-5"危急缺陷"一栏所列情形之一者，应定为危急缺陷，并立即申请停电处理。

（二）严重缺陷

严重缺陷指人身或对设备有严重威胁，暂时尚能坚持运行但需尽快处理的缺陷。

高压开关设备发生表1-5"严重缺陷"一栏所列情形之一者，应定为严重缺陷，应汇报调度和上级领导，并记录在缺陷记录本内进行缺陷传递，在规定时间内安排处理。

表1-5　　　　　　　　　　　　　　　高压断路器缺陷分类标准

设备（部位）名称	危　急　缺　陷	严　重　缺　陷
1. 通则		
1.1　短路电流	安装地点的短路电流超过断路器的额定短路开断电流	安装地点的短路电流接近断路器的额定短路开断电流
1.2　操作次数和开断次数	断路器的累计故障开断电流超过额定允许的累计故障开断电流	断路器的累计故障开断电流接近额定允许的累计故障开断电流；操作次数接近断路器的机械寿命次数

设备（部位）名称	危　急　缺　陷	严　重　缺　陷
1.3　导电回路	导电回路部件有严重过热或打火现象	导电回路部件温度超过设备允许的最高运行温度
1.4　瓷套或绝缘子	有开裂、放电声或严重电晕	严重积污
1.5　断口电容	有严重漏油现象，电容量或介质损耗严重超标	有明显的渗油现象，电容量或介质损耗超标
1.6　操动机构		
1）液压或气动机构	失压到零	频繁打压
	打压不停泵	
2）控制回路	控制回路断线，辅助开关接触不良或切换不到位	
	控制回路的电阻、电容等零件损坏	
3）分合闸线圈	线圈引线断线或线圈烧坏	最低动作电压超出标准和规程要求
1.7　接地线	接地引下线断开	接地引下线松动
1.8　开关的分合闸位置	分、合闸位置不正确，与当时的实际运行工况不相符	
2. SF₆ 断路器		
2.1　SF₆ 气体	SF_6 气室严重漏气，发出闭锁信号	SF_6 气室严重漏气，发出报警信号
		SF_6 气体湿度严重超标
2.2　设备本体	内部及管道有异常声音（漏气声、振动声、放电声等）	
	落地罐式断路器或 GIS 防爆膜变形或损坏	
2.3　操动机构	液压机构油压异常	液压机构压缩机打压超时
	液压机构严重漏油、漏氮	
	液压机构压缩机损坏	
	弹簧机构弹簧断裂或出现裂纹	
	弹簧机构储能电机损坏	
	绝缘拉杆松脱、断裂	
3. 真空断路器	真空灭弧室有裂纹	真空灭弧室外表面积污严重
	真空灭弧室内有放电声或因放电而发光	
	真空灭弧室耐压或真空度检测不合格	

（三）一般缺陷

一般缺陷为上述危急、严重缺陷以外的设备缺陷，指性质一般，情况较轻，对安全运行影响不大的缺陷。

高压开关设备发生下列情形之一者，应定为一般缺陷，应汇报调度，并记录在缺陷记录本内进行缺陷传递，在规定时间内安排处理：

（1）编号牌脱落；

（2）相色标志不全；

（3）金属部位锈蚀；

（4）机构箱密封不严等。

二、缺陷处理程序

（1）在断路器运行中发现任何不正常现象时，按规定程序上报并做好相应记录。

（2）若发现设备有威胁电网安全运行且不停电难以消除的缺陷时，应向值班调度员汇报，及时申请停电处理，并按规定程序上报。

三、高压断路器事故处理一般规定

（1）断路器动作分闸后，应立即记录故障发生时间，停止音响信号，并立即进行事故特巡，检查断路器本身有无故障。

（2）对故障分闸线路实行强送电后，无论成功与否，均应对断路器外观进行仔细检查。

（3）断路器故障分闸时发生拒动，造成越级分闸，在恢复系统送电时，应将发生拒动的断路器脱离系统并保持原状，待查清拒动原因并消除缺陷后方可投入。

（4）SF_6 设备发生意外爆炸或严重漏气等事故，值班人员接近设备要谨慎，对户外设备，尽量选择从上风处接近设备，对户内设备应先通风，必要时要戴防毒面具、穿防护服。

四、高压断路器事故处理预案

（一）断路器合闸失灵

1. 原因分析

（1）合闸熔断器、控制熔断器熔断或接触不良；

（2）直流接触器触点接触不良或控制开关触点及开关辅助触点接触不良；

（3）直流电压过低；

（4）合闸闭锁动作。

2. 处理方案

（1）对控制回路、合闸回路及直流电源进行检查处理；

（2）若直流母线电压过低，调节蓄电池组端电压，使电压达到规定值；

（3）检查 SF_6 气体压力、液压压力是否正常，弹簧机构是否储能；

（4）若值班人员现场无法消除时，按危急缺陷报值班调度员。

（二）断路器分闸失灵

1. 原因分析

（1）跳闸回路断线，控制开关触点和开关辅助触点接触不良；

（2）操动熔断器接触不良或熔断；

（3）分闸线圈短路或断线；

（4）操动机构故障；

（5）直流电压过低。

2. 处理方案

（1）对控制回路、分闸回路进行检查处理，当发现断路器的跳闸回路有断线的信号或操作回路的操作电源消失时，应立即查明原因；

（2）对直流电源进行检查处理，若直流母线电压过低，调节蓄电池组端电压，使电压达到规定值；

（3）手动远方操作跳闸一次，若不成功，请示调度，隔离故障断路器。

（三）液压机构压力异常处理

（1）压力不能保持，油泵起动频繁时，应检查液压机构有无漏油等缺陷；

（2）压力低于起泵值，但油泵不起动，应检查油泵及电源系统是否正常，并报缺陷；

（3）"打压超时"，应检查液压部分有无漏油，油泵是否有机械故障，压力是否升高超出规定值等；若液压异常升高，应立即切断油泵电源，并报缺陷。

（四）液压机构突然失压处理

（1）立即断开油泵电动机电源，严禁人工打压；

（2）立即取下开关的控制熔断器，严禁进行操作；

（3）汇报调度，根据命令，采取措施将故障开关隔离；

（4）报缺陷，等待检修。

（五）SF_6 断路器本体严重漏气处理

（1）应立即断开该断路器的操作电源，在手动操作把手上挂禁止操作的标示牌；

（2）汇报调度，根据命令，采取措施将故障开关隔离；

（3）在接近设备时要谨慎，尽量选择从上风处接近设备，必要时要戴防毒面具、穿防护服；

（4）室内 SF_6 气体泄漏时，除应采取紧急措施处理外，还应开启风机通风 15min 后方可进入室内。

（六）故障跳闸处理

（1）断路器跳闸后，应立即记录事故发生的时间，停止音响信号，并立即进行特巡，检查断路器本身有无故障汇报调度，等候调度命令再进行合闸，合闸后又跳闸亦应报告调度员，并检查断路器。

（2）系统故障造成越级跳闸时，在恢复系统送电时，应将发生拒动的断路器与系统隔离，并保持原状，待查清拒动原因并消除缺陷后方可投入运行。

（3）下列情况不得强送：

1）线路带电作业时；

2）断路器已达允许故障掉闸次数；

3）断路器失去灭弧能力；

4）系统并列的断路器掉闸；

5）低周减载装置动作断路器掉闸。

（七）误拉断路器

（1）若误拉需检同期合闸的断路器，禁止将该断路器直接合上。应该检同期合上该断路器，或者在调度的指挥下进行操作。

（2）若误拉直馈线路的断路器，为了减小损失，允许立即合上该断路器；但若用户要求该线路断路器跳闸后间隔一定时间才允许合上时，则应按其要求。

五、评级管理

应定期对运行的高压开关设备进行评级，对其运行状态做出科学评价，指导检修。

1. 一级

（1）绝缘良好，SF_6 气体合格，真空断路器真空度符合要求；

（2）操动机构动作正常，动作速度、行程、动作电压、气压、油压等性能符合规定，油气系统无渗漏；

（3）气体压力正常；

（4）导电回路接触良好，无过热现象；

（5）标志正确、明显、齐全，分合标志正确；

（6）运行地点的短路容量小于断路器的实际短路开断容量，不过负荷；

（7）户外断路器应有防雨措施；

（8）资料齐全、正确，与实际相符。

2. 二级

（1）对一级中的 2～4 项允许存在一般缺陷，但不得直接或在一定时间内发展到危及安全运行；

（2）短时间过负荷，无严重过热现象；

（3）SF_6 断路器年漏气率和含水量超标者。

3. 三级

达不到一、二级设备标准的，评为三级。

【任务实施】

检查高压断路器的技术资料档案是否齐全，根据评级管理规定检查评级是否准确。

任务 1.4　高压断路器的检修

【教学目标】

1. 知识目标

了解高压断路器的检修规定，熟悉检修前的准备工作内容，熟悉检修前的检查和试验项目，熟悉检修和试验项目。

2. 能力目标

根据高压断路器检修的一般规定，收集检修所需的资料，确定检修方案，准备检修工具、备件及材料，设置检修安全措施，处理检修环境，进行检修前的检查和试验，确定检修项目，实施高压断路器的检修，并做检修记录和总结报告。

3. 态度目标

（1）能做到认真预习和收集上课所需要的资料；

（2）能认真上课，仔细看书，听老师所讲的内容，积极参与讨论并发表意见；

（3）尊重小组的决定，积极配合小组其他成员完成分配的工作任务；

（4）在学习中，学习他人的长处，改正自己的缺点，积极与老师、同学交流和探讨；

（5）能吃苦耐劳，团结互助，具备职业岗位所需要的基本素质。

【任务描述】

在对高压断路器的检修规定有了详细了解之后，根据检修周期和运行工况进行综合分析判断，并对高压断路器进行检修。

【任务准备】

课前预习相关部分知识，了解高压断路器检修的工艺流程及要求，并根据设备数量进行分组。

（1）确定分组情况、明确小组成员的分工及职责。

（2）明确危险点，完成危险点的分析工作。

（3）制订检修工作计划，编写高压断路器检修的标准化作业流程，办理检修工作票。

（4）准备检修工器具及材料。

【相关知识】

一、检修准备工作及基本要求

1. 检修资料的准备

为了保证高压断路器检修工作的针对性、检修方案制订的科学性，检修前应对设备的安装情况、运行情况、故障情况、缺陷情况及断路器近期的试验检测等方面情况进行详细、全面的调查分析，以判定断路器内综合状况，为现场检修方案的制订打好基础。检修前应收集的资料包括：设备使用说明书、设备图纸、设备安装记录、设备运行记录、故障情况记录、缺陷情况记录、检测记录、试验记录及其他资料。

2. 检修方案的确定

检修前应通过对设备资料的分析、评估，编制完善的检修方案。检修方案主要内容应包括：检修的组织措施、安全措施和技术措施、检修项目、标准、工期、流程等。

3. 检修材料、工器具及备件准备

检修前根据断路器的检修项目，准备必要的检修工器具、试验仪器、备件及材料等，如检修专用支架、起重设备、吸尘器、万用表、断路器测试仪器等，还应按制造厂说明准备相应的辅助材料，如导电硅脂、密封胶、砂布等。另外，还应准备专用工具，如手力操作杆、专用扳手、专用测速工具等。

4. 检修安全措施

（1）施工现场工作人员必须严格执行《电业安全工作规程》，明确停电范围、工作内容、停电时间，检查安全措施与工作内容是否相符。

（2）检修前必须对工作危险点进行详细分析，做好充分的预防措施。

（3）现场如需进行电气焊工作，要开动火工作票，应有专业人员操作，严禁无证人员进行操作，同时要做好防火措施。

（4）向生产厂家技术人员提供《电业安全工作规程》，并介绍变电站的接线情况、工作范围、安全措施。

（5）在断路器传动前，各部要进行认真检查，防止造成人身伤害和设备损坏事故。

（6）当需接触润滑脂或润滑油时，需准备防护手套，抽真空时必须有专人监护。

（7）检修前应针对被检修断路器的具体情况，对危险点进行详细分析，并做好充分的预防措施，并组织所有检修人员共同学习。

（8）搭接试验电源时要防止短路或人身触电，应按指导老师的要求进行操作。

（9）SF_6 气体工作安全要求：

1）按规定制订工作人员防护措施；

2）工作现场应具有强力通风条件，以清除残余气体；

3）准备有微孔过滤器的真空吸尘器，用于除去断路器中形成的电弧分解物；

4）在取出 SF_6 断路器中的吸附剂、清洗金属和绝缘零部件时，检修人员应穿戴全套的安全防护用品，并用吸尘器和毛刷清除粉末。

5. 检修人员要求

（1）检修人员必须了解熟悉断路器的结构、动作原理及操作方法，并经过专业培训合格。

（2）现场解体大修需要时，应有制造厂的专业人员指导。

（3）对各检修项目的责任人进行明确分工，使负责人明确各自的职责内容。

6. 检修环境的要求

断路器的解体检修，尤其是 SF_6 断路器的本体检修对环境的清洁度、湿度的要求十分严格，灰尘、水分的存在都影响断路器的性能，故应加强对现场环境的要求，具体要求如下：

（1）大气条件：温度在5℃以上，相对湿度小于80％。

（2）重要部件分解检修工作尽量在检修间进行。现场应考虑采取防雨、防尘保护。

（3）有充足的施工电源和照明措施。

（4）有足够宽敞的场地摆放器具、设备和已拆部件。

7. 废油、废气等废物处理措施要求

（1）使用过的 SF_6 气体应用专业设备回收处理。

（2）SF_6 电气设备内部含有有毒的或腐蚀性的粉末，有些固态粉末附着在设备内及元件的表面，应用吸尘器仔细将这些粉末彻底清除干净，用于清理的物品需要用浓度约20％的氢氧化钠水溶液浸泡后深埋。

（3）所有溢出的油脂应用吸附剂覆盖，按化学废物处理。

二、检修前的检查和试验

为了解高压断路器检修前的状态以及为检修后试验数据进行比较，在检修前应对被检断路器进行检查和试验。

断路器检修前的检查项目包括：外观检查、渗漏检查、瓷套检查、压力指示检查、动作次数检查、储能器检查等。

断路器检修前的试验项目包括：①断路器开距测量、接触行程（超行程）测量、断路器主回路电阻测量、断路器机械特性试验；②在额定操作压力和额定操作电压下，分别测量断路器三相的合闸时间、合闸速度、分闸时间、分闸速度、同相断口间的同期及三相间的同期以及辅助开关动作时间与主断口的配合等。

断路器的低电压动作试验：在额定操作压力状态下，分别测量并记录断路器合闸、分闸最低动作电压。

还应进行断路器液压（气动）机构的零起打压时间及补压时间试验。

三、SF_6 断路器检修

由于 SF_6 断路器制造厂家很多，不同型号、不同结构、不同电压等级、不同运行条件的 SF_6 断路器，很难给出统一的检修周期、检修项目和检修工艺标准。一般由用户根据运行和预防性试验中发现的问题，确定检修的项目和内容，制订具体检修方案。对于 SF_6 断路器的大修，由于受人员的技术水平、检修设备、检修条件的限制，一般委托制造厂家或专业的检修单位实施大修工作。具备检修条件的用户，可以在厂家技术人员的指导下进行大修工作。以下介绍的检修流程、检修内容及质量标准，供现场检修时参考。

（一）SF_6 断路器检修时的安全防护

（1）断路器解体前，应对断路器内 SF_6 气体进行必要的检测，根据有毒气体含量，采取相应的安全防护措施。SF_6 断路器大修方案，应包括安全防护措施。

（2）断路器解体检修时，检修人员应穿防护服、戴防毒面具。断路器封盖打开后，应暂时撤离现场 30min 以上。

（3）断路器解体前，应用 SF_6 气体回收净化装置净化处理 SF_6 气体，并对断路器抽真空，用氮气冲洗 3 次后，方可进行解体检修。

（4）在取出吸附剂、清洗金属和绝缘部件时，检修人员应穿戴全套的安全防护用品，并用吸尘器和毛刷清除粉尘。

（5）将取出的吸附剂、金属粉末等废物放入酸或碱溶液中处理至中性后，进行深埋处理，深度应大于 0.8m。

（6）回收利用的 SF_6 气体，需进行净化处理，达到国家标准后方可使用。对排放的废气，事前需做净化处理，达到国家环保规定要求后，才能排放。

（7）在检修车间检修时，解体检修净化车间要密封、低尘降，并保证有良好的引风排气设施，其换气量应保证在 15min 内全车间换气一次。排气口应设置在底部。

（8）工作结束后，使用过的防护用具应清洗干净，检修人员要做好个人卫生。

（二）SF_6 断路器本体检修内容及质量标准

SF_6 断路器检修包含本体检修和操动机构检修，本体检修内容及质量标准如表 1-6所示。

表 1-6　　　　　　　　　　　　SF_6 断路器本体检修内容及技术要求

检修项目	检修内容	技术要求
瓷套或套管	（1）均压环	（1）均压环应完好无变形
	（2）检查瓷件内外表面	（2）瓷套内外无可见裂纹，浇装无脱落，裙边无损坏
	（3）检查主接线板	（3）接线板应无变形、无开裂，镀层应完好
	（4）检查法兰密封面	（4）密封面沟槽平整无划伤
	（5）检查并联电容器（柱式）	（5）电容器无渗漏现象，电容量和介损值符合要求
灭弧室	弧触头和喷口的检修：检查零部件的磨损和烧损情况	（1）弧触头烧损大于制造厂规定值，或有明显碎裂，或触头表面有铜析出现象时，应更换新弧触头
		（2）喷口和罩的内径大于制造厂规定值，或有裂纹、有明显的剥落或清理不干净时，应更换喷口、罩
	检查绝缘拉杆、绝缘件表面情况	表面无裂痕、划伤，如有损伤，应更换
	合闸电阻的检修：（1）检查电阻片外观，测量每极合闸电阻阻值；（2）检查电阻动、静触头的情况	（1）电阻片无裂痕、无烧伤痕迹及破损。电阻值应符合制造厂规定
		（2）合闸电阻动、静触头无损伤，如损伤情况严重，应予以更换

续表

检修项目	检修内容	技术要求
灭弧室	并联电容器的检修（罐式）： (1) 检查并联电容的紧固件是否松动； (2) 进行电容量测试和介质损耗测试	(1) 电容器完好、干净，如有裂纹应整体更换
		(2) 并联电容值和介质损耗应符合规定
	压气缸检修： 检查压气缸等部件内表面	压气缸等部件内表面无划伤，镀银面完好
SF$_6$气体系统	(1) SF$_6$ 充放气止回阀的检修：更换逆止阀密封圈，对顶杆和阀心进行检查	(1) 顶杆和阀心应无变形，否则应进行更换
	(2) 对管路接头进行检查并进行检漏	(2) SF$_6$ 管接头密封面无伤痕
	(3) 对 SF$_6$ 密度继电器的整定值进行校验，按检修后现场试验项目标准进行	(3) 密度继电器整定值应符合制造厂规定

（三）断路器检修后的调整与试验

断路器检修后的调整与试验包括灭弧室行程调整、本体与机构连接部分的调整、SF$_6$ 气体微水测量和泄漏检测、电气与机械特性试验等内容。由于各个厂家制造 SF$_6$ 断路器结构不同，所配置的操动机构不同，调整、试验的方法和技术要求有较大区别。以下只介绍调整与试验的项目，调整、试验的方法和技术要求以厂家的产品说明书和预防性试验规程为准。断路器检修后的调整与试验项目如表 1-7 所示。

表 1-7　　　　　　　　　　断路器检修后的调整与试验项目

序号	项目	检查内容
1	灭弧室部分	触头行程及插入行程
2	SF$_6$气体系统	调整并校验密度继电器动作值
		SF$_6$ 气体微水测量
		SF$_6$ 气体泄漏检测
3	机械特性	合闸时间、分闸时间、合一分时间
		合闸速度、分闸速度
		合闸、分闸三相不同期
		辅助开关动作时间
		合闸电阻提前投入时间
4	控制线圈	合闸线圈的直流电阻和绝缘电阻
		分闸线圈的直流电阻和绝缘电阻
5	低电压动作特性	分闸线圈
		合闸线圈（或合闸接触器）
6	操作试验	额定操作电压下，远方和就地操作
		机构补压及零起打压时间
		防止失压慢分试验
7	主回路	回路电阻测量

续表

序号	项目	检查内容	
8	绝缘试验	绝缘电阻	控制回路对地，辅助回路对地
			电动机线圈对地，主回路及绝缘拉杆
		1min 工频耐压试验	控制回路对地，辅助回路对地
			电动机线圈对地，主回路合闸对地
			主回路分闸端口间
		电容器的绝缘电阻、电容量及介质损耗测量（装有并联电容的断路器）	
		绝缘油试验	

（四）SF₆ 断路器检修工艺流程

SF₆ 断路器大修流程由于断路器电压等级不同、类型不同而有所差异，通用的大修流程如图 1-12 所示。在实际大修工作中，必须按照断路器大修相关规程及厂家的说明书，结合现场条件，确定大修流程。小修和临时性检修的工艺流程可参照大修流程、相关标准、制造厂家规定执行。

四、真空断路器检修

（一）真空灭弧室检查与安装

1. 真空灭弧室使用前的检查

（1）外形、外观检查。检查包装是否完好，开箱后应检查外观，核对产品与合格证是否相符。正常产品在用手摇动时，管内无异响，玻璃或陶瓷外壳完整，无机械损伤。

（2）工频耐压试验。真空灭弧室在使用前应进行一次工频耐压测试。测试前应用干布或酒精润湿的擦布清洁表面。

2. 真空灭弧室的安装

（1）安装前，用棉布或绸布蘸少许酒精，将绝缘外壳的表面擦干净，同时将导电杆及电连接表面擦干净，以使其与整机有良好的电接触。

（2）装入真空灭弧室后，按要求进行调整。与真空灭弧室有关的机械参数应满足技术条件中给出的参数要求。

3. 安装注意的事项

（1）真空灭弧室在工作时，必须有导向装置，使用动导电杆对正管轴线的同轴度符合要求，波纹管不受扭力。

（2）安装中，严禁用硬物撞击或敲打管子外壳，以免破碎而漏气，同时防止玻璃外壳划伤，否则开断过程中玻璃受力受热后易破碎。

（3）注意保证真空灭弧室导电杆的同轴度，或与定端端面的垂直度。

（4）注意不要反复拆卸真空灭弧室，以防止连接螺孔滑扣；也不应扭转动导电杆，过量压缩波纹管，以免使波纹管产生扭力、划伤，影响使用寿命。

（5）安装中，注意施加在真空灭弧室两端面的力不应超出产品技术条件中规定的静态安全压力。

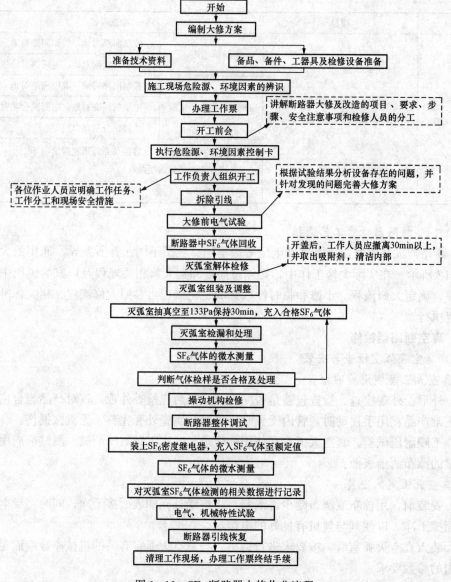

图 1-12　SF₆ 断路器大修作业流程

4. 真空灭弧室的使用

（1）使用中应定期用工频耐压法检查真空灭弧室的真空度。

（2）定期检查真空灭弧室触头的烧损情况，当其达到动导电杆的烧损标记，或烧损厚度超过标准规定值时，表明真空灭弧室电器寿命终了，应予以更换。

（二）真空断路器检修项目

1. 大修项目

（1）真空灭弧室的检测与更换。

（2）操动机构、传动机构检修。

（3）缓冲装置的检修调整。

（4）各种技术参数调整测试，并填写测试报告。

2. 小修项目

（1）测试主导电回路接触电阻。

（2）检测真空度。

（3）检查、清扫真空断路器相间隔板、支持绝缘子、绝缘拉杆。

（4）机构及传动部件活动摩擦部位添加润滑油。

（5）检查并紧固各连接部件螺栓。

（6）检查调整操动机构分、合闸位置指示器。

（7）检查辅助开关接触情况及接触行程。

（8）测量分、合闸最低动作电压。

3. 真空灭弧室的检测项目与技术要求

真空灭弧室检测项目与技术要求见表 1-8。

表 1-8　　　　　　　　　　真空灭弧室检测项目与技术要求

检　测　项　目	技　术　要　求
（1）测量真空灭弧室的真空度	（1）真空度应符合标准要求
（2）测量真空灭弧室的导电回路电阻	（2）回路电阻符合制造厂技术条件要求
（3）检查真空灭弧室电寿命标志点是否到达	（3）到达电寿命标志点后立即更换
（4）检查触头的开距及超行程	（4）开距及超行程应符合制造厂技术条件要求
（5）对真空灭弧室进行分闸状态下耐压试验	（5）应能通过标准规定的耐压水平要求

（三）真空度检测

真空度是保证真空断路器绝缘和灭弧性能的重要技术指标，真空度检测已成为真空断路器的周期性检查和预防性试验的重要内容之一。由于材料和制造方面原因，随着存放和运行时间增加，断路器的真空度随之下降。真空度常用的检测方法如下：

（1）观察法。适用于玻璃管真空灭弧室，由运行人员对运行中的真空断路器进行简单判别，通过观察涂在真空玻璃泡内表面的吸气剂薄膜的颜色变化来判断真空度的变化。真空度良好时，吸气剂的薄膜非常亮像镜面；如果真空度降低，吸气剂薄膜变成乳白色。这种判断方法只有在真空度降到很低时才能发现变化。

（2）火花计法。适用于玻璃管真空灭弧室。将火花计检漏仪在灭弧室表面移动，根据真空管发光的颜色来判断真空灭弧室是否合格，淡青色表明真空度良好，红蓝色表明灭弧室真空度极低，不发光表示已严重漏气。

（3）交流耐压试验法。交流耐压试验是检测灭弧室真空度最常用的方法，主要用来判断真空度严重劣化的灭弧室。应定期对断路器主回路对地、相间及断口进行交流耐压试验。试验时，在额定开距下，触头两端加额定工频试验电压的 70%，稳定 1min，然后在 1min 内升至额定工频试验电压，保持 1min 无仪表指针突变及跳闸现象即为合格，允许管内有零星火花及其他轻微发光现象。这种方法不能对真空灭弧室的真空度进行直接检测，只能判断真空断路器的真空度是否满足要求。10kV 真空断路器耐压试验试验接线图如图 1-13 所示。

（4）电磁法。对真空断路器的灭弧室采用电磁法进行试验，试验方法为：在灭弧室的触头间施加磁场，然后再施加一个最长持续时间为 100ms 的脉冲电压，可由流过电流的大小

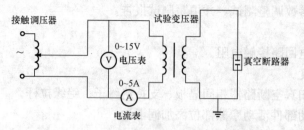

图 1-13　10kV 真空断路器耐压试验接线图

估算出真空灭弧室内的气体压力。从目前现场试验的情况看，采用这种方法获得的数据最为准确、有效，它可以推算出真空断路器真空度的准确数值，试验可靠性较高。

（5）真空度测试仪是检测真空灭弧室真空度的仪器，一般以磁控放电为原理，以单片计算机为主控单元，测试过程实现全自动化。它能实现真空灭弧室的免拆卸测量，直接显示真空度数值，使用户详细掌握灭弧室的真空状态，为有计划地更换灭弧室提供了可靠的依据，为电网的安全运行提供了有力保障，克服了工频耐压法仅能判断灭弧室是否报废的缺陷。

（四）真空灭弧室参数调整

（1）触头开距。触头开距指断路器在分闸位置时，动触头与静触头之间的距离。触头开距可通过改变动触杆与触头弹簧间连接的长短进行调整，也可通过改变分闸限位垫片来调整。

（2）超行程。超行程是指断路器真空灭弧室的动触头由分闸位置运动到与静触头接触后，断路器触头弹簧被压缩的位移。由于真空断路器采用对接式触头，合闸时，触头接触后没有继续向前的行程，但操作杆会继续前进一段距离，压缩弹簧使触头间接触压力增加，减小接触电阻。不同型号的真空断路器在测量超行程时都有其规定位置，通常用调节绝缘拉杆长度和操动机构输出连杆长度来调整超行程。

（3）三相同期性调整。当断路器的各相超行程和开距调整合格后，断路器的三相同期性基本满足要求。结合超行程调整，通过改变动触杆与触头弹簧间连接的长短进行调整。

（4）触头磨损量的检测。真空断路器触头接触面经过多次开断后，触头在电弧作用下有烧损，通常称为电磨损。操作越频繁，开断电流越大，触头表面磨损越严重。触头表面磨损会使超行程增加，接触压力降低，接触电阻增加。当磨损量达到规定值时，灭弧室必须更换。

触头磨损量的检测可以根据超行程尺寸变化来判断，当超行程小于规定尺寸时，则需更换灭弧室。也可在机构的某一部分或真空灭弧室的触头连杆上，刻上标记或目标线用眼睛观察。即真空断路器在合闸位置时，在刻有触头超行程弹簧的连杆上做红色标记，如果看不见，则需更换灭弧室。

（5）合闸弹跳与分闸弹跳。由于真空断路器触头采用对接式，触头开距小，加之操动机构使用了弹簧，容易产生弹跳。合闸弹跳与分闸弹跳是真空断路器特有的问题。合闸弹跳影响断路器的合闸能力和电寿命，分闸弹跳影响其弧后的绝缘性能。对于真空断路器，其合闸弹跳与分闸弹跳越小越好。合闸弹跳以毫秒来计算，分闸弹跳以毫米来计算。10kV 真空断路器合闸弹跳不能超过 2ms，分闸反弹幅值不应超过额定开距的 20%。

五、高压断路器操动机构检修

高压断路器常见的操动机构有电磁、液压、弹簧、气动机构等。考虑到操动机构种类繁多，检修流程、检修工艺相差较大。以下介绍的检修项目和质量要求，供现场检修时参考。

（一）液压机构检修项目及质量要求

液压机构检修项目及质量要求见表1-9。

表1-9　　　　　　　　　　　液压机构检修项目及质量要求

检修部位	检修项目	质量要求
储压筒	（1）检查储压筒内壁及活塞表面	应光滑、无锈蚀、无划痕，否则应更换
	（2）检查活塞杆	（1）表面无划伤、镀铬层完整无脱落，杆体无弯曲、变形现象； （2）杆下端的泄油孔应畅通、无阻塞
	（3）检查止回阀	钢球与阀口应密封良好
	（4）检查铜压圈、垫圈	应良好、无划痕
	（5）组装及充氮气	（1）各紧固件应连接可靠； （2）充氮气后，逆止阀应无漏气现象，预充压力符合厂家要求
阀系统	（1）检修分、合闸电磁铁	（1）阀杆应无弯曲、无变形，不直度符合要求； （2）阀杆与铁芯结合牢固，不松动； （3）线圈无卡伤、断线现象，绝缘应良好； （4）组装后铁芯运动灵活，无卡滞
	（2）检修分、合闸阀	（1）钢球（阀锥）应无锈蚀、无损坏； （2）钢球（阀锥）与阀口应密封严密，密封线应完整； （3）阀杆无变形、无弯曲，复位弹簧无损坏、无锈蚀，弹性良好； （4）组装后各阀杆行程应符合要求
	（3）检修高压放油阀（截流阀）	（1）钢球（阀锥）应无锈蚀、无损坏； （2）钢球（阀锥）与阀口应密封严密，密封线应完整； （3）阀杆应无变形、无弯曲、无松动，端头应平整； （4）复位弹簧应无损坏、无锈蚀，弹性应良好
	（4）检查安全阀	安全阀动作及返回值符合要求
工作缸	（1）检查缸体、活塞及活塞杆	（1）缸体内表、活塞外表应光滑、无沟痕； （2）活塞杆应无弯曲，表面无划伤痕迹、无锈蚀
	（2）检查管接头	应无裂纹和滑扣
	（3）组装工作缸	（1）应更换全部密封垫； （2）组装后，活塞杆运动应灵活
油泵及电动机	（1）检修油泵	（1）柱塞间隙配合应良好，高、低止回阀密封应良好； （2）弹簧无变形，弹性应良好，钢球无裂纹、无锈蚀，球托与弹簧、钢球配合良好； （3）油封应无渗漏油现象，各通道应畅通、无阻塞
	（2）检修电动机	（1）轴承应无磨损，转动应灵活； （2）定子与转子间的间隙应均匀，无摩擦现象； （3）整流子磨损深度不超过规定值； （4）电动机的绝缘电阻应符合标准要求

检修部位	检修项目	质 量 要 求
油箱及管路	（1）清洗油箱及滤油器	油箱应无渗漏油现象，油箱及滤油器应清洁、无污物
	（2）清洗、检查及连接管路	（1）管路、管接头、卡套及螺帽无卡伤、锈蚀、变形、开裂现象； （2）连接后的管路及接头应紧固，无渗漏油现象
加热和温控装置	（1）检查加热装置	应无损坏，接线良好，工作正常。加热器功率消耗偏差在制造厂规定范围以内
	（2）检查温控装置	温度控制动作准确，加热器接通和切断的温度范围符合制造厂规定
其他部位	（1）检查机构箱	表面无锈蚀，无变形，应无渗漏雨水现象
	（2）检查传动连杆及外露零件	无锈蚀，连接紧固
	（3）检查辅助开关	触点接触良好，切换角度合适，接线正确
	（4）检查压力开关	整定值应符合制造厂要求
	（5）检查分合闸指示器	指示位置正确，安装连接牢固
	（6）检查二次接线	接线正确
	（7）校验油压表	油压表指示正确，无渗漏油现象
	（8）检查操作计数器	动作应正确

（二）弹簧机构检修项目及质量要求

弹簧机构检修项目及质量要求见表1-10。

表1-10　　　　　　　　　　　弹簧机构检修项目及质量要求

检修部位	检修项目	质 量 要 求
操动机构箱	（1）检查机构箱	表面无锈蚀、无变形，无渗漏雨水现象
	（2）检查清理电磁铁扣板、掣子	（1）分、合闸线圈安装牢固，无松动、卡伤、断线现象，直流电阻符合要求，绝缘良好； （2）衔铁、扣板、掣子无变形，动作灵活
	（3）检查传动机构及其他外露部件	无锈蚀，连接紧固
	（4）检查辅助开关	触点接触良好，切换角度合适，接线正确
	（5）检查分、合闸弹簧	无锈蚀，拉伸长度应符合要求
	（6）检查分、合闸缓冲器	测量缓冲曲线应符合要求
	（7）检查分合闸指示器	指示位置正确，安装连接牢固
	（8）检查二次接线	接线正确
	（9）储能开关	动作正确
	（10）检查储能电机	电机零储能时间符合要求

【任务实施】

（1）以小组为单位，根据检修周期和运行工况，对 SF_6 高压断路器进行检修。检修流程及工艺标准可参考表1-6。

（2）以小组为单位，根据检修周期和运行工况，对真空断路器进行检修。检修流程及工艺标准可参考表 1-8。

（3）以小组为单位，根据检修周期和运行工况，对断路器液压机构进行检修。检修流程及工艺标准可参考表 1-9。

任务 1.5　高压断路器的事故预防

【教学目标】

1. 知识目标

了解高压断路器的管理、运行及技术措施内容，了解常见的高压断路器事故，并熟悉其预防措施。

2. 能力目标

针对高压断路器在运行中频繁出现的、典型的事故（故障），进行预防断路器灭弧室事故、预防绝缘闪络和爆炸、预防拒动和误动故障、预防开关设备机械损伤、预防载流回路过热等方面的工作。

3. 态度目标

（1）能做到认真预习和收集上课所需要的资料；

（2）能认真上课，仔细看书，听老师所讲的内容，积极参与讨论并发表意见；

（3）尊重小组的决定，积极配合小组其他成员完成分配的工作任务；

（4）在学习中，学习他人的长处，改正自己的缺点，积极与老师、同学交流和探讨；

（5）能吃苦耐劳，团结互助，具备职业岗位所需要的基本素质。

【任务描述】

为了防止高压断路器发生事故，根据预防高压断路器事故的技术措施，对高压断路器进行运行监督。

【任务准备】

课前预习相关部分知识，经讨论后能独立回答下列问题：

（1）SF_6 断路器常见的故障类型及处理方法是什么？

（2）真空断路器常见的故障类型及处理方法是什么？

【相关知识】

高压断路器开关状态的好坏直接影响着电力系统的安全运行。高压断路器的故障包括机械故障和电气故障两大类。电气故障主要有绝缘故障、开断和关合性能不良引起的故障、导电性能不良引起的故障等；机械故障主要有操动机构故障、断路器本体的机械故障等。

一、SF_6 断路器常见故障及处理

SF_6 断路器常见的故障主要有微水含量超标、泄漏、拒动故障。

（一）微水含量超标

SF_6 断路器在安装、运行、检修过程中，微水含量是十分重要的控制指标，微水含量超

标直接影响断路器的安全可靠运行。

1. 微水含量超标的原因

(1) 充入 SF_6 气体水分不合格，新气或再生气体水分超过标准。

(2) 充入 SF_6 气体带进的水分。充入 SF_6 气体时，由于工艺不当，如充气时钢瓶未倒立，管路、接口不干燥，装配时曝露在空气中时间过长等导致带进水分；回收 SF_6 气体时，干燥、净化不彻底，带进水分。

(3) 绝缘件带入的水分。主要指气体绝缘设备中使用的有机绝缘材料内部所含有的水分，在长期运行过程中，这部分水分会慢慢释放出来。

(4) 吸附剂带入的水分。由于吸附剂活化处理时间短，安装时曝露在空气中时间过长带入水分。

(5) 透过密封件带入的水分。由于大气中水蒸气的分压力通常为气体绝缘设备中水分分压力的几十倍到几百倍，在这一压差作用下，大气中的水分会逐渐透过密封件进入气体绝缘设备。

(6) 设备渗漏带入水分。充气口、管路接口、法兰处、铝铸件砂孔等处，空气中水蒸气会逐渐渗透到设备内部。气体绝缘设备的泄漏点是水分渗入设备内部的通道，时间越长，渗入水分越多。

渗入 SF_6 断路器中的水分即存于 SF_6 气体中，又吸附于绝缘件和导体表面。运行中 SF_6 气体微水含量与温度有密切关系，主要是因为绝缘件和气体中的水分之间的分压力，随温度的变化而变化。温度升高时，SF_6 气体中微水含量上升；温度降低时，SF_6 气体中微水含量下降。因此，测试 SF_6 气体微水含量时应进行温度修正，将实测温度的数据折算到 20℃时的数据，再与标准值相比较。

2. SF_6 气体微水含量超标的危害

(1) 断路器等户外设备，当气温降低时，断路器内部存在的过量水分可能会凝结成"露水"附着在固体介质表面，发生闪络放电。

(2) 水分子与 SF_6 气体的分解产物产生化学反应生成强腐蚀性物质，使绝缘劣化，不仅缩短了设备的使用寿命，而且可能引起开关设备爆炸。

(3) 含有水分的 SF_6 气体发生电弧放电时，会分解产生危险的化学物质，如 SO_2F_2、SOF 等，对人体器官造成危害，严重时会危及人身安全。

(4) 水分子是导电的极性分子，它促进了自由电子、电子崩和放电的产生，是引起断路器不稳定工作和产生爆炸事故的重要因素。

3. SF_6 断路器微水含量控制措施

(1) 严格控制 SF_6 新气的含水量，SF_6 气体必须符合国家标准。

(2) 抽真空。在设备充气之前，应将设备抽真空至 67Pa 以下，持续 1h。这种方法对于除去设备内部构件表面吸附的水分很有效，但对减少绝缘件内部所含水分效果不理想，即使抽真空时间延长至 24h，效果亦不明显，因为绝缘件内部所含水分向外扩散速度太慢。

(3) 绝缘件的处理。绝缘件出厂时，如果没有进行特殊密封包装，安装前又未做干燥处理，则绝缘件在运行中所释放的水分将在气体含水量中占有很大比重，因此，在安装现场未组装的绝缘件应存放于充有干燥氮气容器中。

断路器的零部件在装配前进行干燥处理，所有零部件在清洗干净后烘干，进行抽真空密封包装放置在专用仓库，相对湿度不超过 65%，绝缘件在加工过程中不允许渗水。断路器应在空调间装配，保证一定的温度和湿度，温度控制在 20℃左右，保证工人不出汗，湿度控制在 70%。密封件和喷口应保存在 20℃干燥的恒温箱内，灭弧室装配应在温度 20℃、相对湿度 60% 的无尘装配间装配，这样既能保证密封件和灭弧室装配质量，另一方面确保不吸收空气中的水分。

（4）采用渗透率小的密封件，加强气体绝缘设备密封面的加工、组装的质量管理，保证密封良好。断路器法兰面及动密封应采用双密封圈密封，一方面加强密封效果，减少 SF_6 气体的漏气量，另一方面可减少外界水分进入 SF_6 断路器中。

（5）采用高效吸附剂。使用前应进行活化处理，配置时应尽量缩短曝露于大气中的时间，尽量减少吸附剂自身带入的水分。

（6）加强运行中 SF_6 气体含水量的监视测量。对于含水量超过管理标准的应适时地加以干燥处理。

通过对上述各个环节的严格管理，控制 SF_6 断路器中 SF_6 气体的微水含量。国家标准规定充入断路器设备内部 SF_6 气体的微水含量应满足以下要求：交接时（新设备），$\leqslant$ 150μL/L（20℃时）；运行中，$\leqslant 300$μL/L（20℃时）。

4. SF_6 断路器微水含量处理

（1）用回收装置将已充 SF_6 气体回收。

（2）对断路器气室抽真空，当真空度达到 133.32Pa 以下计时。

（3）维持真空至少 30min。

（4）停泵并与泵隔离，静置 30min 后读取真空度 A 值。

（5）静置 5h，读取真空度 B 值，要求 $B-A<66.66$Pa（极限允许值 133.32Pa），否则检漏处理并重复（3）、（4）、（5）步骤。

（6）对断路器充合格的 SF_6 气体至 0.05～0.1MPa，静置 12h 后含水量小于 450×10^{-6}，则合格。若含水量大于 450×10^{-6}，应重新抽真空，并用高纯氮气充至额定压力，进行内部冲洗。

（7）处理后静置 12h，测量断路器气室的含水量应不大于 150×10^{-6}。

（二）泄漏

泄漏是一种很普遍的自然现象，凡是存在浓度差、温度差、压力差的地方都会有泄漏存在。SF_6 断路器的泄漏可分为本体和连接处的泄漏以及液压机构的泄漏。

本体及连接处的泄漏主要在焊缝、支持瓷套与法兰连接处、灭弧室顶盖、提升杆密封处、管路接头、密度继电器接口、压力表接头、三联箱盖板等部位。为了减小连接部位发生泄漏的可能，装配前必须用白布或优质卫生纸沾酒精仔细清擦密封面和密封圈，仔细检查，确认无缺陷后才能装配。同时，还应擦净法兰、螺栓孔及连接螺栓上的灰尘，以免带入密封面。

SF_6 气体泄漏后需要及时补气，查找并处理泄漏点，否则就不能保证断路器的正常工作。一旦发生事故，给电网和用户带来很大的损失。一方面大气中的水分会通过泄漏点渗入断路器内部，影响断路器的电气绝缘性能和导致零部件的锈蚀，可能会造成断路器发生爆炸事故；另一方面 SF_6 气体泄漏到大气中去，会吸收红外辐射而产生温室效应，对环境造成污染和破坏生态平衡。此外，水分含量严重超标的 SF_6 气体在火花和电晕的作用下，可能会分解产生剧毒的物质，对人体器官造成伤害，严重时甚至会危及生命。

从近年来使用情况看，液压机构的缺陷和故障率最高。液压机构的故障主要表现在油气系统密封不良引起的渗漏。对于不同的液压机构，其泄漏的部位及情况会有所不同。液压机构主要泄漏部位在阀门、密封圈、密封垫、高低压油管、压力表、压力继电器接头处，以及工作缸活塞杆、储压筒活塞的密封面等处。

液压机构的泄漏对断路器运行会造成严重影响，小的泄漏既影响到设备的清洁，也会引起油泵的频繁起停、打压或补压时间过长；大量的渗油会造成失压故障，液压油进入储压筒使氮气侧压力异常升高，从而导致误动，成为设备缺陷，影响设备的安全运行。

消除液压机构泄漏需要从设计、制造、材料选用、加工装配、安装调试等多个方面的共同努力，制造厂家的设计和选材是前提，加工装配是关键，安装调试是基础，无论哪一个环节上出问题，都会最终影响断路器产品的性能、质量和可靠性。

（三）拒动或误动

断路器拒动的情况可分为拒分、拒合和误动，误动的情况较多的是断路器偷跳，特别是一相偷跳。造成断路器拒分或拒合的原因主要分为两个方面：一方面是断路器本身和操动机构的故障；另一方面电气控制及其二次回路的故障。区分二者的主要依据是观察断路器发出的各种信号，如红、绿灯的指示，闪光变化情况以及分合闸接触器、分合闸铁芯动作情况。

不同类型的操动机构发生故障时，会发出不同的信号。液压机构故障会发出交流电动机失压、压力异常、合闸闭锁、分闸闭锁、低 SF_6 压力闭锁等信号；弹簧机构故障会发出未储能、低 SF_6 压力闭锁等信号。

当控制开关转到合闸位置时，绿灯熄灭后又亮或者闪光，合闸电流表有摆动，可能是合闸电压太低，导致操动机构动力不足，不能将提升杆提到位，传动机构的动作未完成；也可能是操动机构调整不当，如合闸铁芯超程或缓冲间隙不够、合闸铁芯的顶杆调整不当、四连杆机构未过死点、维持机构未能将断路器保持在合闸位置、电磁阀失灵等。当控制开关转到分闸位置时，红灯熄灭后又亮或者闪光，电流表有摆动，说明断路器已经动作，但因维持机构有故障，未能使开关保持在分闸位置。

当控制开关转合闸或分闸位置时，红、绿指示灯不发生变化，绿灯闪光而红灯不亮，或者红灯闪光而绿灯不亮，电流表不摆动，喇叭响。这说明操动机构没有动作，问题主要在电气方面。电气方面故障主要有如下几方面：

（1）熔断器熔断或接触不良。

（2）合闸母线电压太低。根据《高压断路器运行规程》要求，对合闸电流线圈通电时，端子电压不应低于额定电压的 80%，也不得高于额定电压的 110%，若合闸母线电压太高或太低，均会造成断路器拒合。

（3）分、合闸控制回路接触不良。控制电源熔断器熔断或接触不良，红、绿灯不亮。控制开关的触点、断路器辅助开关触点、防跳继电器的触点接触不良，都会导致分、合闸控制回路不通而发生拒合、拒分。

（4）分、合闸控制回路接线端子松动，分、合闸线圈断线。

二、真空断路器常见故障及处理

真空断路器的故障主要包括真空灭弧室和操动机构故障。真空灭弧室的故障主要是漏气，表现为运行时间不长的真空断路器真空度下降，耐压试验不合格。需加强真空灭弧室运行中的巡视，检查灭弧室是否有放电、异常声音、破损、变色等现象，开展真空度在线监测工作。

统计资料表明，操动机构故障发生概率较高。为了减少操动机构故障，真空断路器大部分采用弹簧操动机构。弹簧机构的动作过程可以简单地描述为：储能→合闸准备→合闸→合闸保持（锁扣）→完成合闸动作→分闸→（脱扣）→完成分闸动作。上述任何一个环节出问题，都将影响断路器的分、合操作。因此，分析故障点时，首先应结合故障现象，分析故障可能发生在哪些环节；然后，再采取分步排除法，逐个排查，查找故障点。

（一）真空灭弧室真空度降低

1. 故障现象

真空断路器在真空灭弧室内开断电流并进行灭弧，而真空断路器本身没有定性、定量监测真空度特性的装置，所以真空度降低故障为隐性故障，其危险程度远远大于显性故障。

2. 故障原因

（1）真空灭弧室的材质或制作工艺存在问题，真空泡本身存在微小漏点。

（2）真空灭弧室内波纹管的材质或制作工艺存在问题，多次操作后出现漏点。

（3）分体式真空断路器，如使用电磁式操动机构的真空断路器，在操作时，由于操作连杆的距离比较大，直接影响断路器的同期、弹跳、超行程等特性，使真空度降低的速度加快。

3. 处理方法

（1）在进行断路器定期停电检修时，必须使用真空测试仪对真空灭弧室进行真空度的定性测试，确保真空度符合规定。

（2）当真空度降低时，必须更换真空灭弧室，并做好行程、同期、弹跳等特性试验。

4. 预防措施

（1）选用真空断路器时，必须选用信誉良好的厂家所生产的成熟产品。

（2）选用本体与操动机构一体的真空断路器。

（3）运行人员巡视时，应注意断路器真空灭弧室外部是否有放电现象，如存在放电现象，则真空灭弧室的真空度测试结果基本上为不合格，应及时停电更换。

（4）检修人员进行停电检修工作时，必须进行同期、弹跳、行程、超行程等特性测试，以确保断路器处于良好的工作状态。

（二）真空断路器分闸失灵

1. 故障现象

（1）断路器远方遥控分闸分不下来。

（2）就地手动分闸分不下来。

（3）事故时继电保护动作，但断路器分不下来。

2. 故障原因

（1）分闸操作回路断线。

（2）分闸线圈断线。

（3）操作电源电压降低。

（4）分闸线圈电阻增加，分闸力降低。

（5）分闸顶杆变形，分闸时存在卡涩现象，分闸力降低。

（6）分闸顶杆变形严重，分闸时卡死。

3. 处理方法及预防措施

（1）运行人员若发现分合闸指示灯不亮，应及时检查分合闸回路或分闸线圈是否断线。

（2）检修人员在停电检修时应注意测量分闸线圈的电阻，检查分闸顶杆是否变形。

（3）如果分闸顶杆的材质为铜质应更换为钢质。

（4）必须进行低电压分合闸试验，检查操作电压是否正常，以保证断路器性能可靠。

（三）弹簧操动机构合闸储能回路故障

1. 故障现象

（1）合闸后无法实现分闸操作。

（2）储能电机运转不停止，甚至导致电机线圈过热损坏。

2. 故障原因

（1）行程开关安装位置偏下，致使合闸弹簧尚未储能完毕，行程开关触点已经转换完毕，切断了储能电机电源，弹簧所储能量不够分闸操作。

（2）行程开关安装位置偏上，致使合闸弹簧储能完毕后，行程开关触点还没有得到转换，储能电机仍处于工作状态。

（3）行程开关损坏，储能电机不能停止运转。

3. 处理方法

（1）调整行程开关位置，实现电机准确断电。

（2）如行程开关损坏，应及时更换。

4. 预防措施

运行人员在倒闸操作时，应注意观察合闸储能指示灯，以判断合闸储能情况；检修人员在检修工作结束后，应就地进行两次分合闸操作，以确定断路器处于良好状态。

（四）分合闸不同期、弹跳值过大

1. 故障现象

分合闸不同期、弹跳值过大会严重影响真空断路器开断过电流的能力及使用寿命，严重时能引起断路器爆炸。此故障为隐性故障，必须通过特性测试仪的测量才能得出有关数据。

2. 原因分析

（1）断路器本体机械性能较差，多次操作后，因机械原因导致不同期、弹跳数值偏大。

（2）分体式断路器由于操作杆距离较大，分闸力传到触头时，各相之间存在偏差，导致不同期、弹跳数值偏大。

3. 处理方法

（1）在保证行程、超行程的前提下，通过调整三相绝缘拉杆的长度使同期、弹跳测试数据在合格范围内。

（2）如果通过调整无法实现，则必须更换数据不合格相的真空灭弧室，并重新调整到数据合格。

4. 预防措施

由于分体式真空断路器存在诸多故障隐患，在更换断路器时应使用一体式真空断路器；定期检修工作时必须使用机械特性测试仪进行有关特性测试，及时发现问题解决问题。

三、液压机构常见故障及处理

1. 运行中失压导致零表压

运行中，液压机构压力降到零时发出的信号有"压力降低""压力异常"，断路器的位置指示红、绿灯均不亮，机构压力表指示为零，原因多为高压油路严重渗漏。此时，油泵起动回路已被闭锁，不再打压，机构压力降到零，对断路器的安全运行不利。如果万一发生慢分闸，断路器将可能发生爆炸。

发现液压机构运行中失压导致零表压时，应尽快安排停电检修时。不能停电时，可带电检修机构。停电检修处理完毕后时，应先起动油泵打压至正常工作压力，再进行一次合闸操作，使机构阀系统处于合闸保持状态，才能去掉卡板，装上操作保险。这样可以防止在油泵打压时，油上升过程中出现慢分闸；去掉卡板时，应先检查卡板不受力，这样说明机构已处于合闸保持状态。

2. 油泵打压时间超过规定

油泵打压储能时，一般规定压力从零上升到正常工作压力的时间不应超过 3min。如果油泵长时间打压，可能会烧坏电动机；如果在油泵打压时自动停泵触点打不开，会使机构压力过高，影响安全运行。

油泵打压时间超时的主要原因有：

（1）各级阀门发生严重的渗漏，放油阀、控制阀关闭不严或合闸二级阀处于半分半合状态。

（2）油泵的吸油管压扁，滤油器不畅，进油不通畅。

（3）油泵低压侧有气体或漏气。

（4）油泵柱塞间隙大。

（5）油泵控制回路中，自动停泵触点打不开，有油泵高压力闭锁的，闭锁功能不可靠。

3. 液压操作系统压力异常

液压操作系统的油回路或电气回路发生故障，往往会引起系统的油压异常升高或降低。压力过高或异常降低的原因有：

（1）油泵起动打压，"油泵停止"微动开关位置偏高或触点打不开。

（2）储压筒活塞因密封不良或者筒壁有磨损，造成油气混合。

（3）气温过高或过低，使预压力过高或过低。

（4）微动开关触点失灵，在信号缸活塞杆超出停泵触点开关位时，压力表失灵或存在误差，压力表开关关闭，不能正确反映油压。

（5）微动开关触点失灵，在信号缸活塞杆超出停泵触点开关位置时，电机电源切不断，继续打压。

（6）二次中间继电器损坏，触点断不开，以及接触器卡滞，电机始终处于运行状态。

（7）高压接头有渗油现象，阀体被油中脏东西垫起或密封垫损坏。

四、弹簧机构常见故障及处理

1. 储能故障

储能机构的动作主要取决于储能电机、驱动机构、定位件等环节。储能故障是真空断路器较常见的故障之一，特别是棘轮、棘爪驱动的储能机构，故障概率较高。机构不能储能时，应重点检查储能电机的控制回路。

2. 无合闸动作

发生无合闸动作故障主要与合闸电磁铁是否吸合、储能是否到位、定位件动作是否正常有关。无合闸动作时，应首先检查弹簧是否储能，合闸电磁铁是否吸合。检查合闸电磁铁是否吸合时，应检查合闸线圈端子是否有电压，二次回路接触是否良好，辅助开关、控制保险是否完好，合闸铁芯是否卡死。

3. 空合故障

有合闸动作，断路器合不上，即空合故障。发生这种故障时，说明合闸储能、合闸脱扣部分在机械和电气上都是完整的，故障点有可能出现在分闸脱扣或合闸掣子部分。机构储能后，若接到合闸信号，合闸脱扣器的动铁芯将被吸合向前运动，促使合闸半轴做顺时针方向转动。从而解除储能保持掣子对储能轴的约束，合闸弹簧的能量释放，使合闸凸轮做顺时针方向转动，通过一级四连杆传动机构及绝缘拉杆带动真空灭弧室的动导电杆向上运动，完成合闸动作。如果分闸半轴与分闸扇形板的扣接量不够而受到震动后立即脱扣，分闸半轴的复位弹簧失效而使分闸半轴不能复位，合闸掣子连板的复位弹簧失效或损坏而不能使合闸掣子连板处于死点位置等，都能够使断路器合不上。这就是发生这种故障的原因。针对上述原因，如果是复位弹簧失效，可以更换；如果是半轴扣接量不够，可以通过厂家来更换半轴和扇形板以满足扣接量要求。

4. 断路器合闸操作后合闸弹簧不能储能

发生这种故障时，说明机构的合闸传动和保持部分完好，故障点可能出现在储能电气回路，即电机、硅整流器或者微动开关上。可以使用万用表来检查电机线圈是否断线，电刷接触是否良好，微动开关的触点动作是否正确，硅整流器是否有电压输出等。检查时，应先检查硅整流器有无电压输出，然后将各元器件线头断开，再检查电机和微动开关的通断情况。若是电机、电刷或硅整流器的问题，则需要更换元器件，若是微动开关触点问题，则需要调整或更换。更换电机时，应先拆下手动储能棘爪的中心轴，避免阻挡电机，然后再将手动储能中心轴左侧卡簧卸下，拆下电机的固定螺钉及接线，即可取出电机。在换上新电机前，还应做必要的电气和绝缘试验。

5. 合闸弹簧储能后立即合闸

如果储能保持掣子（扇形板）与合闸半轴的扣接量不够，在受到震动后不能保持扣接，或者是合闸半轴的复位弹簧失效使合闸半轴不能复位，都能造成机构储能后立即合闸。针对这种故障，可以通过更换复位弹簧和合闸半轴、扇形板等来排除。

【任务实施】

根据设备数量进行分组，并进行危险点分析与控制，对高压断路器进行故障处理。

【项目总结】

通过本项目的学习，学生能独立完成如下任务：

（1）对高压断路器的类型、基本技术参数、结构能够进行正确阐述。

（2）能够完成高压断路器的正常巡视。

（3）能够完成高压断路器的检修及故障处理工作。

复 习 思 考

1. 简述 AIS、GIS、MTS 高压开关设备的特点。
2. 简述 SF_6 气体的性能。
3. 高压断路器的合闸电阻和并联电容器有什么作用?
4. 简述真空断路器的灭弧原理。
5. 简述 SF_6 断路器的灭弧原理。
6. 简述对高压断路器操动机构的基本要求。
7. 液压机构、弹簧机构有哪些特点?
8. 断路器操作时,如何检查分、合闸位置?
9. 检修断路器时对检修环境有何要求?
10. 高压断路器的检修分为哪几类?
11. 高压断路器检修的依据是什么?
12. SF_6 断路器气体泄漏有何危害? 如何检漏?
13. SF_6 气体微水含量超标有何危害? 如何检测?
14. 真空灭弧室的检测项目有哪些?
15. 什么是合闸弹跳与分闸弹跳?
16. 简述弹簧操动机构无合闸动作的原因及检查方法。
17. 简述 SF_6 断路器、真空断路器的检修项目及技术要求。
18. 简述液压机构的检修项目及技术要求。

项目二

高压隔离开关的运行与检修

【项目描述】

　　本项目介绍高压隔离开关的作用及类型、基本技术参数及型号、结构及操动机构等基本知识，了解高压隔离开关的运行规程和检修规范，了解高压隔离开关常见的故障类型，熟悉其预防措施。通过本项目的学习与训练，学生能够完成高压隔离开关的巡视、维护工作，能够根据异常现象分析故障原因并完成故障处理等方面的工作。

【教学目标】

　　(1) 掌握隔离开关的作用、工作原理、基本技术参数和结构。

　　(2) 了解隔离开关的运行规程和检修规范，掌握隔离开关的巡视、维护内容，掌握隔离开关的操作方法。

　　(3) 了解隔离开关的技术资料内容，熟知设备的缺陷分类，熟悉事故处理预案内容，了解一些现场的事故案例。

　　(4) 了解检修对人员、环境及工器具的要求，熟知检修工作过程和检修工艺。

　　(5) 能够读懂隔离开关的产品技术说明书，根据其运行管理规范，能对设备进行验收、安装和投运。

　　(6) 能够根据隔离开关的特点及用途，结合近年来国家电网公司输变电设备评估分析、生产运行情况分析以及设备运行经验，为防止和减少设备运行故障，对其进行正常巡视、特殊巡视、正常操作和异常操作。

　　(7) 根据隔离开关的运行维护情况，能对其进行缺陷管理、事故处理，并做事故处理预案及方案，建立健全的技术资料档案，对隔离开关的运行做出分析，定期对运行的隔离开关进行评级，对其运行状态做出科学评价，指导检修。

　　(8) 根据隔离开关检修的一般规定，能收集检修所需的资料，确定检修方案，准备检修工具、备件及材料，设置检修安全措施，处理检修环境，进行检修前的检查和试验，确定检修项目，实施隔离开关的检修，能做检修记录和总结报告。

　　(9) 根据隔离开关在运行中频繁出现的、典型的事故（故障），能进行预防和处理。

【教学环境】

　　教学场所：多媒体教室、实训基地。

　　教学设备：电脑、投影仪、展台、扩音设备、纸质及电子资料。

　　教学资源：实训场地符合安全要求，实训设备充足可靠。

任务 2.1　高压隔离开关的认识

【教学目标】

1. 知识目标
(1) 掌握高压隔离开关的基本要求、类型、参数、型号；
(2) 熟悉高压隔离开关本体和机构的工作原理及结构。

2. 能力目标
(1) 能看懂隔离开关技术说明书；
(2) 能指出隔离开关的主要组成部分及作用。

3. 态度目标
(1) 能做到认真预习和收集上课所需要的资料；
(2) 能认真上课，仔细看书，听老师所讲的内容，积极参与讨论并发表意见；
(3) 尊重小组的决定，积极配合小组其他成员完成分配的工作任务；
(4) 在学习中，学习他人的长处，改正自己的缺点，积极与老师、同学交流和探讨；
(5) 能吃苦耐劳，团结互助，具备职业岗位所需要的基本素质。

【任务描述】

在对高压隔离开关的类型、型号、基本技术参数、结构等知识有了深入了解之后，能够对实训室现有隔离开关实物，说出其结构特点，并准确指出主要组成部分。

【任务准备】

课前预习相关部分知识，通过观看实训基地现有隔离开关的实物、图片、动画、视频，经讨论后能独立回答下列问题：
(1) 隔离开关的作用是什么？
(2) 隔离开关分哪几类？它的基本结构如何？
(3) 户外隔离开关有哪几种类型？它们都有什么优缺点？

【相关知识】

隔离开关是电力系统广泛使用的开关电器，因为没有专门的灭弧装置，所以不能用它来接通和切断负荷电流及短路电流。它有明显的断开点，可以有效地隔离电源，以保证工作人员的人身安全和检修的设备安全。高压隔离开关在电力系统中的运行数量最多，其质量优劣、运行维护好坏将直接影响到电力系统的安全运行。近年来，由隔离开关故障引起的事故频频发生，有些是因为隔离开关本身的质量问题引起的，有些是由于没有及时、正确的检修维护引起的。因此，采取科学的检修管理制度，保证隔离开关良好的运行状态，成为隔离开关安全运行的重要保证。

一、隔离开关的基本概念

隔离开关是在断路器处于正常分闸位置时，有符合安全要求及可见的绝缘距离的开关设备，可用于分、合很小的电容电流或电感电流，也可用于分、合不大的环流。当额定电压在 40.5kV 及以上时，要求隔离开关具有母线转换电流的操作功能。

1. 快分隔离开关

分闸时间等于或小于 0.5s 的隔离开关称为快分隔离开关。

2. 断口距离

隔离开关的主闸刀在正常分闸位置时，同相两极触头之间的最短距离即为断口距离。对多断口隔离开关而言，最短距离是指全部断口最短绝缘距离之和。

3. 接线端机械负荷

接线端机械负荷是在考虑母线的自重、张力、风力、覆冰和雪等施加于隔离开关接线端的情况下的最大拉力。

4. 合闸不同期性

合闸不同期性是指两相或多相隔离开关的主闸刀不同时接触时的差异，通常以距离表示。

5. 接地开关

接地开关是释放被检修设备和回路的静电荷以及为保证停电检修时检修人员人身安全的一种机械接地装置。它可以在异常情况下（例如短路）耐受一定时间的电流，但在正常情况下不通过负荷电流。

接地开关分为 E0、E1 及 E2 级。E0 级是符合输配电系统一般要求的常用类型；E1 级能关合短路电流；E2 级用于 40.5kV 及以下配电系统中而维护工作量最少。

二、隔离开关的特点

隔离开关没有灭弧装置，敞开式隔离开关的触头全部敞露在空气中。在分闸状态下，有明显可见的断口；在合闸状态下，能可靠地通过正常工作电流，并能在规定时间内承受故障短路电流和相应电动力的冲击。隔离开关仅能用来分、合只有电压没有负荷电流的电路，否则，会在隔离开关的触头间形成强大电弧，危及设备和人身安全，造成重大事故。因此，在电路中隔离开关一般只能在断路器已将电路断开的情况下才能接通或断开。

隔离开关的动、静触头断开后，两者之间的距离应大于被击穿时所需的距离，避免在电路中发生过电压时断开点发生击穿，以保证检修人员的安全。必要时可在隔离开关上附设接地开关，以供检修时接地用。

为了在不同接线和不同场地条件下实现合理布置、缩小空间和占地面积以及适应不同用途和工作条件，隔离开关已发展成多种规格的系列化产品。

三、隔离开关的用途

隔离开关的主要作用是保证高压电气设备检修工作的安全。用隔离开关将需要检修的部分与其他带电部分可靠地断开、隔离，工作人员可以安全地检修电气设备，不致影响其余部分的工作。此外，隔离开关还可根据运行需要换接线路以及开断或关合一定长度线路的充电电流和一定容量的空载变压器励磁电流。

（1）检修与分段隔离。利用隔离开关断口的可靠绝缘能力，使需要检修的电气设备与带电系统相互隔离，以保证被隔离的设备能安全地进行检修。

（2）改变运行方式。在断口两端接近等电位的条件下，带电进行分、合闸，变换母线或其他不长的并联线路的接线方式。例如双母线电路中的倒母线操作等。

（3）接通和断开小电流电路。利用隔离开关断口在分开时电弧拉长和空气的自然熄弧能力，分、合一定长度的母线、电缆、架空线路的电容电流，以及分、合一定容量空载变压器的励磁电流。

（4）自动快速隔离。快速隔离开关具有自动快速分开断口的性能。这类隔离开关在一定的条件下能迅速隔离开已发生故障的设备和线路，节省断路器用量。

四、隔离开关的基本要求

（1）应有明显的断开点，易于鉴别电气设备是否与电网隔离。

（2）断开点间应具有可靠的绝缘，即要求断开点间有足够的安全距离，能保证在过电压和相间击穿的情况下，不致危及工作人员安全。

（3）具有足够的热稳定性和动稳定性，即受到允许范围内电流的热效应和电动力作用时，其触头不能熔焊，也不能因电动力的作用而断开或损坏。

（4）对于用在气候寒冷地区的户外型隔离开关，应具有设计要求的破冰能力，在冰冻的环境里应能可靠地分、合闸。

（5）带有接地开关的隔离开关应装设联锁机构，以保证分闸时先断开隔离开关、后闭合接地开关，合闸时先断开接地开关、后闭合隔离开关的操作顺序。

（6）与断路器配合使用时，应设有电气联锁装置。

（7）结构简单、动作可靠。

五、隔离开关的类型

隔离开关一般按下列方法分类。

（1）按安装地点的不同，可分为户内式和户外式两种。

（2）按支柱绝缘子的数目，可分为单柱式、双柱式和三柱式。

（3）按隔离开关的运动方式，可分为水平旋转式、垂直旋转式、摆动式和插入式等四种。

（4）按有无接地开关及装设接地开关数量的不同，可分为不接地（无接地刀）、单接地（有一个接地刀）和双接地（有两个接地刀）等三种。

（5）按极数不同，可分为单极和三极两种。

（6）按操动机构的不同，可分为手动、电动等类型。

（7）按使用性质不同，分为一般用、快分用和变压器中性点接地用三种。

常用国产户外隔离类型见表 2 - 1。

表 2 - 1　　　　　　　　　　　常用国产户外隔离开关类型

结构形式		产品型号举例	主要特点	简图
单柱 垂直 断口	对折式	GW6 GW6A	（1）可直接安装于母线正下方作为母线隔离开关，节省占地面积和引线； （2）相间距离小； （3）触头钳夹范围大，适用于硬母线、软母线	

结构形式		产品型号举例	主要特点	简图
单柱垂直断口	偏折式	GW10、GW16、GW29、GW20、GW6 - 126、GW23	(1) 可直接安装于母线正下方作为母线隔离开关，节省占地面积和引线； (2) 相间距离小，分闸后闸刀仅占一侧空间； (3) 活动关节较少	(a)　(b)
双柱水平断口	平开式（中央开断）	GW4、GW4A - 252、GW31 - 126、GW25	(1) 闸刀不占上部空间； (2) 相间距离大； (3) 瓷柱少，但需承受弯矩、扭矩； (4) 额定电压达 252kV	
	平开式（中央开断）	GW5、GW5A	(1) 闸刀不占上部空间； (2) 相间距离小； (3) 瓷柱少，但需承受弯矩、扭矩； (4) 底座小，安装方式灵活多样； (5) 额定电压达 126kV	
	立开式（折叠伸缩）	GW11、GW17、GW28、GW21、GW34、GW12、GW22	(1) 闸刀分闸后占上部空间较小； (2) 相间距离小； (3) 可由两组产品组成共静触头形式，适用于 3/2 断路器接线； (4) 适宜作进出线隔离开关	
三柱水平断口	平开式（闸刀平动）	GW7	(1) 闸刀分闸后形成双断口，不占上部空间横向尺寸较大； (2) 适宜作进出线隔离开关； (3) 可方便连接成敞开式组合电器	
	平开式（闸刀平动自转）	GW7、GW27、GW3、GW43、GW26	(1) 闸刀分闸后形成双断口，不占上部空间，横向尺寸较大； (2) 适宜作进出线隔离开关； (3) 可方便连接成敞开式组合电器； (4) 闸刀具有翻转动作，操作时两侧绝缘子受力较小	

六、隔离开关技术参数和型号

(一) 技术参数

(1) 额定电压（kV）：隔离开关长期运行时承受的工作电压，与安装点电网的额定电压等级对应。

(2) 最高工作电压（kV）：隔离开关所能承受的超过额定电压的电压，决定了隔离开关的绝缘要求和外部尺寸。

(3) 额定电流（A）：隔离开关可以长期通过的工作电流，即长期通过该电流，隔离开关各部分的发热不超过允许值。

（4）热稳定电流（kA）：隔离开关在某一规定的时间内，允许通过的最大电流。表明隔离开关承受短路电流热稳定的能力。

（5）极限通过电流峰值（kA）：隔离开关所能承受的瞬时冲击短路电流，与隔离开关各部分的机械强度有关。

（二）型号含义

目前我国隔离开关型号根据国家技术标准的规定，一般由文字符号和数字按以下方式组成。隔离开关的型号含义如下：

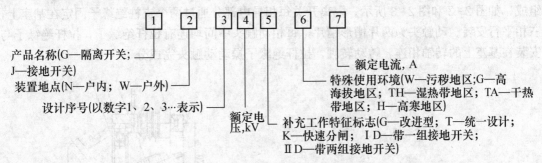

产品名称（G—隔离开关；J—接地开关）
装置地点（N—户内；W—户外）
设计序号（以数字1、2、3…表示）
额定电压，kV
补充工作特征标志（G—改进型；T—统一设计；K—快速分闸；ⅠD—带一组接地开关；ⅡD—带两组接地开关）
特殊使用环境（W—污秽地区；G—高海拔地区；TH—湿热带地区；TA—干热带地区；H—高寒地区）
额定电流，A

例如：产品型号 GW7-252DW/3150 表示，隔离开关 G、户外装置 W、顺序号 7、额定电压 252kV、额定电流 3150A、带接地开关、用于污秽地区。

七、户内隔离开关

户内隔离开关有单极式和三级式两种，一般为闸刀式结构并多采用线接触触头。图 2-1 所示为户内隔离开关的典型结构，它由导电部分、支持绝缘子、操作绝缘子（或称拉杆绝缘子）及底座等组成。

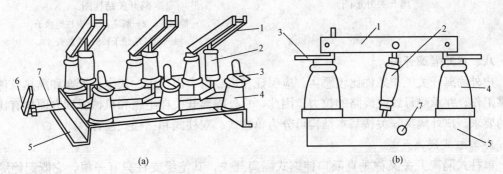

（a）　　　　　　　　　　　　　　（b）

图 2-1　户内隔离开关典型结构图
（a）三极式；（b）单极式
1—闸刀；2—操作绝缘子；3—静触头；4—支持绝缘子；5—底座；6—拐臂；7—转轴

导电部分包括闸刀1（动触头）、静触头3。闸刀及静触头采用铜导体制成，一般额定电流为 3000A 及以下的隔离开关采用矩形截面的铜导体，额定电流为 3000A 以上则采用槽形截面的铜导体。闸刀由两片平行刀片组成，电流平均流过两刀片且方向相同，产生相互吸引的电动力，使接触压力增加。支持绝缘子4固定在角钢底座5上，承担导电部分的对地绝缘。操作绝缘子2与闸刀1及转轴7上对应的拐臂铰接，操动机构则与轴端拐臂6连接，各拐臂均与轴硬性连接。当操动机构动作时，带动转轴转动，从而驱动闸刀转动而实现分、合闸。

　　GN2、GN6、GN8、GN11、GN16、GN18、GN22系列隔离开关为三极式结构，额定电压为10～35kV，额定电流最大为3000A。GN1、GN3、GN5、GN14系列隔离开关为单极式结构，额定电压为10～20kV，额定电流为3000～9100A，可用在发电机电路中。

　　以GN19-10型插入式隔离开关为例介绍户内隔离开关的结构特点。

　　该隔离开关采用三相共底架结构，由静触头、基座、支柱绝缘子、拉杆绝缘子、动触头组成，如图2-2和图2-3所示。隔离开关每相导电部分通过两个支柱绝缘子固定在基座上，三相平行安装。动触头为两片槽形铜片，每相动触头中间均连有拉杆绝缘子，拉杆绝缘子与安装在基座上的转轴相连，转动转轴，拉杆绝缘子操动动触头完成分、合闸。

图2-2　GN19-10型插入式户内隔
离开关外形图

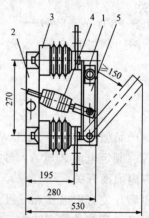

图2-3　GN19-10型插入式户内隔
离开关结构图

1—静触头；2—基座；3—支柱绝缘子；
4—拉杆绝缘子；5—动触头

八、户外隔离开关

　　户外隔离开关工作条件比较恶劣，应保证在风、雪、雨、水、灰尘、严寒和酷热条件下可靠工作，并承受母线或线路的拉力。因此，户外隔离开关在绝缘和机械强度方面均有比较高的要求。户外隔离开关按基本结构可分为单柱式、双柱式和三柱式三种。

　　1. 单柱式隔离开关

　　单柱式隔离开关又称垂直断口伸缩式隔离开关，其绝缘支柱只有一根，它既起绝缘作用，也起支持导电闸刀的作用。这类开关的静触头被独立地安装在架空母线上，导电部分固定在绝缘支柱顶上的可伸缩折架（也有不伸缩的，通常在电压等级较低时），借助折架的伸缩，动触头（即闸刀）便能和悬挂在母线上的静触头接触或分开，以完成分、合闸动作。闸刀的动作方式可分为双臂折架式（即剪刀式）和单臂折架式（即半折架式或称伸缩式）。

　　图2-4所示为GW16-252型单柱垂直断口隔离开关主闸刀系统结构图，图2-5所示为GW16-252型单柱垂直断口隔离开关外形图。该隔离开关主要由底座装配、绝缘子、主闸刀系统、接地开关系统等组成，具有载流能力大、占地面积小、结构紧凑、运动部分密封良好等特点。

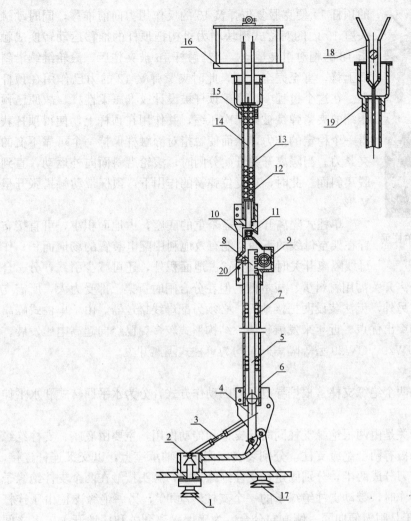

图 2 - 4　GW16 - 252 型单柱垂直断口隔离开关主闸刀系统结构图

1—旋转绝缘子；2—相啮合的伞齿轮；3—平面双四连杆；4—调整螺杆装配；5—操作杆；
6—下导电管；7—平衡弹簧；8—齿条；9—齿轮；10—齿轮箱；11—滚轮；
12—夹紧弹簧；13—上导电管；14—顶杆；15—复位弹簧；16—静触杆；
17—支持绝缘子；18—触指；19—动触头座；20—支轴

　　隔离开关的运动过程是由折叠运动和夹紧运动两部分运动复合而成的。

　　折叠运动：由操动机构驱动旋转绝缘子 1 做水平转动，与旋转绝缘子相连的一对伞齿轮 2 带动平面双四连杆 3 运动，从而使下导电管 6 顺时针转动合闸，逆时针转动分闸；由于调整螺杆装配 4 与下导电管的铰接点不同，从而使与调整螺杆装配上端铰接的操作杆 5 相对于下导电管做轴向位移，而操作杆的上端与齿条 8 固连，这样齿条的移动便推动齿轮 9 转动，从而使与齿轮轴固连的上导电管 13 相对于下导电管作伸直（合闸）或折叠（分闸）运动；另外，在操作杆轴向位移的同时，平衡弹簧 7 按预定的要求储能或释能，最大限度地平衡闸刀的重力矩，以利于闸刀的运动。

　　夹紧运动：隔离开关由分闸位置向合闸方向运动的过程中，并在接近合闸位置（快要伸直）时，滚轮 11 开始与齿轮箱 10 上的斜面接触，并沿着斜面继续运动。于是，与滚轮相连

图 2-5　GW16-252 型单柱垂直断口隔离开关外形图

的顶杆 14 便克服复位弹簧 15 的反作用力向前推移，同时动触头座 19 内的对称式滑块增力机构把顶杆的推移运动转换成触指 18 的相对钳夹运动。当静触杆 16 被夹住后，滚轮继续沿斜面上移，直至完全合闸，此时夹紧弹簧 12 的力已作用在顶杆上。在这个过程中，由于顶杆被设计成推压柔性杆，故原已预压缩的夹紧弹簧被第二次压缩，并作用在顶杆上，使得顶杆获得一个稳定的推力，从而使触指对静触杆保持一个可靠不变的夹紧力。当隔离开关开始分闸时，滚轮沿斜面向外运动，直到脱离斜面。此时，在复位弹簧的作用下，顶杆带动触指张开呈 V 形。

单柱式隔离开关无需笨重的底座，占地面积小，可直接布置在架空母线的下面，能有效地利用配电装置的场地面积；作母线隔离开关时，除节省占地面积外，还可减少引线，分、合闸状态清晰。单柱式隔离开关需用材料少、成本低，但在分合闸时折架上部受力大，所需支柱绝缘子强度要求高；另外，无法装设两把接地刀，必须另配母线接地器。由于单柱式隔离开关具有占地面积小的突出优点，近年来发展较快，结构形式较多，已经向超高电压发展。

GW10、GW16、GW20、GW29 型等隔离开关均为单柱式隔离开关。

2. 双柱式隔离开关

双柱式隔离开关有两个绝缘支柱。根据导电闸刀的动作方式，分为水平回转式和水平伸缩式。

水平回转式隔离开关是由两根绝缘支柱同时起支撑和传动作用，主要由底座、支柱绝缘子、导电部分组成。每极有两个绝缘支柱，分别装在底座两端轴承座上，以交叉连杆连接，可以水平旋转。导电闸刀分成两半，分别固定在支柱绝缘子上，触头接触在两个支柱绝缘子的中间。当操动机构动作时，带动支柱绝缘子的一个支柱转动 90°，另一绝缘支柱由于连杆传动也同时转动 90°，于是闸刀便向同一侧方向分合。为确保隔离开关和接地开关二者之间操作顺序正确，在产品或机构上装有机械联锁装置，以保证"主分-地合""地分-主合"的顺序动作。此种结构的支柱既起支撑作用又起传动作用，所以虽然结构简单、安装方便，但不易向超高压发展。代表型号有 GW4、GW5、GW31、GW25 等系列。

双柱水平伸缩式的结构与单柱式基本相同，分闸后形成单断口，闸刀在水平上伸缩，常采用分高低架式结构，占地面积小，分闸后只占用上部空间，相间距离小，因而节省了占地面积，并且易于发展成敞开式组合电器。代表型号有 GW11、GW12、GW17、GW21、GW28 等系列。

图 2-6 所示为 GW4-126 型隔离开关外形图。其主要由底座装配、轴承座装配、接地刀管、接线座、左触头、右触头、接地开关静触头、接地开关底座装配等部分组成。隔离开关运动是靠人力操作操动机构传动轴旋转 90°，传动轴带动水平连杆使一侧绝缘子旋转 90°，并借助交叉连杆使另一侧绝缘子反向旋转 90°，于是，左右两触头同时向一侧分开或闭合。接地开关的运动是靠人力操作操动机构通过四连杆带动着接地开关的底座主轴旋转 90°，由接地开关装配组成的四连杆使接地刀管在合闸过程中，由旋转运动变为直线运动。

图2-7所示为GW4-252型双柱式隔离开关的一极。隔离开关的分、合闸操作由传动轴通过连杆机构带动两侧棒形绝缘支柱沿相反方向各自回转90°，使闸刀在水平面上转动，实现分、合闸。合闸时圆柱形触头嵌入两排触指内，出线端滚动接触，转动灵活。当操作操动机构时，带动底架中部的传动轴旋转180°，通过水平连杆带动一侧的绝缘支柱旋转90°，并借交叉连杆使另一绝缘子外向旋转90°，于是两闸刀便向一侧分开或闭合。接地刀主轴上有扇形板与紧固在绝缘子法兰上的弧形板组成联锁装置，确保以"主分—地合""地分—主合"的顺序动作。

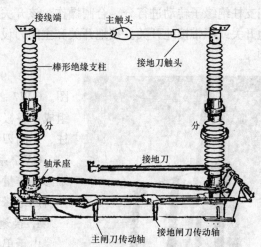

图2-6 GW4-126型隔离开关外形图　　图2-7 GW4-252型双柱式隔离开关的一极

GW11系列隔离开关为双柱水平伸缩式结构，合闸后动触头向上折叠收拢，形成水平方向的绝缘断口，如图2-8所示。隔离开关制成单极形式，由三个单极组成一台三相隔离开关。每极隔离开关动、静触头侧均可配装一个接地开关供接地用。接地开关为单杆分步动作式。隔离开关、接地开关的三级联动通过极间拉杆实现。闸刀的动作方式为水平伸缩式，分闸后形成水平方向的绝缘单断口，分合状态清晰，便于巡视。在动触头侧，通过机械联锁装置使隔离开关与接地开关实现主分—地合、地分—主合，在静触头侧，采用电磁锁来保证操作顺序的正确。

双柱式隔离开关具有结构简单、体积小、质量轻、不占上部空间、电动稳定度高、破冰能力强等优点。但在合闸时，瓷柱受较大弯曲力；由于闸刀水平转动，相间距离较大。

3. 三柱式隔离开关

三柱式隔离开关的特点是两边的绝缘支柱都是静止不动的，中间绝缘支柱带动闸刀回转，闸刀对称装在中间支柱顶上。分、合闸时，闸刀在水平方向旋转，分闸后形成两个串联断口。在超高压情况下，中间支柱也不动，只支撑闸刀，由另一根操作支柱传动。

图2-8 GW11-252型双柱水平
伸缩式隔离开关

　　GW7 系列隔离开关为单极三柱式结构，它由底座、支柱绝缘子、导电闸刀、操动机构等组成。底座部分由槽钢和钢板焊制而成，在槽钢上装有三个支座，两端支座是固定的，中间支座是转动的。在槽钢内腔装有主闸刀和接地开关的传动连杆及联锁板。接地开关由刀杆（钢管制成）和静触头组成，刀杆端头有一对触片与静触头接触。每极共有三个瓷柱（500kV 每极由四个瓷柱构成，三个固定，一个传动），每柱由实心棒式绝缘子叠装而成，固定在底座的支座上，承担对地绝缘及传递操作力矩的功能。导电部分由动闸刀和静触头组成，动闸刀装在中间支柱绝缘子上部，静触头分别装在两边支柱绝缘子上部，由操动机构带动中间支柱绝缘子转动进行分、合闸操作。该开关制成单极形式，可以带一把接地开关、两把接地开关或不带接地开关。接地开关和主闸刀设有机械联锁功能，以保证主、地间规定的合闸顺序。

图 2-9　GW7-252 型隔离开
关结构外形图

　　图 2-9 所示为 GW7-252 型隔离开关结构外形图。GW7-252 型户外高压隔离开关由三个单极装配组成，各极独立分装；每极主要由底座装配、绝缘支柱、主闸刀系统、接地开关系统等组成。

　　GW7 系列隔离开关，具有结构简单、运行可靠、维修工作量少、较高的机械强度和绝缘强度等优点。但所用绝缘子较多、体积较大。

　　4. 接地开关

　　由于单柱式隔离开关只能装一个接地开关，所以，上层母线的接地也就必须由专用的接地开关来实现。接地开关制成单极形式，由三个单极组成一台三极电器，结构包括底座、绝缘支柱、接地闸刀、静触头和操动机构。

　　九、隔离开关的操动机构

　　隔离开关的操动机构，可分为手动和电动两类。采用手动操动机构时，必须在隔离开关安装地点就地操作。手动操动机构结构简单、价格低廉、维护工作量少，而且，在合闸操作后能及时检查触头的接触情况，因此被广泛应用。手动操动机构有杠杆式和蜗轮式两种，前者一般适用于额定电流小于 3000A 的隔离开关，后者一般适用于额定电流大于 3000A 的隔离开关。电动操动机构操作方便、省力和安全，且便于在隔离开关和断路器间实现闭锁，以防止误操作。电动操动机构结构复杂、价格贵、维护工作量大，但可以实现远方操作，主要用于户内式重型隔离开关及户外式 110kV 及以上的隔离开关。

　　【任务实施】

　　（1）以小组为单位，认识隔离开关的结构，熟练掌握隔离开关的工作原理、结构、性能。

　　（2）对应隔离开关实物，看懂其技术说明书，并指出隔离开关的主要组成部分及作用。

任务 2.2　高压隔离开关的运行

【教学目标】

1. 知识目标
(1) 熟悉高压隔离开关验收和投运步骤；
(2) 掌握隔离开关的巡视要点；
(3) 掌握隔离开关的操作方法。
2. 能力目标
能对高压隔离开关进行投产验收、运行维护、操作，并做工作记录。
3. 态度目标
(1) 能做到认真预习和收集上课所需要的资料；
(2) 能认真上课，仔细看书，听老师所讲的内容，积极参与讨论并发表意见；
(3) 尊重小组的决定，积极配合小组其他成员完成分配的工作任务；
(4) 在学习中，学习他人的长处，改正自己的缺点，积极与老师、同学交流和探讨；
(5) 能吃苦耐劳，团结互助，具备职业岗位所需要的基本素质。

【任务描述】

根据高压隔离开关的巡视要点，对其进行正常巡视，巡视过程中若发现缺陷和隐患要及时做工作记录。按照高压隔离开关的操作规范对其进行手动分闸、合闸操作，操作时要进行危险点的分析与控制，并布置好安全措施。

【任务准备】

课前预习相关部分知识，观看隔离开关操作动画及设备巡视录像，经讨论后能独立回答下列问题：
(1) 隔离开关的正常巡视内容有哪些？
(2) 隔离开关在操作时需要注意哪些问题？

【相关知识】

一、隔离开关的正常运行条件
(1) 隔离开关工作条件必须符合制造厂规定的使用条件，如户内或户外、海拔、环境温度、相对湿度等。
(2) 隔离开关的性能必须符合国家标准的要求及有关技术条件规定。
(3) 隔离开关在电网中的装设位置必须符合隔离开关技术参数的要求，如额定电压、额定电流等。
(4) 隔离开关各参数调整值必须符合制造规定的要求。
(5) 隔离开关、机构的接地应可靠，接触必须良好可靠，防止因接触部位过热而引起隔离开关事故。

（6）与隔离开关相连接的回流排接触必须良好可靠，防止因接触部位过热而引起隔离开关事故。

（7）隔离开关本体、相位油漆及分合闸机械指示等应完好无缺，机构箱及电缆孔洞使用耐火材料封堵，场地周围应清洁。

（8）在满足上述要求的情况下，隔离开关的瓷件、机构等部分应处于良好状态。

二、隔离开关巡视与检查

隔离开关及其操动机构在运行时除要满足正常情况下的巡视检查项目和标准外，还要在恶劣气候、异常运行等特殊情况下确定特殊巡视项目，对各种值班方式下的巡视时间、次数、内容，也应做出明确的规定。

1. 隔离开关正常巡视

（1）标志牌：名称、编号齐全、完好。

（2）绝缘子：清洁，无破裂、无损伤放电现象；防污闪措施完好。

（3）导电部分：触头接触良好，无过热、变色及移位等异常现象；动触头的偏斜不大于规定数值；触点压接良好，无过热现象，引线弧垂适中。

（4）传动连杆、拐臂：连杆无弯曲、连接无松动、无锈蚀，开口销齐全；轴销无变位脱落、无锈蚀、润滑良好；金属部件无锈蚀，无鸟巢。

（5）法兰连接：无裂痕，连接螺栓无松动、锈蚀、变形。

（6）接地开关：位置正确，弹簧无断股、闭锁良好，接地杆的高度不超过规定数值；接地引下线完整可靠接地。

（7）闭锁装置：机械闭锁装置完好、齐全，无锈蚀变形。

（8）操动机构：密封良好，无受潮。

（9）接地：应有明显的接地点，且标志色醒目；螺栓压接良好，无锈蚀。

2. 隔离开关特殊巡视

设备新投运及大修后，巡视周期相应缩短，72h 以后转入正常巡视；遇有下列情况，应对设备进行特殊巡视：

（1）设备负荷有显著增加。

（2）设备经过检修、改造或长期停用后重新投入系统运行。

（3）设备缺陷近期有发展。

（4）恶劣天气、事故跳闸和设备运行中发现可疑现象。

（5）法定节假日和上级通知有重要供电任务期间。

3. 特殊巡视项目

（1）大风天气：引线摆动情况及有无搭挂杂物。

（2）雷雨天气：瓷套管有无放电闪络现象。

（3）大雾天气：瓷套管有无放电、打火现象，重点监视污秽瓷质部分。

（4）大雪天气：根据积雪融化情况，检查接头发热部位，及时处理悬冰。

（5）节假日时：监视负荷及增加巡视次数。

（6）高峰负荷期间：增加巡视次数，监视设备温度，触头、引线接头，特别是限流元件接头有无过热现象，设备有无异常声音。

（7）严重污秽地区：瓷质绝缘的积污程度，有无放电、爬电、电晕等异常现象。

三、隔离开关操作

1. 隔离开关操作的技术规定

（1）隔离开关操作前应首先按操作票内容，详细核对操作设备编号及断路器的运行状态，检查断路器、相应接地开关确已拉开并分闸到位，确认送电范围内接地线已拆除。

（2）在停电时，断开断路器后，先拉负荷侧隔离开关，后拉电源侧隔离开关；送电时，先合电源侧隔离开关，后合负荷侧隔离开关。

（3）手动操作隔离开关分闸时，开始时应慢而谨慎，当动触头刚离开静触头时，应迅速。特别是切断变压器的空载电流、架空线路及电缆的充电电流、架空线路的小负荷电流和切断环路电流时，拉隔离开关更应迅速、果断，以便迅速消弧。在拉闸终了时要缓慢些，防止操动机构和支持绝缘子损坏。拉开后检查动、静触头断开情况，最后应检查联锁销子是否销好。

（4）不论用手动还是用绝缘拉杆操作隔离开关合闸时，都应迅速而果断。先拔出联锁销子再进行合闸，开始可缓慢一些，当刀片接近刀嘴时要迅速合上，以防止弧光发生。但在合闸终了时要注意用力不可过猛，以免发生冲击而损坏瓷件。合闸后应检查动、静触头是否合闸到位，接触是否良好。

（5）隔离开关在操作过程中，如有卡滞、动触头不能插入静触头、合闸不到位等现象时，应停止操作，待缺陷消除后再继续进行。

（6）在操作隔离开关过程中，要特别注意若绝缘子有断裂等异常时应迅速撤离现场，防止人身受伤。

（7）电动操作的隔离开关正常运行时，其操作电源应断开。

（8）操作带有闭锁装置的隔离开关时，应按闭锁装置的使用规定进行，不得随便动用解锁钥匙或破坏闭锁装置。

（9）严禁用隔离开关进行下列操作：

1）带负荷分、合操作。

2）配电线路的停送电操作。

3）雷电时，拉合避雷器。

4）系统有接地（中性点不接地系统）或电压互感器内部故障时，拉合电压互感器。

5）系统有接地时，拉合消弧线圈。

2. 隔离开关合闸操作

在执行合闸操作前，操作人员应检查断路器确在断开位置，对三相联动的隔离开关，三相起落应同时进行。

如系手动操作，应先拔出联锁销子后再进行合闸，开始应缓慢，当刀片接近刀嘴时要迅速合上，以防止发生弧光。当合闸开始时如发生电弧，则应将隔离开关迅速合上，禁止将隔离开关再往回拉，因往回拉将使弧光扩大，造成设备的更大损坏。在合闸终了时用力不可过猛，以避免合闸过深和使支持绝缘子受损伤。隔离开关合好后，应检查合闸是否良好，刀片要完全进入固定触头内，防止因接触不良而引起触头发热。对在转轴上回转的隔离开关，合闸后应使刀片处于垂直固定触头的平面上，这样才能保证触头处的压力和必要的接触电阻。对水平式隔离开关，如 GW5 型隔离开关，合闸后刀片应转至水平位置，其臂应伸直。若静触头活动帽口偏左，说明动触头臂锤杆未合到终点；若静触头活动帽口偏右，说明动触头臂锤杆合过了头。冬季操作户外隔离开关时，可用数次接通和断开的方法，将触头上的冻冰和霜雪摩擦掉，使隔离开关合上后，能保证触头接触良好。

3. 隔离开关分闸操作

开始时应慢且谨慎些，当刀片离开固定触头时，如发生电弧，应立即将隔离开关重新合上，停止操作。但在切断小负荷电流和充电电流时，拉开隔离开关将有电弧产生，此时应迅速将隔离开关断开，以便顺利消弧。在分闸终了时要缓慢，这是为了防止冲击力对支持绝缘子和操动机构的损坏，最后应检查联锁销子是否销好。分闸操作完毕后，应检查隔离开关确在断开位置，断开的空气绝缘距离应合格，并应检查刀片确已拉到尽头，其拉开角度应符合制造厂规定。有传动装置的隔离开关，应有限止挡，以防隔离开关回转时超过制造厂预计的角度。

所有隔离开关均不允许接通时自动脱落。为此，隔离开关在合闸位置时，应以机械闭锁装置闭锁。值班人员需检查这些装置，在每次合闸后用销子将隔离开关扣住，以免自动脱开，造成事故。

线路隔离开关通常装有接地开关，用以在线路检修时接地。在工作隔离开关与接地开关间装有机械闭锁装置，当工作隔离开关接通时，接地开关不能合上，而在接地开关合上时，工作隔离开关就合不上。此种闭锁装置仅用于终端线路上，即在另一端不可能有电源供给时，方能防止线路误接地，对两端供电的联络线，此种闭锁装置并不能防止误接地。

4. 允许用隔离开关进行下列直接操作

（1）分、合电压互感器和避雷器回路。

（2）分、合母线和直接接在母线上的设备电容电流。

（3）分、合变压器中性点的接地线，当中性线上接有消弧线圈时，只能在系统未发生接地故障时才允许操作。

（4）与断路器并联的旁路隔离开关，若断路器处于合闸位置时，可分、合断路器的旁路电流。

（5）分、合励磁电流不超过 2A 的空载变压器和电容电流不超过 5A 的空载线路，对电压为 20kV 及以上时，必须使用三相联动隔离开关。

（6）用室外三相联动隔离开关，分、合电压为 10kV 及以下，电流为 15A 以下的负荷电流。

（7）分、合 10kV 及以下，不超过 70A 的环路均衡电流，但严禁使用室内型三联隔离开关分、合系统环路电流。

（8）隔离开关允许操作线路及变压器见表 2-2。

表 2-2　　　　　　　　　　　隔离开关允许操作线路及变压器

允许分、合设备名称	110kV 带消弧角三联隔离开关	35kV 带消弧角三联隔离开关	35kV 线路		10kV 线路	
			室内单极隔离开关	室内三联隔离开关	室外单极及三联隔离开关	室内三联隔离开关
空载变压器（kVA）	2000	5600	不能分、合		560	320
空载架空线（km）		32	12	5	10	5
空载电缆线路（km）					4.4~1.9	1.5~0.8

5. 隔离开关操作注意事项

隔离开关操作是倒闸操作中的主要操作部分，在操作及使用中应注意以下几点：

（1）分、合隔离开关时，断路器必须在断开位置，并经核对编号无误后，方可操作。

（2）远方操作的隔离开关，不得在带电压下就地手动操作，以免失去电气闭锁，或因分相操作引起非对称开断，影响继电保护的正常运行。

（3）就地手动操作的隔离开关：①合闸，应迅速果断，但在合闸终了不得有冲击，即使合入接地或短路回路也不得再拉开。②拉闸，应慢而谨慎。特别是动、静触头分离时，如发现弧光，应迅速合入，停止操作，查明原因。但切断空载变压器、空载线路、空载母线或系统环路时，应快而果断，促使电弧迅速熄灭。

（4）分相隔离开关，分闸时应先拉中相，后拉边相；合闸操作顺序相反。

（5）隔离开关经分、合后，应到现场检查其实际位置，以免传动机构或控制回路（远方操作）有故障，出现拒合或拒断，同时检查触头的位置应正确。合闸后，工作触头应接触良好；分闸后，断口张开的角度或拉开的距离应符合要求。

（6）隔离开关操动机构的定位销，操作后一定要销牢，防止滑脱引起带负荷切合电路或带地线合闸。

（7）已装电气闭锁装置的隔离开关，禁止随意解锁进行操作。

（8）检修后的隔离开关，应保持在断开位置，以免送电时接通检修回路的地线或接地开关，引起人为三相短路。

【任务实施】

（1）对 GW - 252 隔离开关进行正常巡视，巡视项目及工艺标准参考本任务"二、隔离开关巡视与检查"。

（2）对 GW - 252 隔离开关进行手动分、合操作，操作内容及工艺标准参考本任务"三、隔离开关操作"。

任务 2.3　高压隔离开关的检修

【教学目标】

1. 知识目标

了解高压隔离开关的检修规定，熟悉检修前的准备工作内容，熟悉检修前的检查和试验项目，熟悉检修和试验项目。

2. 能力目标

根据高压隔离开关检修的一般规定，收集检修所需的资料，确定检修方案，准备检修工具、备件及材料，设置检修安全措施，处理检修环境，进行检修前的检查和试验，确定检修项目，实施高压隔离开关的检修，并做检修记录和总结报告。

3. 态度目标

（1）能做到认真预习和收集上课所需要的资料；

（2）能认真上课，仔细看书，听老师所讲的内容，积极参与讨论并发表意见；

（3）尊重小组的决定，积极配合小组其他成员完成分配的工作任务；

（4）在学习中，学习他人的长处，改正自己的缺点，积极与老师、同学交流和探讨；

（5）能吃苦耐劳，团结互助，具备职业岗位所需要的基本素质。

【任务描述】

在对高压隔离开关的检修规定有了详细了解之后，根据检修周期和运行工况进行综合分析判断，对高压隔离开关进行大修。

【任务准备】

课前预习相关部分知识，了解高压隔离开关检修的工艺流程及要求，并根据设备数量进行分组。

（1）确定分组情况、明确小组成员的分工及职责。

（2）明确危险点，完成危险点的分析工作。

（3）制订检修工作计划、编写高压隔离开关大修的标准化作业流程，办理大修工作票。

（4）准备检修工器具及材料。

【相关知识】

一、检修准备工作及基本要求

1. 检修资料的准备

为了保证隔离开关检修工作的针对性、检修方案制订的科学性，检修前应对拟检修的隔离开关的安装情况、运行情况、故障情况、缺陷情况及隔离开关设备近期的试验检测等方面情况进行详细、全面的调查分析，以判定隔离开关的综合状况，为现场具体的检修方案的制订打好基础。

2. 检修方案的确定

检修前通过对设备资料的分析、评估，制订出隔离开关的现场检修方案。现场检修方案应包含隔离开关检修的具体内容、标准、检修工作范围，以及是否包含完善化改造项目。

3. 检修工器具、备件及材料准备

根据隔离开关的检修方案及内容，准备必要的检修工器具、备件及材料，如检修专用支架、起重设备、试验检测仪器、专用工具、按制造厂要求准备的辅助材料等。

4. 检修安全措施

（1）施工现场工作人员必须严格执行《电业安全工作规程》，明确停电范围、工作内容、停电时间，核实所做安全措施是否与工作内容相符。

（2）现场如需进行电气焊工作，要开动火工作票，应有专业人员操作，严禁无证人员进行操作，同时要做好防火措施。

（3）向生产厂家技术人员提供《电业安全工作规程》，并介绍变电站的接线情况、工作范围、安全措施。

（4）在隔离开关传动前，各部要进行认真检查，在隔离开关传动时，应密切注视设备的动作情况，防止绝缘子断裂等造成人身伤害和设备损坏。

（5）当需接触润滑脂或润滑油时，需准备防护手套。

（6）隔离开关检修前必须对检修工作危险点进行分析。每次检修工作前，应针对被检修隔离开关的具体情况，对危险点进行详细分析，并做好充分的预防措施，并组织所有检修人员共同学习。

5. 检修环境的要求

对隔离开关进行解体检修时，应对检修现场的环境条件进行必要的检查，现场环境湿度、灰尘、水分的存在都影响隔离开关的性能，故应加强对现场环境的要求，具体要求如下：

（1）大气条件：温度在5℃以上，相对湿度小于80%。

（2）现场应考虑进行防尘保护措施。避免在有风沙的天气条件下进行检修工作，重要部件分解检修工作尽量在检修车间进行。

（3）有充足的施工电源和照明措施。

（4）有足够宽敞的场地摆放机具、设备和已拆部件。

6. 检修前的检查和试验

为了解隔离开关检修前的状态并与检修后试验数据进行比较，在检修前应对被检隔离开关进行检查和试验。隔离开关检修前的检查和试验项目应包括：

（1）隔离开关在停电前、带负荷状态下的红外测温。

（2）隔离开关主回路电阻测量。

（3）隔离开关的电气传动及手动操作。

二、检修内容及质量要求

1. 隔离开关维护

维护是在隔离开关设备不解体情况下，进行检查与修理。隔离开关检查的内容如表2-3所示。

表 2-3　　　　　　　　　　　隔离开关检查内容及质量要求

序号	检查内容	质量要求
1	标志牌	名称、编号齐全、完好
2	绝缘子	清洁，无破裂、无损伤放电现象；防污闪措施完好
3	导电部分	触头接触良好，无过热、变色及移位等异常现象；动触头的偏斜不大于规定数值。接点压接良好，无过热现象，引线弧垂适中
4	传动连杆、拐臂	连杆无弯曲、连接无松动、无锈蚀，开口销齐全；轴销无变形、脱落、无锈蚀、润滑良好；金属部件无锈蚀，无鸟巢
5	法兰连接	无裂痕，连接螺栓无松动、锈蚀、变形
6	接地开关	位置正确，弹簧无断股、闭锁良好，接地杆的高度不超过规定数值；接地引下线完整可靠接地
7	闭锁装置	机械闭锁装置完好、齐全，无锈蚀变形
8	操动机构	密封良好，无受潮
9	接地	应有明显的接地点，且标记醒目；螺栓压接良好，无锈蚀

2. 隔离开关检修

检修是在隔离开关解体情况下、进行的检查与修理。隔离开关大修内容及质量要求如表

2-4 所示。

表 2 - 4 隔离开关检修内容及质量要求

检修部位	检修内容	质量要求
导电部分	(1) 主触头的检修	(1) 主触头接触面无过热、烧伤痕迹，镀银层无脱落现象
	(2) 触头弹簧的检修	(2) 触头弹簧无锈蚀、分流现象
	(3) 导电臂的检修	(3) 导电臂无锈蚀、起层现象
	(4) 接线座的检修	(4) 接线座无腐蚀，转动灵活，接触可靠；接线板应无变形、无开裂，镀层应完好
机构和传动部分	(1) 轴承座的检修	(1) 轴承座应采用全密封结构，加优质二硫化钼锂基润滑脂
	(2)轴套、轴销的检修	(2) 轴套应具有自润滑措施，应转动灵活，无锈蚀，新换轴销应采用防腐材料
	(3) 传动部件的检修	(3) 传动部件应无变形、无锈蚀、无严重磨损，水平连杆端部应密封，内部无积水，传动轴应采用装配式结构，不应在施工现场进行切焊配装
	(4) 机构箱检查	(4) 机构箱应达到防雨、防潮、防小动物等要求，机构箱门无变形
	(5) 辅助开关及二次元件检查	(5) 二次元件及辅助开关接线无松动，端子排无锈蚀。辅助开关与传动杆的连接可靠
	(6) 机构输出轴的检查	(6) 机构输出轴与传动轴的连接紧密，定位销无松动
	(7) 主闸刀和接地闸刀联锁的检修	(7) 主闸刀与接地闸刀的机械联锁可靠，具有足够的机械强度，电气闭锁动作可靠
绝缘子	绝缘子检查	(1) 绝缘子清洁完好，无掉瓷现象，上下节绝缘子同心度良好；(2) 法兰无开裂、无锈蚀、油漆完好，法兰与绝缘子的结合部位应涂防水胶

3. 隔离开关检修后的调整与试验

隔离开关检修后应根据厂家的说明书或相关规程要求进行调整、试验。首先在手动情况下，调整相关尺寸，然后在电动或气动操作情况下进行校验。隔离开关检修后的调整与试验项目如表 2 - 5 所示。

表 2 - 5 隔离开关检修后调整与试验项目

序号	检查内容	技术要求
1	隔离开关主闸刀合入时触头插入深度	符合制造厂技术条件要求
2	接地闸刀合入时触头插入深度	符合制造厂技术条件要求
3	检查闸刀合入时是否在过死点位置	符合制造厂技术条件要求
4	手动操作主闸刀和接地闸刀合、分各 5 次	动作顺畅，无卡涩
5	电动操作主闸刀和接地闸刀合、分各 5 次	动作顺畅，无卡涩
6	测量主闸刀和接地闸刀的接触电阻	符合制造厂技术条件要求
7	检查机械联锁	联锁可靠
8	三相同期	符合制造厂技术条件要求

【任务实施】

一、GW4-126 型隔离开关检修

以小组为单位，对 GW4-126 型高压隔离开关进行检修。检修流程及工艺标准可参考表 2-6。

表 2-6　　　　　　　　　GW4-126 型高压隔离开关检修流程及工艺标准

序号	检修内容	工艺标准	安全措施及注意事项	检修结果			责任人签字
				A	B	C	
1	工器具及各作业人员准备						
1.1	检修中所需用到的工器具运至检修现场	使用前再次检查安全器具及工器具合格	梯子等长物搬运时应放倒，两人平抬				
1.2	作业人员在明确任务、安全措施及注意事项后，方可进行工作						
2	对隔离开关进行检查、维护		工器具、物品应用绳子和工具袋上下传递，禁止抛掷				
2.1	隔离开关触头检查、维护及导电回路检查	根据红外线测温处理发热部位					
2.1.1	隔离开关触指、触头检查、维护	用去油剂清洗触头，检查触头、触指表面镀银层完好，无剥落层；在触头表面涂中性凡士林	触头、触指导电接触面烧伤深度不大于 1mm				
		检查触头、触指无烧伤、过热等现象					
		触头、触指烧损严重应更换					
		触指弹簧无锈蚀、变形，弹力足够（以手感经验判断为准）					
		对镀银导电部位用 00 号砂布修整完后涂上凡士林					
		静触指罩无松动、锈蚀、开裂					
2.1.2	导电回路检查	各搭头、线夹及导电回路均无发热迹象，搭头螺母无松动、锈蚀					
		导电杆无松动、烧伤、变形、开裂等现象					
		接线座无开裂、烧伤					
		导电带无折断、散股、烧伤现象					

序号	检修内容	工艺标准	安全措施及注意事项	检修结果			责任人签字
				A	B	C	
2.2	合闸位置检查	触头的接触点在触指上缺口内侧5mm	隔离开关操作时，要注意与地刀的闭锁，操作人员要与隔离开关上的作业人员间协调，隔离开关上的作业人员要躲开隔离开关动触头的运动方向				
		目测检查动静触头在一条直线上，处于同一水平线，触头在触指中的上下位置差不大于5mm					
		主连杆过死点					
		用0.05mm塞尺检查，要求不能通过					
2.3	合闸同期检查	三相合闸同期性数值不大于12mm					
2.4	隔离开关支持绝缘子、法兰清扫、检查	隔离开关绝缘子清扫，瓷件表面清洁无破损、无电晕和放电现象；法兰无松动、浇铸处无裂缝					
2.5	转动部件检查与维护	各连接接头无开裂现象；连杆无扭曲、变形；保证丝杆可调节；开口销、轴销无锈蚀、磨损；转动部位无卡滞；底座轴承黄油嘴注黄油；各转动部位加注适量润滑油					
3	接地闸刀检查与维护						
3.1	触指、触头检查、维护	用去油剂分别清洗接地闸刀静触指及动触头	在清洗静触头时应先挂好临时保安接地线				
		在接地闸刀静触指及动触头表面涂润滑脂					
3.2	合闸位置检查	动、静触头无偏斜，接触可靠	操作时注意与主闸刀间的闭锁				
3.3	传动部件检查与维护	各连接接头无开裂现象；连杆无扭曲、变形；转动部位无卡滞；开口销、轴销无锈蚀、磨损；各转动部位加注适量润滑油					
3.4	机械闭锁检查	闭锁板位置正确，焊接牢固					
3.5	操作机构检查	各部件转动灵活，操作无卡涩现象					

序号	检修内容	工艺标准	安全措施及注意事项	检修结果			责任人签字
				A	B	C	
3.6	检查各转动零件，必要时加少许油润滑	各部件转动灵活，操作无卡涩现象					
4	操作试验及机械闭锁检查	操作过程中动作灵活无卡涩，分、合闸到位	操作主闸刀时，接地闸刀必须在分闸位置；操作接地闸刀时，主闸刀必须在分闸位置				
		机械闭锁牢固可靠，主闸刀在合闸位置时，接地闸刀不能操作，反之则主闸刀不能操作					
5	金属外观维护	三相相序正确，颜色鲜艳醒目；带电部位涂油漆，其他部位视锈蚀情况处理					
6	自验收						
6.1	对检修工作全面自验收	逐项检查，无漏项，做到修必修好					
6.2	现场安全措施检查	临时保安接地线均已拆除，现场安全措施已恢复到工作许可时状态					
6.3	对设备状态恢复	隔离开关状态、操作电源、防误电源等均要求恢复到工作许可时状态					

二、GW16 - 126 型隔离开关检修

1. GW16 - 126 型单极隔离开关安装、调试

（1）安装前应对导电的接触面（有镀层除外），用砂纸或钢刷刷掉表面的氧化层后，用布擦拭干净，再迅速涂一层凡士林后方可进行安装。

（2）将单极隔离开关的底座分别吊装在基础上（注意操作相为中相，带铭牌），将底座装配用螺栓固定在基础支柱上，找正水平及相间距离并使三极隔离开关的主闸刀三相联动输出轴处在同一轴心线上。用水平尺检查底座装配的上平面是否水平，若不平需在底座和基础之间加 U 形垫圈调整。

（3）将支持绝缘子固连在底座装配的底板上，操作绝缘子固连在底座的转动法兰上，并用 U 形垫圈调整，使支持绝缘子和操作绝缘子与底座水平基础垂直，操作绝缘子转动灵活。

（4）吊装主闸刀装配，将主闸刀装配与支持绝缘子和操作绝缘子用螺栓进行联装；在螺栓拧紧前要先调整操作绝缘子下端可调支承上的三个调整螺栓，要求锁紧后转动灵活，接线底座不左右摆动（检验方法：拆下调节拉杆的拐臂端，此时由于操作绝缘子无负载转动，手感应轻松灵活无卡滞现象）。

（5）松开主闸刀装配上的捆绑铁丝，调整主闸刀装配上的调节拉杆，使主闸刀装配的下导电杆在合闸位置时应处于铅垂状态，注意一定要使调节拉杆受力均匀，且主闸刀装配在合闸到位后，调节拉杆下端的主动扣臂应在死点位置，并距限位螺钉 2mm，调整可调连接，

使主闸刀上下导电管在合闸位置时处于同一直线上。

2. 静触头的安装、调试

（1）组装前，应根据隔离开关的高度尺寸、基础支柱高度及母线的高度尺寸确定静触杆的安装高度，从而确定静触杆与母线之间的距离 H，H 应保证在各种环境下，接触范围满足母线允许位移的要求。

（2）在切取铝绞线时，应在切口的附近用铁丝扎牢，以防止松股；切断面涂清漆加以保护。导电接触处去掉氧化膜，组装完毕后，去掉铁丝。

（3）将静触头悬挂在隔离开关上方的母线上，调整钢芯铝绞线圈的直径和母线夹在母线上的位置，使动触片与静触杆可靠接触，且夹紧位置正确，满足母线允许位移的要求。GW16-126 型隔离开关安装完毕后的检查项目及技术要求如表 2-7 所示。

表 2-7   GW16-126 型隔离开关安装完毕后的检查项目及技术要求

序号	检 查 项 目	技 术 要 求
1	目测主闸刀分合闸是否正常	分合闸到位并正常
2	主闸刀断口距离	≥1500
3	主闸刀、接地刀三组合闸同期性（mm）	≤20
4	主回路电阻（μΩ）	≤160
5	主闸刀与接地闸刀的机械联锁可靠性	主闸刀合闸时接地闸刀不能合闸，接地闸刀合闸时主闸刀不能合闸
6	检查各转动部分	要求转动灵活正确
	检查紧固部位紧固情况	紧固部位坚固，无松动现象

3. GW16-126 型隔离开关的检修

（1）检修基本要求。

1）在拆卸零部件过程中，要注意记录各部件的相互位置、标准件的规格，以免重新装配时有误。

2）修后装配时，所有相对运动部位都应涂二硫化钼。

3）在检修时，要求用汽油清洗镀银的导电接触面。用砂纸刷光非镀银导电接触面的氧化层，并立即擦净涂导电脂，然后才能装配。

（2）静触头装配的检修。

1）检查所有导电接触部分是否有过热、烧伤现象，损伤严重者应予以更换。

2）检修钢芯铝绞线应无散股、断股现象，有则应予以更换。

3）检查所有导电夹板和夹块，应无开裂、变形，开裂或变形严重者应予以更换。

（3）主闸刀装配的检修。主闸刀装配检修应在专用的检修平台上进行，先解体，再逐项检查。

（4）上导电杆装配的检修。

1）检查引弧角烧损情况，如有严重烧损应予以更换。

2）检查动触片有无过热、烧损情况，如有轻微烧损，可用砂纸打磨或改变接触位置的方法处理，如有严重烧损应予以更换。

3）检查导电带和与导电管的接触面，如有烧伤、严重过热或断裂，应予以更换，对接触面用砂纸除去氧化层。

4）检查并测量复位弹簧和夹紧弹簧的锈蚀、弹性情况，锈蚀轻微的应刷除铁锈，涂黄油防锈；若变形严重者应予以更换。

5）检查所有的弹性圆柱销和复合轴套，如生锈、开裂或变形严重，均应予以更换。

（5）中间接头装配的检修。

1）检查齿轮箱和连接叉的损伤和开裂变形情况，如有开裂或变形严重，应予以更换。

2）作为齿轮箱和连接叉之间的导电连接的导电带，应检查导电带的接触面是否有过热、烧伤、折断现象，如有烧伤、严重过热或断裂，应予以更换，对接触面用砂纸除去氧化层。

3）检查所有的弹性圆柱销和复合轴套，如生锈、开裂或变形严重，均应予以更换。

（6）下导电杆装配的检修。

1）检查并测量平衡弹簧的疲劳、锈蚀、损坏情况，锈蚀轻微者应除锈后刷防锈漆，并涂二硫化钼。

2）检查所有的弹性圆柱销，如生锈、开裂或变形严重，均应予以更换。

3）检查轮条的损坏情况，如缺齿、断齿，均应予以更换。

4）检查导向轮的磨损及变形情况，如开裂或损坏，应予以更换。

5）检查可调联结部分，如有开裂或变形严重，丝扣脱落情况应予以更换。

（7）底座装配的检修。

1）检查导电底座和转动座，如有开裂或变形严重，应予以更换。

2）检查导电带连接的方法与中间接头相同。

3）检查调节拉杆部分的螺纹是否完好，旋转是否灵活。

4）检查所有转轴或轴销，应平直、光滑无变形，轻微变形应校正。

5）检查大小伞齿轮的磨损情况，如有开裂、断齿或磨损严重，应予以更换。

6）检查所有的弹性圆柱销和复合轴套，如生锈、开裂或变形严重，均应予以更换。

7）检查接线板与底座的接触面，应无烧损，如有不平，应锉平并砂光。

（8）接地静触头及导电杆装配的检修。

1）检查导电管有无变形，如有变形应加以校正。

2）检查所有导电接触面，用砂纸消除氧化层。

3）检查弹簧的变形及锈蚀情况，如锈蚀或变形严重，均应予以更换；两触指无毛刺，支撑板应除锈刷漆。

（9）绝缘子的检修。

1）检查绝缘子有无裂纹或破损，如有则应予以更换。

2）检查绝缘子瓷件与法兰的浇装情况，如有脱块应及时修补，铁法兰松动及有裂纹，则应予以更换。

（10）底座装配的检修。

1）检查所有转动轴和轴套，如有变形应加以校正，并用砂纸消除其锈蚀，涂黄干油。

2）检查接地软导电带是否有折断现象，如有断裂，应予以更换，对接触面用砂纸除去氧化层。

3）检查旋转绝缘子支座和法兰有无开裂、变形，如有开裂应补焊，若变形严重则应予以更换。

（11）传动系统的检修。

1）检查各拉杆和连接头的螺纹是否完好，如为变形锈蚀严重则应予以更换。

2）检查所有传动扣臂，如锈蚀应用砂纸清除；如严重变形应校正；如连接头转动轴磨损严重，则应予以更换。

3）检查所有的弹性圆柱销，如生锈、开裂或变形严重，均应予以更换。

4）检查机械联锁板，用砂纸消防锈蚀，如严重变形应加以校正。

任务 2.4　高压隔离开关的事故预防

【教学目标】

1. 知识目标

了解高压隔离开关的管理、运行及技术措施内容，了解常见的高压隔离开关事故，并熟悉其预防措施。

2. 能力目标

为了减少高压隔离开关在运行中出现事故（故障）的概率，掌握在隔离开关运行和检修当中采取的管理、运行及技术措施，能够对隔离开关的运行和检修进行监督，预防隔离开关本体及操动机构等方面的事故。

3. 态度目标

（1）能做到认真预习和收集上课所需要的资料；

（2）能认真上课，仔细看书，听老师所讲的内容，积极参与讨论并发表意见；

（3）尊重小组的决定，积极配合小组其他成员完成分配的工作任务；

（4）在学习中，学习他人的长处，改正自己的缺点，积极与老师、同学交流和探讨；

（5）能吃苦耐劳，团结互助，具备职业岗位所需要的基本素质。

【任务描述】

为了防止高压隔离开关发生事故，根据预防高压隔离开关事故的技术措施，对高压隔离开关进行运行监督。

【任务准备】

课前预习相关部分知识，经讨论后能独立回答下列问题：

（1）隔离开关在运行中发热的故障处理措施有哪些？

（2）若隔离开关发生拒分现象，应如何处理？

【相关知识】

一、隔离开关常见故障原因及处理方法

运行中隔离开关常见的故障有导电部分过热、绝缘子表面闪烙、机构的操作失灵和传动困难、自动分闸、绝缘子断裂等。其中对安全运行威胁最大的是绝缘子断裂和自动分闸故障。

1. 导电部分过热

隔离开关导电部分过热的主要原因是静触指压紧弹簧疲劳、特性变坏，接触面氧化以及接触电阻增加而造成的。运行中静触指压紧弹簧长期受压缩，如果工作电流较大，温升超过允许值，会使其弹性变差。此外，触头镀银层工艺差、易磨损露铜，接触面脏污，触头插入不够、螺栓锈蚀造成线夹接触面压力降低等也是造成发热的原因。

导电部分过热的处理方法是将静触指压紧弹簧更换为不锈钢弹簧，采用不锈钢螺栓或热镀锌高强度螺栓并用力矩扳手紧固；调整触头插入深度和清洁接触面，或采用自清洁触头。同时采用红外测温技术定期检测导电部位的发热情况，发现问题及时处理。

2. 绝缘子表面闪络

绝缘子表面闪络的主要原因是绝缘子表面和瓷裙内积污严重、瓷裙爬距小。特别是在重污染地区，化工污染和水泥积垢不仅使得绝缘子清扫极为困难，而且空气中大量的工业粉尘和腐蚀性气体的存在极易引起绝缘子闪络放电，扩大事故范围。针对这种情况，可以采取带电清扫加强清扫力度、给绝缘子增加硅橡胶伞裙以增大爬距和在绝缘子表面涂防污闪涂料等措施。

3. 机构操作失灵及传动困难

机构故障主要表现为操作失灵，如拒动或分、合闸不到位。操作失灵的主要原因是机构箱密封不好，进水造成机构锈蚀严重，润滑干涸，操作阻力增大，在操作困难的同时，还会发生零部件损坏，如变速齿轮断裂、连杆扭弯等。传动困难的主要原因是传动系统锈蚀造成传动阻力大，甚至出现拒分、拒合。运行中曾出现底座轴承锈死、无法操作的情况，这是由于传动部件的主轴铜套干涩、轴承脏污、润滑油干涸造成的。

造成操作失灵和传动困难的主要原因是锈蚀，针对这种情况，可以定期进行防锈处理，对各传动部位加二硫化钼润滑剂。此外，传动和转动部件应采取封闭、防锈、防腐、防水等措施。外露金属件，应经热镀锌、热喷锌、渗锌等防腐防锈处理；轴承座采用全密封结构，至少要有两道以上密封。轴承润滑必须采用优质二硫化钼锂基润滑脂或性能更好的润滑剂；轴销应采用优质防腐防锈材料（如不锈钢、铝青铜等）且具有良好的耐磨性能，轴套必须具有自润滑功能，并与轴销的耐磨、耐腐蚀、润滑性能相匹配。

4. 自动分闸故障

隔离开关自动分闸发生概率较低，但危害性大。造成隔离开关自动分闸的原因有：操作机构蜗轮、蜗杆啮合情况较差，出现倒转现象；隔离开关的主拐臂调整未过死点；GW16 型隔离开关的滚轮发生破裂，导致接触点出现缝隙，造成放电。针对上述原因，可采取如下措施：检修时对操动机构进行清洗，检查蜗轮、蜗杆有无破裂，啮合情况是否良好，不能有磨损、卡涩、现象；限位器、制动装置应安装牢固、动作准确；检查并确认隔离开关的主拐臂调整过死点位置；检修时对 GW16 型隔离开关的滚轮进行检查，出现裂纹立即更换并使用抗压能力更强的滚轮；检测触点的接触压力，避免压力过大。

5. 绝缘子断裂

绝缘子断裂既与产品质量有关，也与隔离开关的安装、检修质量以及操作方法有关。绝缘子在烧制过程中由于控制不当，可能造成瓷件夹生、致密性不均以及水泥胶装不良等问题，加之质检手段不严，造成个别质量低劣的绝缘子被组装成产品后投入运行，对系统安全构成极大威胁。

对绝缘子断裂问题必须进行综合治理，一方面加强产品选型和完善化改造，另一方面提高安装和检修质量。安装检修时，隔离开关各部位之间连接应按厂家提供的紧固力矩值使用力矩扳手进行紧固。此外，开展无损探伤技术，定期对绝缘子进行检测。运行人员要加强监视，特别是对绝缘子胶合面的观察。在运行操作时要方法得当，如出现操作困难时切忌强行操作。

二、防止隔离开关事故的措施

（1）对不符合完善化技术要求的隔离开关应根据实际情况安排更换或进行完善化改造。对于运行状态很差的隔离开关设备可根据实际情况进行完善化改造或更换；额定电流、动热稳定性及外绝缘水平不满足安装地点要求的隔离开关应进行更换。

（2）新安装或检修后的隔离开关必须进行回路电阻测试，应积极开展瓷绝缘子探伤和触指压力测试工作。

（3）加强对隔离开关导电部分、传动部分、操动机构、瓷绝缘子等的检查与润滑，防止机械卡涩、触头过热、绝缘子断裂等故障的发生。隔离开关各运动部位用润滑脂宜采用性能良好的二硫化钼锂基润滑脂。

（4）在绝缘子金属法兰与瓷件的胶装部位应涂以性能良好的防水密封胶。应在隔离开关底座预留排水孔，防止雨水积累结冰膨胀导致绝缘子断裂。

（5）与隔离开关相连的导线弧垂应调整适当，避免引线对端子产生太大的拉力。

（6）为预防 GW6 型隔离开关运行中自动脱落分闸，在检修中应检查操动机构蜗轮、蜗杆的啮合情况，确认没有倒转现象；检查并确认主拐臂调整是否过死点；检查平衡弹簧的张力是否合适。

（7）隔离开关检修时应使用专用检修平台，禁止攀爬瓷绝缘子。应按照试验规程要求对隔离开关的绝缘子进行检测，防止绝缘子断裂造成事故。

（8）隔离开关主闸刀与接地闸刀之间的机械联锁应闭锁可靠，并具有足够的机械强度，对于联锁装置机械强度不足的应及时予以改进。

（9）应建立隔离开关支持绝缘子及母线、引线的支持绝缘子台账，应明确记录绝缘子的生产厂家、型号、爬电距离、抗弯强度、出厂时间、投运时间。对于早期绝缘子质量有缺陷、抗弯强度不满足要求的隔离开关绝缘子应逐步更换。

（10）对于长期未检修的母线侧隔离开关应积极申请停电检修或开展带电检修，防止和减少恶性事故发生。

【任务实施】

根据设备数量进行分组，并进行危险点分析与控制，对高压隔离开关进行故障处理。

【项目总结】

通过本项目的学习，学生能独立完成如下任务：

1. 对高压隔离开关的类型、基本技术参数、结构能够进行正确阐述。
2. 能够完成高压隔离开关的正常巡视。
3. 能够完成高压隔离开关的检修及故障处理工作。

复 习 思 考

1. 为什么隔离开关不能用来接通和断开有负荷电流的电路？
2. 如果用隔离开关切断电路中的负荷电流时会产生什么后果？
3. 接地闸刀的作用是什么？它与主闸刀应如何闭锁？
4. 当断开隔离开关时，发现触头间有电弧发生时应如何操作？
5. 常见高压隔离开关按动作方式分为哪几种？各有何特点？
6. 隔离开关操作时应注意什么问题？
7. 简述隔离开关通用检修项目及技术要求。
8. 简述隔离开关导电部分过热的原因。
9. 隔离开关检修时对检修环境有什么要求？
10. 简述隔离开关检修后的调整和试验项目。
11. 简述防止隔离开关事故的措施。

项目三

互感器、限流限压及补偿设备的运行与检修

【项目描述】

　　本项目介绍互感器、避雷器、电抗器、电力电容器的作用、结构、工作原理等相关知识，了解它们的运行规程和检修规范，熟悉它们的常见缺陷及异常情况。通过本项目的学习与训练，学生能够完成上述设备的巡视、维护工作，能够根据异常现象分析故障原因并完成故障处理等方面的工作。

【教学目标】

　　(1) 掌握互感器、避雷器、电抗器、电力电容器的作用、工作原理、基本技术参数和结构。

　　(2) 了解上述设备的运行规程和检修规范，掌握它们的巡视、维护内容。

　　(3) 了解上述设备的缺陷类型，了解一些现场的事故案例。

　　(4) 了解检修对人员、环境及工器具的要求，熟知检修工作过程和检修工艺。

　　(5) 能够根据设备的特点及用途，进行正常的巡视检查。

　　(6) 能够根据设备检修的一般规定，收集检修资料，确定检修方案，准备检修工具、备件及材料，设置检修安全措施，处理检修环境，进行检修前的检查和试验，确定检修项目，对设备进行检修，并做检修记录和总结报告。

　　(7) 能够根据设备的异常现象分析出可能导致的原因并做相应处理。

【教学环境】

教学场所：多媒体教室、实训基地。

教学设备：电脑、投影仪、展台、扩音设备、纸质及电子资料。

教学资源：实训场地符合安全要求，实训设备充足可靠。

任务 3.1　互感器的运行与检修

【教学目标】

1. 知识目标

(1) 掌握互感器的工作原理及误差；

(2) 熟悉互感器的结构及型号；

(3) 掌握互感器的巡视和维护要点。

2. 能力目标

(1) 根据电流、电压互感器的工作原理，能够描述出它们的结构和设计要求；

(2) 能够对电流、电压互感器的误差及其影响因素进行深入分析，掌握减少互感器误差的方法；

(3) 能进行互感器的运行维护、检修及事故处理等方面工作，并做工作记录。

3. 态度目标

(1) 能做到认真预习和收集上课所需要的资料；

(2) 能认真上课，仔细看书，听老师所讲的内容，积极参与讨论并发表意见；

(3) 尊重小组的决定，积极配合小组其他成员完成分配的工作任务；

(4) 在学习中，学习他人的长处，改正自己的缺点，积极与老师、同学交流和探讨；

(5) 能吃苦耐劳，团结互助，具备职业岗位所需要的基本素质。

【任务描述】

在对电流互感器、电压互感器的结构、型号、工作原理等知识有了深入了解之后，对常见互感器进行正常巡视，巡视时要注意不同类型的互感器巡视重点有所不同，若在巡视过程中发现缺陷和隐患要及时记录。运行中的电流互感器或电压互感器会出现各种异常情况，能根据现象分析出异常原因并及时处理。

【任务准备】

课前预习相关部分知识，通过观看实训基地现有互感器的实物、图片，经讨论后能独立回答下列问题：

(1) 互感器作用是什么？它们在一次电路中如何连接？

(2) 电流、电压互感器的基本工作原理，与电力变压器有什么相同之处和不同之处？

(3) 为什么电流互感器的二次电路在运行中不允许开路？电压互感器的二次电路在运行中不允许短路？

【相关知识】

一、电流互感器

（一）工作原理

电磁式电流互感器是一种专门用于变换电流的特种变压器，其工作原理与普通变压器相似，如图 3-1 所示。

电流互感器的一次绕组串接在被测量的电力线路中，线路电流就是互感器的一次电流 $\dot{I}_1$，二次绕组外部回路串接有测量仪表、继电保护、自动装置等二次设备。由于二次侧负载阻抗很小（正常运行时二次侧接近于短路状态），在图中用一个集中阻抗 Z_b 来表示其阻抗（包括连接导线的阻抗）。

在图 3-1 中，当电流 $\dot{I}_1$ 流过互感器匝数为 N_1 的一次

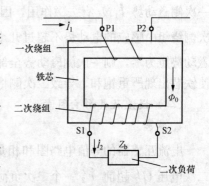

图 3-1 电流互感器工作原理

绕组时，将建立一次磁动势 $\dot{I}_1 N_1$，同理，二次电流 $\dot{I}_2$ 与二次绕组匝数 N_2 的乘积构成二次磁动势 $\dot{I}_2 N_2$。一次磁动势与二次磁动势的相量和即为励磁磁动势 $\dot{I}_0 N_1$，即

$$\dot{I}_1 N_1 + \dot{I}_2 N_2 = \dot{I}_0 N_1 \tag{3-1}$$

式中　$\dot{I}_1$——一次电流；

　　　N_1——一次绕组匝数；

　　　$\dot{I}_2$——二次电流；

　　　N_2——二次绕组匝数；

　　　$\dot{I}_0$——励磁电流。

当忽略励磁电流时，式（3-1）可简化为

$$\dot{I}_1 N_1 = - \dot{I}_2 N_2$$

若以额定值表示，则可写成 $\dot{I}_{1N} N_1 = - \dot{I}_{2N} N_2$，即

$$K_i = \frac{I_{1N}}{I_{2N}} \approx \frac{N_2}{N_1} = K_N \tag{3-2}$$

式中　K_i——额定电流比；

　　　K_N——匝数比；

　　　I_{1N}——一次侧额定电流；

　　　I_{2N}——二次侧额定电流。

电流互感器与变压器相比，其工作状态有如下特点：

（1）电流互感器一次绕组串接在一次电路中，并且匝数很少，故一次绕组中的电流完全取决于被测电路的电流，与二次电流大小无关。

（2）电流互感器二次绕组串接的仪表和继电器电流线圈的阻抗很小，正常情况下，电流互感器接近于短路状态运行。

（3）电流互感器运行时二次侧不允许开路。为了防止二次侧开路，规定在二次侧回路中不准装熔断器。如果在运行中必须拆除测量仪表或继电器时，应先在断开处将二次绕组短路，再拆下仪表。

电流互感器运行时二次侧不允许开路，这是因为在正常运行时，二次侧磁动势 $\dot{I}_2 N_2$ 对一次侧磁动势 $\dot{I}_1 N_1$ 有去磁作用，因此励磁磁动势 $\dot{I}_0 N_1$ 及铁芯中的合成磁通 $\dot{\Phi}_0$ 很小，在二次侧绕组中感应的电动势不超过几十伏。当二次侧开路时，二次侧电流 $\dot{I}_2$ 为0，二次侧的磁动势也为零，则一次侧磁动势全部用于励磁，励磁磁动势 $\dot{I}_0 N_1 = \dot{I}_1 N_1$，合成磁通很大，使铁芯出现严重饱和，导致二次侧将感应出几千伏的电动势 e_2，危及人身和设备安全。

（二）误差及其影响因素

1. 误差

电流互感器的等值电路图和相量图如图 3-2 所示。图中以二次电流 $\dot{I}_2'$ 为参考相量，二次电压 $\dot{U}_2'$ 超前 $\dot{I}_2'$ 一个二次负荷的功率因子角 φ_2，$\dot{E}_2'$ 超前 $\dot{I}_2'$ 一个二次侧总阻抗角 α，铁芯磁通 $\dot{\Phi}$ 超前 $\dot{E}_2'$ 90°，励磁磁动势 $\dot{I}_0 N_1$ 超前 $\dot{\Phi}$ 一个铁芯损耗角 ψ。

由式（3-1）和图 3-2（b）可以看出，由于励磁电流 $\dot{I}_0$ 的影响，使一次电流 $\dot{I}_1$ 与

$-K_N \dot{I}_2$ 在数值上和相位上均有差异，即测量结果有误差，此误差通常用电流误差 f_i 和角误差 δ_i 来表示。

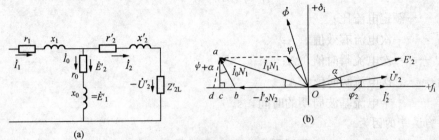

图 3-2　电流互感器等值电路图与相量图

(a) 等值电路图；(b) 相量图

（1）电流误差 f_i 的定义为

$$f_i \% = \frac{K_N I_2 - I_1}{I_1} \times 100 \tag{3-3}$$

（2）角误差 δ_i 定义为：以旋转 180°的二次电流相量 $-\dot{I}'_2$ 与一次电流相量 $\dot{I}_1$ 之间的夹角表示，并规定 $-\dot{I}'_2$ 超前 $\dot{I}_1$ 时，δ_i 为正值，反之为负值。由于 δ_i 很小，所以用分（′）表示。

当取 $K_i \approx K_N = \dfrac{N_2}{N_1}$ 时，则式（3-3）可写成

$$f_i \% = \frac{I_2 N_2 - I_1 N_1}{I_1 N_1} \times 100 \tag{3-4}$$

由相量图可知

$$I_2 N_2 - I_1 N_1 = \overline{ob} - \overline{od} = -\overline{bd}$$

当 δ_i 很小时，取 $\overline{bd} \approx \overline{bc}$，则

$$f_i \% = \frac{-\overline{bc}}{I_1 N_1} \times 100 = -\frac{I_0 N_1}{I_1 N_1} \sin(\psi + \alpha) \times 100 \tag{3-5}$$

$$\delta_i \approx \sin\delta_i = \frac{\overline{ac}}{\overline{oa}} = \frac{I_0 N_1}{I_1 N_1} \cos(\psi + \alpha) \times 3440' \tag{3-6}$$

电流误差引起所有测量仪表和继电器产生误差，角误差只对功率型测量仪表和继电器及反应相位的保护装置有影响。

电流互感器在额定电流附近工作条件下，磁密很低、励磁电流很小，一次和二次电流都是正弦波，电流互感器的误差表征了额定频率和正弦波下的误差。但当系统发生短路后，短路电流很大，铁芯趋向饱和，由于励磁电流中高次谐波含量很大，即使一次电流为理想正弦波，二次电流也不会是正弦波，如图 3-3 所示。由于二次电流不是正弦波，就不能用相量图来分析它与一次电流的关系，这样就要用到复合误差的概念。

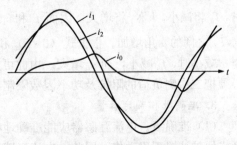

图 3-3　过电流时电流波形图

i_1 ——次电流；i_2 ——二次电流；i_0 ——励磁电流

（3）复合误差 ε_c：在稳态情况下，按额定电流比折算到一次侧的二次电流瞬时值与实际一次

电流瞬时值之差的方均根值（有效值）。通常以一次电流有效值的百分数来表示，即

$$\varepsilon_c \% = \frac{100}{I_1} \sqrt{\frac{1}{T} \int_0^T (K_i i_2 - i_1)^2 \, \mathrm{d}t} \tag{3-7}$$

式中　K_i——额定电流比；

　　　　I_1——一次电流有效值，A；

　　　　i_1——一次电流瞬时值，A；

　　　　i_2——二次电流瞬时值，A；

　　　　T——一个电流基波周期的时间，s。

2. 影响误差的因素

由式（3-5）和式（3-6）可以看出，电流互感器的误差与一次侧电流的大小、铁芯质量、结构尺寸及二次侧负荷等有关。

（1）误差与一次安匝 $I_1 N_1$ 成反比。要减小误差，就要增加一次安匝，因此，对额定一次电流小的互感器，通常通过增加一次绕组匝数来增加一次安匝。

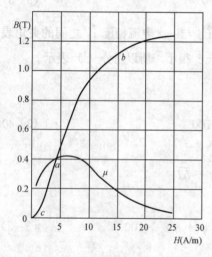

图 3-4　磁化曲线

（2）一次侧电流 I_1 对误差的影响。制造电流互感器时，为了减小误差，在一次侧为额定电流和二次侧为额定负荷的条件下，把互感器的工作点选在磁化曲线的直线段中部，如图 3-4 所示。因为，在直线段范围内，μ（铁芯磁导率）的值较大。除此之外，磁化曲线其他部分，μ 的值都逐渐变小。根据上述情况并对照式（3-5）和式（3-6）可知，当 I_1 工作在一次额定电流值附近时，因为 μ 值大，相对 I_1 而言，I_0 较小，所以电流误差 f_i 和角误差 δ_i 均比较小；当 I_1 的值较一次额定电流值大得多或小得多时，因为 μ 值小，所以相对 I_1 而言，I_0 较大，f_i 和 δ_i 均增大。

（3）铁芯质量和结构尺寸对误差的影响。为了减小 I_0，必须减小铁芯的磁阻 $R_m = \dfrac{L}{\mu S}$，如减小磁路长度 L、增大铁芯截面积 S 和选用磁导率 μ 值高的电工钢。此外，减小磁路的空气隙也有重要作用。

（4）二次侧负荷阻抗及功率因数对误差的影响。当一次电流不变，增加二次负荷阻抗时，I_2 将减小，$I_0 N_1$ 将增大，因而 f_i 和 δ_i 将增大。当二次侧负荷功率因数角 φ_2 增加时，$\dot{E}_2'$ 与 $\dot{I}_2'$ 之间的 α 角增加。根据式（3-5）和式（3-6），α 增大时，f_i 增大，而 δ_i 减小；反之，当 α 减小时，f_i 减小，而 δ_i 增大。由此可见，当要求电流互感器具有一定的测量准确度时，必须把二次侧负荷的阻抗及功率因数限制在相应的范围内。

3. 准确级和额定容量

（1）准确级。电流互感器应能准确地将一次电流变换为二次电流，这样才能保证测量精确或保护装置正确动作，因此，电流互感器必须保证一定的准确度。电流互感器的准确度是以标称准确级来表征的，对应于不同的准确级有不同的误差要求，在规定的使用条件下，误差均应在规定的限值以内。测量用电流互感器的标准准确级有 0.1、0.2、0.5、1、3、5 级，

对特殊要求的还有 0.2S 和 0.5S 级。保护用电流互感器的标准准确级有 5P 和 10P 级，电流互感器各准确级所对应的误差限值如表 3-1 和表 3-2 所示。

表 3-1　　测量用电流互感器的误差限值

准确级	一次电流为额定电流的百分数（%）	误差限值		保证误差的二次负荷范围 cosφ=0.8（滞后）
		电流误差±（%）	相位差±（′）	
0.1	5	0.4	15	
	20	0.2	8	
	100～120	0.1	5	
0.2	5	0.75	30	
	20	0.35	15	
	100～120	0.2	10	
0.5	5	1.5	90	（0.25～1.0）S_{2N}
	20	0.75	45	
	100～120	0.5	30	
1	5	3.0	180	
	20	1.5	90	
	100～120	1.0	60	
3	50	3	—	
	120	3	—	（0.5～1.0）S_{2N}
5	50	—	—	
	120	—	—	
0.2S	1	0.75	30	
	5	0.35	15	
	20	0.2	10	（0.25～1.0）S_{2N}
	100～120	0.2	10	注：本栏仅用于额定二次电流为 5A 的互感器
0.5S	1	1.5	90	
	5	0.75	45	
	20	0.5	30	
	100～120	0.5	30	

表 3-2　　保护用电流互感器的误差限值

准确级	额定一次电流下的误差		额定准确限值一次电流下的复合误差（%）	保证误差的二次负荷范围 cosφ=0.8（滞后）
	电流误差±（%）	相位差±（′）		
5P	1	60	5	S_{2N}
10P	3	—	10	S_{2N}

从表 3-1 和表 3-2 可以看出，测量用电流互感器的准确级是在规定的二次负荷变化范围内，一次电流为额定值时最大电流误差百分数来标称的；而保护用电流互感器的准确级是以额定准确限值一次电流下的最大允许复合误差百分数来标称的（字母 P 表示保护用）。所谓额定准确限值一次电流是指保护用电流互感器复合误差不超过限值的最大一次电流。保护用电流互感器主要是在系统短路时工作，因此，在额定一次电流范围内的准确级不如测量级高，但为保证保护装置正确动作，要求保护用电流互感器在可能出现的短路电流范围内，最

大误差限值不超过10％。

（2）额定容量。电流互感器的二次额定容量 S_{2N} 是指电流互感器在二次额定电流 I_{2N} 和二次额定阻抗 Z_{2N} 下运行时二次绕组输出的容量，即

$$S_{2N} = I_{2N}^2 Z_{2N}$$

由于 I_{2N} 为5A或1A，S_{2N} 与 Z_{2N} 仅相差一个系数，所以，二次额定容量 S_{2N} 可以用 Z_{2N} 代替，称为二次额定负荷，单位为 Ω。

由于电流互感器的误差与二次阻抗有关，因此，同一台电流互感器使用在不同的准确级时二次侧就有不同的额定负荷。例如，某一台电流互感器工作在 0.5 级时，其二次额定负荷为 0.4Ω，但当它工作在 1 级时，其二次额定负荷为 0.6Ω。换言之，准确级为 0.5 级、二次负荷为 0.4Ω 的电流互感器，当其所接的二次负荷大于 0.4Ω 小于 0.6Ω 时，其准确级即自 0.5 级下降为 1 级。

（三）结构及型号

1. 基本结构

为使电流互感器具有一定的准确度和规定的额定二次电流，除应有适当的铁芯外，对于一次电流较小的互感器，其一次绕组必须做成较多匝数；对于一次电流较大的互感器，其一次侧绕组必须做成较少匝数。按一次绕组的匝数，电流互感器可分为单匝式和多匝式两种。

单匝式电流互感器由实心圆柱或管形截面的载流导体构成，或直接利用载流母线作为一次绕组，使一次绕组穿过绕有二次绕组的环形铁芯构成，如图 3-5（a）所示。这种电流互感器的主要优点是结构简单、尺寸较小、价格便宜；主要缺点是被测电流很小时，测量的准确度较低。

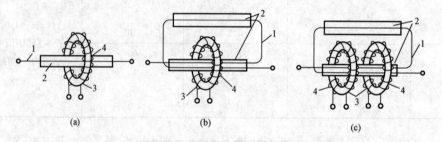

图 3-5 电流互感器结构示意图

（a）单匝式；（b）复匝式；（c）具有两个铁芯的复匝式
1——一次绕组；2—绝缘；3—铁芯；4—二次绕组

多匝式电流互感器的一次绕组是多匝穿过铁芯，铁芯上绕有二次绕组，如图 3-5（b）和图 3-5（c）所示。这种电流互感器由于一次绕组匝数较多，所以，即使一次额定电流很小，也能获得较高的准确度。其缺点是，当过电压加于电流互感器，或当大的短路电流通过时，一次绕组的匝间可能承受很高的电压。

图 3-5（c）是有两个铁芯的多匝式电流互感器，每个铁芯都有单独的二次绕组，一次绕组为两个铁芯共享。两个铁芯中每个二次绕组的负荷变化时一次电流并不改变，所以不会影响另一个铁芯的二次绕组工作。多铁芯的电流互感器，各个铁芯可制成不同的准确级，供不同要求的二次回路使用。

2. 型号

电流互感器的型号由产品型号、设计序号、电压等级（kV）和特殊使用环境代号等组成。

产品型号均以汉语拼音字母表示，字母的代表意义及排列顺序如表 3-3 所示。

表 3-3　　　　　　　　　　　电流互感器型号字母代表意义及排列顺序

序　号	分　类	涵　义	代表字母
1	用　途	电流互感器	L
2	结构型式	套管式（装"人"式）	R
		支"柱"式	Z
		线"圈"式	Q
		贯穿式（"复"匝）	F
		贯穿式（"单"匝）	D
		"母"线型	M
		"开"合式	K
		倒立式	V
		"链"型	A
3	线圈外绝缘介质	变压器油	—
		空气（"干"式）	G
		"气"体	Q
		"瓷"	C
		浇"注"成型固体	Z
		绝缘"壳"	K
4	结构特征及用途	带有"保"护级	B
		带有"保"护级（暂"态"误差）	BT
5	油保护方式	带金属膨胀器	—
		不带金属膨胀器	N

设计序号表示同类产品的改型设计，但不涉及型号的改变时，为与原设计区别而用设计序号 1、2、3…，以表示第一次、第二次……改型设计。

特殊使用环境代号主要有以下几种：GY—高原地区用；W—污秽地区用（W1、W2、W3 对应污秽等级为Ⅱ、Ⅲ、Ⅳ）；TA—干热带地区用；TH—湿热带地区用。

例如 LFZB6-10，表示第 6 次改型设计的复匝贯穿式、浇注绝缘电流互感器，电压等级 10kV。

3. 结构类型

电流互感器的结构类型很多，按一次绕组的主绝缘不同，电流互感器可分为一般干式、树脂浇注式、油纸绝缘式和 SF$_6$ 气体绝缘式等多种。以下仅介绍几种常用电流互感器结构。

（1）一般干式和树脂浇注绝缘电流互感器。干式、树脂式电流互感器结构型式分套管式、贯穿式、母线式和支柱式。根据使用要求，可制成单变比、多变比、单个二次绕组和多个二次绕组。

干式电流互感器主要适用于户内，一、二次绕组之间及绕组与铁芯之间的绝缘介质由绝缘纸、玻璃丝带、聚酯薄膜带等固体材料构成，并经浸渍绝缘漆烘干处理。多匝式的一次绕组和二次绕组为矩形筒式，绕在骨架上，绕组间用纸板绝缘，浸漆处理后套在叠积式铁芯上。单匝母线式采用环形铁芯，经浸漆后装在支架或装在塑料壳内，也有采用环氧混合胶浇注的。干式电流互感器结构简单、制造方便，但绝缘强度低，且受气候影响大，防火性能差，故只宜用于 0.5kV 及以下低压产品。

树脂浇注式电流互感器广泛应用于 10～20kV 电压等级。由合成树脂、填料、固化剂等组成的混合胶固化后形成的固体绝缘介质，具有绝缘强度高、机械性能好、防火、防潮等特点。混合胶在一定温度条件下，具有良好的流动性，可以填充细小的间隙，并可浇注成各种需要的形状。一次绕组为单匝式或母线型时，铁芯为圆环形，二次绕组均匀绕在铁芯上，一次导电杆和二次绕组均浇注成一整体。一次绕组为多匝时，铁芯多为叠积式，先将一、二次绕组浇注成一体，然后再叠装铁芯。图 3-6 所示为浇注绝缘多匝贯穿式电流互感器的结构。

根据浇注所用树脂不同，10kV 户内浇注式电流互感器分为两种：一种是环氧树脂浇注绝缘，即采用环氧树脂和石英粉的混合胶浇注热固化成型；另一种是不饱和树脂浇注绝缘，即采用不饱和树脂浇注在常温下固化成型。这两种电流互感器的结构相似，但型号不同。

（2）油浸式电流互感器。油浸式电流互感器一般为户外式。按主绝缘结构不同，可分为纯油纸绝缘的链型结构和电容型油纸绝缘结构。110kV 以下电流互感器多采用链型绝缘结构，110kV 及以上电流互感器则主要采用电容型绝缘结构。

链型绝缘结构的一次绕组和二次绕组构成互相垂直的圆环，就像两个链环。其中，各个二次绕组分别绕在不同的环形铁芯上，将几个二次绕组合在一起，装好支架，用电缆纸带包扎绝缘，之后再绕一次绕组，如图 3-7 所示。

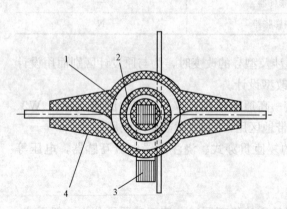

图 3-6 浇注绝缘多匝贯穿式电流互感器结构

1—一次绕组；2—二次绕组；3—铁芯；4—树脂混合料

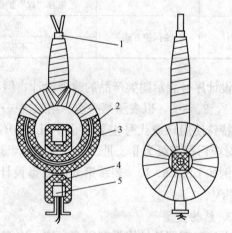

图 3-7 链型绝缘结构

1—一次引线支架；2—主绝缘 I；3—一次绕组；
4—主绝缘 II；5—二次绕组装配

正立式电容型绝缘结构的主绝缘全部都包扎在一次绕组上，若为倒立式结构，则主绝缘全部都包扎在二次绕组上。正立式结构一次绕组常采用 U 字形，倒立式结构二次绕组常采用吊环形。如图 3-8 所示。

图 3-9 所示为 LCLWD3-220 型电流互感器结构图。一次绕组由扁铝线弯成 U 字形，主绝缘采用多层电缆纸与铝箔相互交替，全部包绕在 U 字形的一次绕组上制成电容型绝缘，铝箔形成层间电容屏，内屏与一次绕组连接，外屏接地，构成一个同心圆柱形的电容器串。这样，如果电容屏各层间的电容量相等，则沿主绝缘厚度的各层电压分布均匀，从而使绝缘得到充分利用，减小了绝缘的厚度。

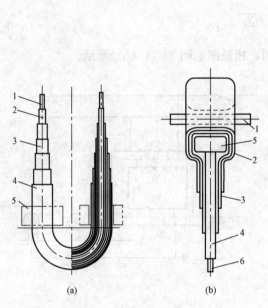

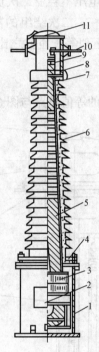

图 3-8　电容型绝缘结构
（a）U 字形；（b）吊环形（倒立式）
1——次导体；2——高压电屏；3——中间电屏；
4——地电屏；5——二次绕组；6——支架

图 3-9　LCLWD3-220 型电流互感器结构
1——油箱；2——二次接线盒；3——环形铁芯及二次绕组；
4——压圈式卡接装置；5——U 形一次绕组；6——磁套；
7——均压护罩；8——储油柜；9——一次绕组切换装置；
10——一次出线端子；11——呼吸器

一次绕组制成四组，可进行串、并联换接。在 U 字形一次绕组下部分别套上两个绕有二次绕组的环形铁芯，组成有四个准确级的二次绕组以满足测量和保护适用。这种电流互感器采用了电容型绝缘结构，又称电容绝缘电流互感器。目前，110kV 及以上的电流互感器广泛采用此结构。

（3）SF₆ 气体绝缘电流互感器。SF₆ 气体绝缘电流互感器是在 20 世纪 70 年代研制并推广应用的，最初在 GIS 上配套使用，后来逐步发展为独立式 SF₆ 互感器。这种互感器多做成倒立式结构，如图 3-10 所示。它主要由壳体、器身（一、二次绕组）、瓷套和底座组成。器身固定在壳体内，置于顶部；二次绕组用绝缘件固定在壳体上，一、二次绕组间用 SF₆ 气体绝缘；壳体上方有压力释放装置，底座有压力表、密度继电器和充气阀、二次接线盒等。SF₆ 互感器主要用在 110kV 及以上电力系统中。

二、电压互感器

(一) 工作原理

电磁式电压互感器的工作原理和结构与电力变压器相似,只是容量较小,通常只有几十伏安或几百伏安,接近于变压器空载运行情况,其原理电路如图 3-11 (a) 所示。

电压互感器的一次绕组并联在电网上,二次绕组外部并接测量仪表和继电保护装置等负载。仪表和继电器的阻抗很大,二次负载电流很小,且负载一般都比较恒定。所以,运行中电压互感器一次电压不会受二次负载的影响。

电压互感器一、二次绕组的额定电压 U_{1N}、U_{2N} 之比,称为电压互感器的额定电压比,用 K_u 表示,并近似等于匝数之比,即

$$K_u = \frac{U_{1N}}{U_{2N}} \approx \frac{N_1}{N_2} = K_N \qquad (3-8)$$

电压互感器的等值电路与图 3-2 (a) 相同,相量图如图 3-11 (b) 所示。

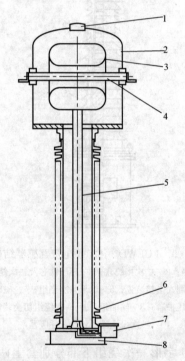

图 3-10　SF$_6$ 电流互感器结构

1—防爆片;2—壳体;3—二次绕组及屏蔽筒;4—一次绕组;
5—二次出线管;6—套管;7—二次端子盒;8—底座

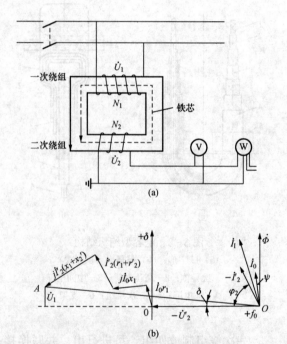

图 3-11　电压互感器原理图和相量图
(a) 原理电路图;(b) 相量图

(二) 误差及其影响因素

1. 误差

由相量图可见,由于励磁电流和内阻抗的影响,使折算到一次侧的二次电压 $-\dot{U}'_2$ 与一次电压 $\dot{U}_1$ 在数值和相位上都有差异,即电压互感器测量结果存在着两种误差,电压误差 f_u 和相位差 δ_u。

(1) 电压误差 f_u:电压互感器测出的电压 $K_u U_2$ 与实际一次电压 U_1 之差,相对于实际

一次电压 U_1 的百分数，即

$$f_u\% = \frac{K_u U_2 - U_1}{U_1} \times 100$$

$$\approx -\left[\frac{I_0 r_1 \sin\psi + I_0 x_1 \cos\psi}{U_1} + \frac{I'_2 (r_1 + r'_2) \cos\varphi_2 + I'_2 (x_1 + x'_2) \sin\varphi_2}{U_1}\right] \times 100$$

$$= f_0 + f_1 \tag{3-9}$$

式中　f_0、f_1——空载电压误差和负载电压误差。

（2）相位差 δ_u：旋转 $180°$ 的二次电压相量 $-\dot{U}'_2$ 与一次电压相量 $\dot{U}_1$ 之间的夹角为 δ_u，并规定 $-\dot{U}'_2$ 超前 $\dot{U}_1$ 时相位差为正值，反之相位差为负值。

$$\delta_u \approx \sin\delta_u$$

$$= \left[\frac{I_0 r_1 \cos\psi - I_0 x_1 \sin\psi}{U_1} + \frac{I'_2 (r_1 + r'_2) \sin\varphi_2 - I'_2 (x_1 + x'_2) \cos\varphi_2}{U_2}\right] \times 3440'$$

$$= \delta_0 + \delta_1 \tag{3-10}$$

式中　δ_0、δ_1——空载相位差和负载相位差。

2. 影响误差的因素

影响误差的因素有两方面。在电压互感器结构方面，一、二次绕组的阻抗 Z_1、Z_2 和励磁电流 I_0 增大时，误差相应增大，反之则减小；在运行方面，二次负荷电流 I_2 增大时，误差增大，二次侧负荷功率因数 $\cos\varphi_2$ 过大或过小，除影响电压误差外，还会使相位差增大。

为了减小电压互感器的误差，在结构方面，应采用磁导率高的冷轧硅钢片，使磁阻减小，减小绕组的电阻和漏磁。在运行方面，应根据准确度的要求，把二次侧负荷及其功率因数以及一次电压的变动限制在相应的范围内。

与电流互感器相似，f_u 能引起所有测量仪表和继电器产生误差，δ_u 只对功率型测量仪表和继电器及反映相位的保护装置有影响。

3. 准确级和额定容量

（1）准确级。电压互感器的准确级是以它的电压误差和相位差来表征的。准确级是指在规定的一次电压和二次负荷变化范围内，当二次负荷功率因数为额定值时误差的最大限值。我国电压互感器准确级和误差限值见表 3-4，其中 3P、6P 级为保护级。

表 3-4　　　　　　　　　　　电压互感器准确级和误差限值

准确级	误差限值		一次电压变化范围	二次负荷、功率因数、频率变化范围
	电压误差（%）	相位差（'）		
0.2	±0.2	±10		
0.5	±0.5	±20	$(0.8\sim1.2)\,U_{1N}$	$(0.25\sim1)\,S_{2N}$
1	±1.0	±40		$\cos\varphi_2 = 0.8$
3	±3.0	不规定		$f = f_N$
3P	±3.0	±120	$(0.05\sim1)\,U_{1N}$	
6P	±6.0	±240		

（2）额定容量。电压互感器的误差与二次负荷的大小有关，因此，电压互感器对应每一准确级都规定有相应的额定容量，即二次负荷超过某准确级的额定容量时准确级下降。规定

最高准确级时对应的额定容量为电压互感器的额定容量。例如，某电压互感器，0.5 级时为 80VA、1 级时为 120VA、3 级时为 300VA，最大容量为 500VA，则其额定容量为 80VA。电压互感器按照在最高工作电压下长期工作的允许发热条件还规定有最大容量。只有供给对误差无严格要求的仪表和继电器，或信号灯、分闸线圈等负荷时，才允许将电压互感器用于最大容量。

（三）型号及结构

1. 型号

电压互感器型号组成方法与电流互感器相同。产品型号均以汉语拼音字母表示，字母的代表意义及排列顺序见表 3-5，特殊使用环境代号与电流互感器相同。例如，JDZ6-10 表示：第 6 次改型设计的浇注绝缘单相电压互感器，额定电压为 10kV。

表 3-5　　　　　　　　　　　　　电压互感器字母代表意义及排列顺序

序号	分类	代表意义	字母
1	用途	电"压"互感器	J
2	相数	"单"相	D
		"三"相	S
3	线圈外绝缘介质	变压器油	—
		空气（"干"式）	G
		浇"注"成型固体	Z
		"气"体	Q
4	结构特征及用途	带剩余（零序）绕组	X
		三柱带"补"偿绕组	B
		"五"柱三绕组	W
		"串"级式带剩余（零序）绕组	C
		有测量和保护"分开"的二次绕组	F
5	油保护方式	带金属膨胀器	—
		不带金属膨胀器	N

2. 结构

电压互感器的结构与变压器有很多相同之处，例如绕组、铁芯等结构都是变压器中最简单的结构形式。以下仅介绍部分电压互感器的一些特点。

（1）浇注式电压互感器。浇注绝缘有其独特的电气性能和机械性能，具有防火、防潮、寿命长且制造简单的特点，该类结构广泛应用于 35kV 及以下电压等级。图 3-12 所示为 JDZ-10 型浇注式单相电压互感器外形。电压互感器为半封闭式结构，一、二次绕组同心绕在一起（二次绕组在内侧），连同一、二次侧引出线，用环氧树脂混合胶浇注成浇注体。铁芯采用优质硅钢片卷成 C 形或叠装成日字形，露在空气中。浇注体下面涂有半导体漆，并与金属底板及铁芯相连以改善电场的不均匀性。

（2）油浸式电压互感器。油浸式电压互感器按其结构分为普通式和串级式。所谓普通式就是二次绕组与一次绕组完全相互耦合，与普通变压器一样。3～35kV 电压互感器多采用普通式。串级式就是一次绕组分成匝数接近相等的几个绕组，然后串联起来。110kV 及以

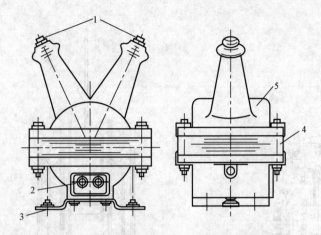

图 3-12　JDZ-10 型浇注式单相电压互感器外形
1——次绕组引出端；2—二次绕组引出端；3—接地螺栓；4—铁芯；5—浇注体

上电压互感器普遍制成串级式结构，其特点是铁芯和绕组采用分级绝缘，可简化绝缘结构，减小质量和体积。

图 3-13 所示为 JSJW-10 型油浸式三相五柱电压互感器的原理及结构示意图。铁芯的中间三柱分别套入三相绕组，两边柱作为单相接地时零序磁通的通路。一、二次绕组均为 YN 接线，辅助二次绕组为开口三角形接线。

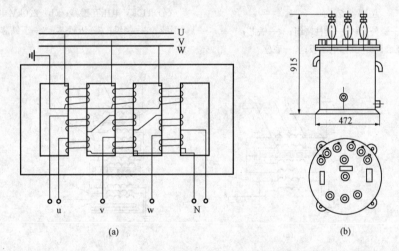

图 3-13　JSJW-10 型油浸式三相五柱电压互感器原理及结构示意图
(a) 原理图；(b) 外形图

图 3-14 所示为 JCC1-110 型单相串级式电压互感器结构。电压互感器的铁芯和绕组装在充油的瓷外壳内，铁芯带电位，用支撑电木板固定在底座上。储油柜工作时带电，一次绕组首端自储油柜上引出。一次绕组末端和二次绕组出线端自底座引出。

串级式结构在我国油浸式高压互感器中普遍采用，图 3-15 所示为 110～220kV 串级式电压互感器的器身结构，其对应的绕组连接原理图如图 3-16 所示。

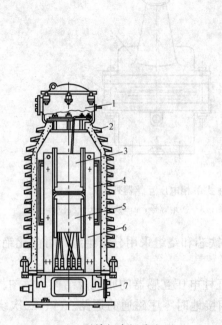

图 3-14　JCC1-110 型单相串级式电压
互感器结构

1—储油柜；2—瓷外套；3—上柱绕组；4—铁芯；
5—下柱绕组；6—支撑电木板；7—底座

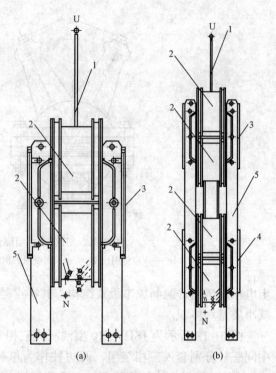

图 3-15　110～220kV 串级式电压互感器的器身结构
(a) 110kV 电压互感器；(b) 220kV 电压互感器

1—引线；2—绕组；3—上铁芯；4—下铁芯；5—绝缘支架

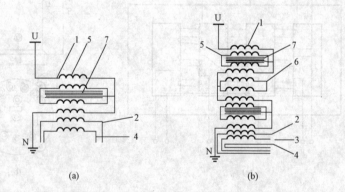

图 3-16　110～220kV 串级式电压互感器绕组连接原理图
(a) 110kV 电压互感器；(b) 220kV 电压互感器
1——次绕组；2、3—二次绕组；4—辅助二次绕组；5—平衡绕组；6—连耦绕组；7—铁芯

　　从结构图和原理图可以看出，串级式互感器的铁芯采用双柱式，110kV 互感器为一个铁芯，一次绕组分成两级（有两个一次绕组）；220kV 互感器为两个铁芯，一次绕组分成四级（有四个一次绕组）。不论 110kV 或 220kV 互感器，只有最下面一个绕组带有二次绕组。

　　（3）SF$_6$ 气体绝缘电压互感器。SF$_6$ 电压互感器有两种结构形式。一种是为 GIS 配套使用的组合式，另一种为独立式。与前者相比，后者主要是增加了高压引出线部分，包括一次绕组高压引出线、高压瓷套及其夹持件等。图 3-17 所示为 SF$_6$ 电压互感器结构示意图。

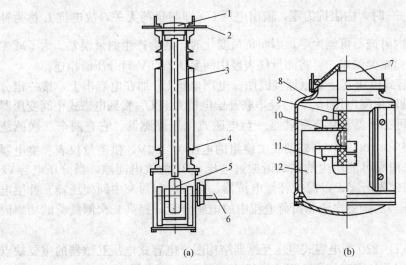

图 3-17　SF$_6$ 电压互感器结构

（a）独立式电压互感器；（b）GIS 配套式电压互感器

1—防爆片；2—一次出线端子；3—高压引线；4—瓷套；5—器身；6—二次出线；
7—盆式绝缘子；8—外壳；9—一次绕组；10—二次绕组；11—电屏；12—铁芯

SF$_6$ 电压互感器的器身由一次绕组、二次绕组、辅助二次绕组和铁芯组成。低压绕组为层式结构，一次绕组为宝塔形。绕组层绝缘采用聚酯薄膜。一次绕组除在出线端有静电屏外，在超高压产品中，一次绕组的中部还设有中间屏蔽电极。铁芯内侧设有屏蔽电极以改善绕组与铁芯间的电场。独立式 SF$_6$ 电压互感器需有充气阀、吸附剂、防爆片、压力表、密度继电器等，以保证其安全运行。

三、电容式电压互感器

随着电力系统电压等级的增高，电磁式电压互感器的体积和质量越来越大，成本也随之增加。电容式电压互感器与电磁式电压互感器相比，具有结构简单、质量轻、体积小、成本低的优点，且电压愈高效果愈明显，电容式电压互感器的运行维护也较方便，因此广泛用于 110～500kV 中性点直接接地系统中。

电容式电压互感器实质上是一个电容分压器，由若干个相同的电容器串联组成，接在高压相线与地之间，如图 3-18 所示。为了分析方便起见，将电容器分成主电容 C_1 和分压电容 C_2 两部分。当一次侧相对地电压为 U_1 时，用静电电压表测量 C_2 上的电压 U_{C2} 为

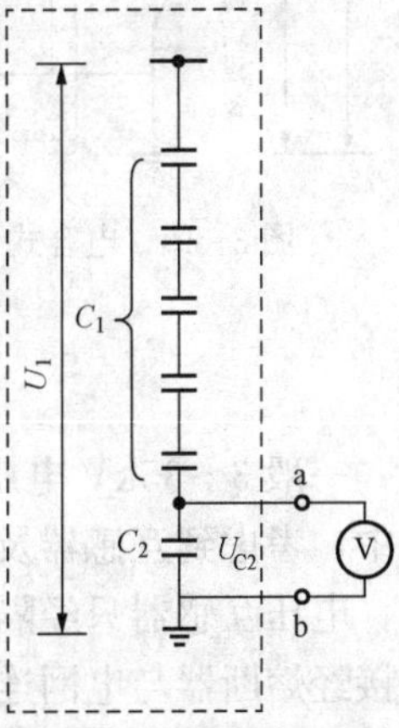

$$U_{C2} = \frac{C_1}{C_1 + C_2}U_1 = KU_1$$

式中　K——分压比。

图 3-18　电容式电压互感
器分压原理

若改变 C_1 和 C_2 的比值，可以得到不同的分压比。由于 U_{C2} 与 U_1 成正比，故测量 U_{C2} 后即可得到 U_1。但是，当 C_2 两端接入普通电压表和其他负荷时，所测得的 U'_{C2} 将小于上述电容分压值 U_{C2}，而且在分压回路中流过的负荷电流愈大、实际测得的 U'_{C2} 愈小，测量误差也

愈大。这种误差是由于电容器的内阻抗所引起的，为了减小内阻抗，在 a、b 回路中加入电抗 L，当 $\omega L = \dfrac{1}{\omega(C_1+C_2)}$ 时，内阻抗为零，输出电压 U_{C2} 即与负荷无关，故电抗 L 称为补偿电抗。当然，实际上内阻抗不可能为零，因而负荷变化时，还会产生测量误差。为了减少分压器的输出电流，从而减少误差，可将测量仪表经中间变压器 TV 与分压器相连。

图 3-19 所示为电容式电压互感器原理接线图。电网电压 U_1 加在电容串上，按一定分压比从分压电容 C_2 上抽取中间电压 U_{C2}，再经串联补偿电抗 L 将 U_{C2} 接到电磁式中间变压器 TV 的一次绕组上，中间变压器 TV 实际就是一台电磁式电压互感器，它有两个二次侧绕组，基本二次绕组的电压为 $100/\sqrt{3}\,\mathrm{V}$，辅助二次绕组的电压为 $100\mathrm{V}$，供测量仪表和继电器使用。阻尼电阻 r_d 用来消除可能产生的铁磁谐振过电压，P1 为放电间隙，当分压电容 C_2 上出现异常过电压时，P1 先击穿，以保护补偿电抗器、分压电容器和中间变压器。补偿电容 C_k 可以补偿中间变压器的励磁电流和负荷电流中的电感分量，提高二次侧负荷的功率因数，从而减小测量误差。

图 3-20 所示为 TYD-220 型电容式电压互感器结构图。电容式电压互感器的主要缺点是输出容量较小，影响误差的因素较多，误差特性比电磁式电压互感器差些。

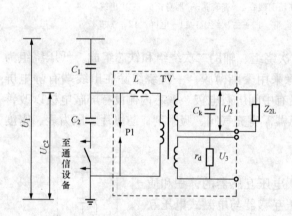

图 3-19 电容式电压互感器原理接线图

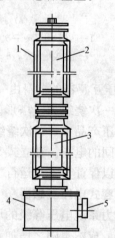

图 3-20 TYD-220 型电容式电压互感器结构图
1—磁套；2—上节电容分压器；3—下节电容分压器；
4—电磁单元装置；5—二次出线盒

一般 3~35kV 电压互感器经隔离开关和熔断器接入高压电网。在 110kV 及以上配电装置中，考虑到互感器及配电装置可靠性较高，且高压熔断器制造比较困难，价格昂贵，因此，电压互感器只经隔离开关与电网接连。在 380/220V 低压配电装置中，电压互感器可以直接经熔断器与电网连接，而不用隔离开关。

四、互感器的运行与维护

互感器在电力系统中主要用于测量和保护装置传递信息功能，它的安全运行不仅影响设备本身而且直接影响到电网安全、经济运行。为保证互感器的安全、可靠运行，应做到正确使用，把好新产品投运关，做好日常巡视检查和加强技术监督等工作。

（一）运行的基本要求

（1）互感器应有标明基本技术参数的铭牌标志，其技术参数必须满足装设地点运行工况的要求。

（2）互感器的各个二次绕组（包括备用）均必须有可靠的保护接地，并有明显的接地符号标志，且只允许有一个接地点。接地端子应与设备底座可靠连接，并从底座接地螺栓用两根接地引下线与地网不同点可靠连接。

（3）电压互感器二次侧不允许短路。电流互感器二次侧严禁开路，备用的二次绕组也应短接接地。

（4）电容屏型电流互感器一次绕组的末（地）屏必须可靠接地。倒立式电流互感器二次绕组屏蔽罩的接地端子必须可靠接地。

（5）三相电流互感器一相在运行中损坏，更换时要选用电压等级、电流比、二次绕组、二次额定输出、准确级、准确限值系数等技术参数相同，保护绕组伏安特性无明显差别的互感器，并进行试验合格，以满足运行要求。

（6）电磁式电压互感器一次绕组端必须可靠接地。电容式电压互感器的电容分压器低压端子必须通过载波回路线圈接地或直接接地。

（7）中性点非有效接地系统中，作单相接地监视用的电压互感器，一次中性点应接地。为防止谐振过电压，应在一次中性点或二次回路装设消谐装置。

（8）保护电压互感器的高压熔断器，应按母线额定电压及短路容量选择，如熔断器断流容量不能满足要求时应加装限流电阻。电压互感器二次回路，除剩余电压绕组和另有专门规定者外，应装设自动（快速）开关或熔断器；主回路熔断电流一般为最大负荷电流的 1.5 倍，各级熔断器熔断电流应逐级配合，自动开关应经整定试验合格方可投入运行。

（9）66kV 及以上电磁式油浸互感器应装设膨胀器或隔膜密封，应有便于观察的油位或油温压力指示器，并有最低和最高限值标志。互感器应标明绝缘油牌号。

（10）SF_6 气体绝缘互感器应装设压力表和密度继电器，运行中气体压力应保持在制造厂规定范围内，设备年泄漏率应小于 1%。

（11）电容式电压互感器的电容分压器单元、电磁装置、阻尼器等在出厂时，均经过调整误差后配套使用，安装时不得互换。运行中如发生电容分压器单元件损坏，更换时应注意重新调整互感器误差。互感器的外接阻尼器必须接入，否则不得投入运行。

（12）户内树脂浇注互感器外绝缘应有满足使用环境条件的爬电距离并通过凝露试验。

（二）运行中的检查

1. 巡视检查周期

（1）正常巡视：有人值班的变电站由值班人员进行定期巡视，每值不少于一次，无人值班的站按有关部门批准的巡视规定进行。

（2）特殊巡视：

1）新投运设备，应缩短巡视周期，运行 72h 后转入正常巡视。

2）夜间闭灯巡视：有人值班的站每周不少于一次；无人值班的站每月不少于一次。

3）高、低温季节，高湿度季节，天气异常时，高峰负荷，季节性高电压期间，设备异常时，应适当加强巡视。

2. 巡视检查项目

各类互感器在运行巡视检查中，如发现设备异常应及时汇报，并做好记录，随时注视其发展。巡视检查的主要内容有：

（1）油浸式互感器。

1）设备外观是否完整无损，各部连接是否牢固可靠；外绝缘表面是否清洁，有无裂纹及放电现象。

2）油色、油位是否正常，膨胀器是否正常；吸湿器硅胶是否受潮变色；有无渗漏油现象，防爆膜有无破裂。

3）有无异常振动、异常音响及异味。

4）各部位接地是否良好，电流互感器是否过负荷，引线端子是否过热，或出现火花，接头螺栓有无松动现象。

5）电压互感器端子箱内熔断器及自动开关等二次组件是否正常。

6）特殊巡视补充的其他项目，视运行工况要求确定。

（2）电容式电压互感器。除与油浸式互感器相关项目相同外，还应注意检查如下项目：

1）330kV及以上电容式电压互感器分压电容器各节之间防晕罩连接是否可靠。

2）分压电容器低压端子是否与载波回路连接或直接可靠接地。

3）电磁单元各部分是否正常，阻尼器是否接入并正常运行；分压电容器及电磁单元有无渗漏油。

（3）SF$_6$气体绝缘互感器。除与油浸式互感器相关项目相同外，还应注意检查如下项目：

1）压力表指示是否在正常规定范围，有无漏气现象，密度继电器是否正常。

2）复合绝缘套管表面是否清洁、完整、无裂纹、无放电痕迹、无老化迹象，憎水性是否良好。

（4）树脂浇注互感器。

1）互感器有无过热，有无异常振动及声响。

2）互感器有无受潮，外露铁芯有无锈蚀。

3）外绝缘表面是否积灰、粉蚀、开裂，有无放电现象。

（三）安全操作的基本原则

互感器一、二次回路作业，必须严格按照有关规程、规定办理工作票和操作票，并做好安全措施。

（1）电压互感器停用前注意事项：

1）按继电保护和自动装置有关规定要求变更运行方式，防止继电保护误动。

2）将二次回路主熔断器或自动开关断开，防止电压反送。

（2）66kV及以下中性点非有效接地系统发生单相接地或产生谐振时，严禁就地用隔离开关或高压熔断器拉、合电压互感器。

（3）严禁就地用隔离开关或高压熔断器拉开有故障（油位异常升高、喷油、冒烟、内部放电等）的电压互感器。

（4）为防止串联谐振过电压烧损电压互感器，倒闸操作时，不宜使用带断口电容器的断路器投切带电磁式电压互感器的空母线。

（5）停运一年及以上的互感器，应重新进行有关试验检查合格后，方可投入运行。

（6）在带电的电流互感器二次回路上工作，应严格遵守有关规定。若保护与测量共享一个二次绕组，当在表计回路工作时，应先将表计端子短接，以防止电流互感器开路或误将保护装置退出。

（7）电容式电压互感器投运前，应先检查电磁单元外接阻尼器是否接入，否则严禁投入运行。

（8）电容式电压互感器断开电源后，在接触电容分压器之前，应对分压电容器单元件逐个接地放电，直至无火花放电声为止，然后可靠接地。

（9）分别接在两段母线上的电压互感器，二次侧并列前，应先将一次侧经母联断路器并列运行。

五、互感器的异常运行与处理

（1）运行中互感器发生异常现象时，应及时报告并予以消除，若不能消除时应及时报告有关领导及调度值班员，并做好记录。

（2）当发生下列情况之一时，应立即将互感器停用（注意保护的投切）：

1）电压互感器高压熔断器连续熔断2～3次。

2）高压套管严重裂纹、破损，互感器有严重放电，已威胁安全运行时。

3）互感器内部有严重异音、异味、冒烟或着火。

4）油浸式互感器严重漏油，看不到油位；SF_6气体绝缘互感器严重漏气、压力表指示为零；电容式电压互感器分压电容器出现漏油。

5）互感器本体或引线端子有严重过热时。

6）膨胀器永久性变形或漏油。

7）压力释放装置（防爆片）已冲破。

8）电流互感器末屏开路，二次侧开路；电压互感器接地端子开路、二次侧短路，不能消除时。

9）树脂浇注式互感器出现表面严重裂纹、放电。

（3）电压互感器常见的异常情况与处理。

1）三相电压指示不平衡：一相降低（可为零），另两相正常，线电压不正常，或伴有声、光信号，可能是互感器高压或低压熔断器熔断。

2）中性点非有效接地系统，三相电压指示不平衡：一相降低（可为零），另两相升高（可达线电压），或指针摆动，可能是单相接地故障或基频谐振；如三相电压同时升高，并超过线电压（指针可摆到头），则可能是分频或高频谐振。

3）高压熔断器多次熔断，可能是内部绝缘严重损坏，如绕组层间或匝间短路故障。

4）中性点有效接地系统，母线倒闸操作时，出现相电压升高并以低频摆动，一般为串联谐振现象；若无任何操作，突然出现相电压异常升高或降低，则可能是互感器内部绝缘损坏，如绝缘支架、绕组层间或匝间短路故障。

5）中性点有效接地系统，电压互感器投运时出现电压表指示不稳定，可能是高压绕组接地端接地接触不良。

6）电压互感器回路断线处理：

a）根据继电保护和自动装置有关规定，退出有关保护，防止误动作。

b）检查高、低压熔断器及自动开关是否正常，如熔断器熔断，应查明原因立即更换，当再次熔断时则应慎重处理。

c）检查电压回路所有接头有无松动、断头现象，切换回路有无接触不良现象。

7) 电容式电压互感器常见的异常情况：

a) 二次电压波动。二次连接松动，分压器低压端子未接地或未接载波线圈。如果阻尼器是速饱和电抗器，则有可能是参数配合不当。

b) 二次电压低。二次连接不良；电磁单元故障或下节电容单元损坏。

c) 二次电压高。上节电容单元损坏；分压电容接地端未接地。

d) 电磁单元油位过高。下节电容单元漏油或电磁单元进水。

e) 投运时有异音。电磁单元中电抗器或中压变压器螺栓松动。

（4）电流互感器常见异常情况及处理。

1) 电流互感器过热，可能是内、外接头松动，一次侧过负荷或二次侧开路。

2) 互感器产生异音，可能是铁芯或零部件松动，电场屏蔽不当，二次侧开路或电位悬浮，末屏开路及绝缘损坏放电。

3) 绝缘油溶解气体色谱分析异常，应按有关规程进行故障判断并追踪分析。若仅氢气含量超标，且无明显增加趋势，其他组分正常，可判断为正常。

4) 电流互感器二次回路开路处理：

a) 立即报告调度值班员，按继电保护和自动装置有关规定退出有关保护。

b) 查明故障点，在保证安全前提下，设法在开路处附近端子上将其短路，短路时不得使用熔丝。如不能消除开路，应考虑停电处理。

5) 互感器着火时，应立即切断电源，用灭火器材灭火。

6) 发生不明原因的保护动作，除核查保护定值选用是否正确外，还应设法将有关电流、电压互感器退出运行，进行电流复合误差、电压误差试验和二次回路压降测量。

【任务实施】

（1）对干式互感器进行巡视检查，检查方法和项目见表3-6。

表3-6　　　　　　　　　　干式互感器的检查方法和项目

检查对象	周期	检查项目	检查方法	检查器材	判断标准	备注
外壳、本体	D	污损，尘埃	目测			
	D	温度升高	目测，嗅觉			
	D	嗡嗡声	耳听			
	D	浸渍剂，模铸件	目测			
	D	表面龟裂	目测			
	D	生锈，涂料剥落	目测			
	D	漏雨，杂质浸入	目测			
绝缘套管	D，Y	污损，破损	目测			电晕声音，胶装处破损
接线端子	D	过热，变色	目测	测温器材	65~75℃	
熔丝	D	接线端子过热，变色	目测			电压互感器有此现象

检查对象	周期	检查项目	检查方法	检查器材	判断标准	备注
绝缘电阻	Y	一次侧对地 一次侧对二次、三次侧 二次侧对三次侧、对地	测试	额定电压大于 1kV 时，用 1000V 绝缘电阻表； 额定电压在 1kV 以下时，用 500V 绝缘电阻表	高压：100MΩ 以上 中压：30MΩ 以上 低压：10MΩ 以上	
接地线及接地电阻	Y D Y Y	接地线腐蚀 接地线断线 接地端子松动 接地电阻	目测 目测 手摸 测试	接地电阻测定仪	中高压：10Ω 以下 低压：100Ω 以下	

注　D—1 次/日～1 次/周；Y—1 次/年。

（2）对油浸式互感器进行巡视检查，检查方法和项目见表 3-7。

表 3-7　　　　　　　　　油浸式互感器的检查方法和项目

检查对象	周期	检查项目	检查方法	检查器材	判断标准	备注
外壳、本体	D D D D	油量，有否漏油、污损 温度上升 嗡嗡响声 生锈，涂料剥落	目测 嗅觉 耳听 目测	听棒	油面应处在上下刻度红线范围内	阀门，焊接部位，垫圈
绝缘套管	D，Y	污损、破损、漏油	目测			电晕声音，胶装处破损，盐雾害
接线端子	D，Y	过热，变色	目测	测温器材	—	
熔丝	D	端子过热，变色	目测			电压互感器有此现象
绝缘电阻	Y	一次侧对地 一次侧对二次、三次侧 二次侧对三次侧、对地	测试	额定电压大于 1kV 时，用 1000V 绝缘电阻表； 额定电压在 1kV 以下时，用 500V 绝缘电阻表	高压：100MΩ 以上 中压：30MΩ 以上 低压：10MΩ 以上	
tan δ	Y		测试	tanδ 计		高压时用
接地线及接地电阻	Y Y，D Y Y	接地线腐蚀 接地线断线 接地线端子松动 接地电阻	目测 目测 手摸 测试	接地电阻测定仪	中高压：10Ω 以下 低压：100Ω 以下	

续表

检查对象	周期	检查项目	检查方法	检查器材	判断标准	备注
绝缘油耐压试验	Y			油试验器 油酸值测定	小于 0.2：良好 0.2~0.3：应注意 大于 0.3：不合格	

注　D—1次/日~1次/周；Y—1次/年。

（3）对电容分压式互感器进行巡视检查，检查方法和项目见表 3-8。

表 3-8　　　　　　　　　电容分压式互感器的检查方法和项目

检查对象	周期	检查项目	检查方法	检查器材	判断标准	备注
互感器本体	D D D D	漏油、污损 温度上升 嗡嗡响声 生锈、涂料剥落	目测 手摸 耳听 目测			
耦合电容器本体	D D	污损，瓷管破损漏油	目测 目测			
附属设备	Y	熔丝 绝缘套管龟裂、污损 闸刀开关松动	目测 目测 手动 目测			
绝缘电阻	Y Y Y	一次侧对地 一次侧对二次侧 二次之间及对地	测试	额定电压大于 1kV 时，用 1000V 绝缘电阻表；额定电压在 1kV 以下时，用 500V 绝缘电阻表	高压：100MΩ 以上 中压：30MΩ 以上 低压：10MΩ 以上	按设备电压等级而定
接地端子处	D Y	接地线腐蚀，接地线端子松动	目测 手摸			

注　D—1次/日~1次/周；Y—1次/年。

（4）对油浸式互感器进行外部检修，外部检修工艺及质量标准见表 3-9。

表 3-9　　　　　　　　　油浸式互感器外部检修工艺及质量标准

序号	项目	检修工艺	质量标准
1	瓷套检修	（1）清除瓷套外表积污，注意不得刮伤釉面。 （2）用环氧树脂修补裙边小破损，或用强力胶（如 502 胶）粘接修复碰掉的小瓷块；如瓷套径向有穿透性裂纹，外表破损面超过单个伞裙 10% 或破损总面积虽不超过单伞 10%，但同一方向破损伞裙为两个以上者，应更换瓷套。 （3）在污秽地区若爬距不够，可在清扫后涂覆防污闪涂料或加装硅橡胶增爬裙。 （4）检查防污涂层的憎水性，若失效应擦净重新涂覆，增爬裙失效应更换	（1）瓷套外表清洁无积污。 （2）瓷套外表应修补完好，一个伞裙修补的破损面积不得超过左列规定。 （3）涂料及硅橡胶增爬裙的憎水性良好

序号	项目	检修工艺	质量标准
2	渗漏油检修	检查储油柜、瓷套、油箱、底座有无渗漏；检查油标、瓷套两端面、一次引出线、二次接线板、末屏及监测屏引出小瓷套、压力释放阀及放油阀等密封部位有无渗漏	各组件、部件应无渗漏，密封件中尺寸规格与质量符合要求，无老化失效现象
3	检查铭牌及各端子标志牌	检查铭牌及各端子标志牌是否齐全正确	铭牌及端子标志牌应齐全无缺；牌面干净清洁，字迹清晰
4	检查油位或盒式膨胀器的油温压力指示	检查油温压力指示是否正确	油位示值应与相应环境温度相符
5	检查电流互感器储油柜的等电位连接	检查连接是否可靠，发现松动应拧紧	等电位连片应可靠连接，避免储油柜电位悬浮
6	检查二次接线板	打开二次接线盒盖板，检查并清擦二次接线端子和接线板	接线板应清洁、干燥；接线柱的紧固件齐全并拧紧
7	检查接地端子	发现接触不良应清除锈蚀后紧固	接地可靠，接线完好

（5）对油浸式电流互感器器身进行检修，器身的检修工艺及质量标准见表 3-10。

表 3-10 油浸式电流互感器器身检修工艺及质量标准

序号	项目	检修工艺	质量标准
1	检查器身是否清洁	发现脏污时，可用海绵泡沫塑料块擦除或用合格的变压器油冲洗干净	器身表面应洁净，无油污、金属粉末、非金属颗粒等异物
2	检查一、二次绕组的外包布带	发现松包，应予修整或用烘干的直纹布带半迭包扎紧	器身外包布带应紧固，完好无损，无松包、位移等现象
3	检查器身绝缘	器身外包布带破损或有电弧放电痕迹时，应解开布带进一步检查内绝缘状况。发现绝缘表层有机械损伤，可用皱纹纸带修补绝缘纸层，用铝箔修补外屏，如有过热老化或电弧放电痕迹时，应进一步查明原因，并进行处理	器身绝缘及外电屏（末屏）应完好无损，无电弧烧伤痕迹

序号	项目	检　修　工　艺	质　量　标　准
4	检查一次绕组引出连接部位	在焊接部位有虚焊、脱焊时，应予补焊；如压板连接引出发现松动时，应重新拧紧螺母，保证压接可靠	一次绕组引出的焊接或压接均应完好可靠，无虚焊、脱焊或压板松动等现象
5	检查二次绕组引线	发现二次引线断线或焊接不良，应重新焊好；发现引线外包层松脱或破损时，应用电工绸布带、皱纹纸带包扎后，再用直纹布带扎紧	二次绕组引线完好，不得出现焊接不良或断线；引线外包层应包扎紧固，无破损
6	检查一次绕组导杆端部段间绝缘	发现段间绝缘不良，可插入绝缘纸板并用布带固定	一次绕组导杆的段间绝缘纸板应完好，无松动现象
7	检查电容型U形器身一次引线的绝缘隔板	若发现脏污、老化或破损应予以更换	绝缘隔板应清洁，无受潮，无破损
8	检查U形器身一次绕组的并腿	检查并腿是否紧固。如发现松动，应调整位置后，拧紧夹件卡箍的螺栓或重新绑扎紧固	并腿的夹件、卡箍、木垫块、支撑条及亚麻绳、无纬玻璃丝带等应完好无损、紧固牢靠，无位移、松动现象
9	检查U形器身底部	检查有无受潮或放电痕迹。如发现异常应查明原因并进行处理	U形器身底部无受潮和放电痕迹；末屏或监测屏对地绝缘良好
10	检查U形器身底部支架	若发现支架松动，二次绕组位移，应调整后将支架重新紧固	U形器身底部支架位置正确，无松动现象
11	检查U形器身底部与支架间的侧面绝缘纸隔板及底部绝缘纸托板	若发现受潮，变形或位移，则应更换绝缘纸隔板和托板，并调整其位置	U形器身底部纸隔板及托板应完好，无受潮、变形及位移
12	检查U形器身一次绕组的零屏、末屏及监测屏引线	检查有否松动、脱落，若发现引线脱焊应重新焊牢；若末屏或监测屏引线松动，可在其放置处用布带扎紧；若末屏或监测屏脱落，应将器身解包后进一步检查并处理	U形器身一次绕组的零屏、末屏及监测屏引线应完好，连接可靠，无位移、松动或脱落

序号	项 目	检 修 工 艺	质 量 标 准
13	检查倒置式电流互感器器身头部外屏蔽引线	若发现松动，应解开外包布带重新包扎；若外屏蔽引线脱落，则解包重新处理	外屏蔽引线应牢靠、无松动、脱落现象
14	检查链形器身两个绕组之间的绝缘纸板	若发现脏污、受潮、破损或变形，应更换烘干的绝缘纸板；若发现绑带松动、纸板位移，应重新调整，并扎紧绑带	链形器身两绕组间的绝缘纸板应清洁完好，无受潮；安放位置正确，绑带扎紧
15	检查链形器身两个绕组的三角区	若发现三角区有绝缘破损，纸带滑移等不良现象，应用皱纹纸加垫扎牢进行局部补强	三角区绝缘完好无损，无松包、滑移现象；外包布带扎实紧固
16	检查链形器身的带环形铁芯的下半环（二次绕组）与支架的连接	若发现严重松动，应解开外包布带，重新扎紧	链形器身与支架连接应牢靠，不得松动

（6）对油浸式电压互感器器身进行检修，器身检修工艺及质量标准见表 3 - 11。

表 3 - 11　　　　　　　　油浸式电压互感器器身检修工艺及质量标准

序号	项 目	检 修 工 艺	质 量 标 准
1	检查器身是否清洁	检查绕组、铁芯、绝缘支架等表面有无油垢、金属粉末及非金属颗粒等异物。如发现脏污，可用海绵泡沫塑料块清除或用合格的变压器油冲洗干净	器身表面应洁净，无油垢、金属粉末及非金属颗粒等异物
2	检查绕组外包布带	发现破损或松包，应予修整或用烘干的直纹布带重新半叠包绕扎紧	绕组外包布带应完好扎紧，无破损或松包现象
3	检查绕组的端环、角环等端绝缘及绕组表面绝缘	发现过热或电弧放电痕迹，应查明原因进行处理；若发现端绝缘受潮变形，应干燥处理或予以更换	绕组表面绝缘及端绝缘应完好无损，绝缘状况良好，无受潮、绝缘老化及放电痕迹

序号	项目	检 修 工 艺	质 量 标 准
4	检查串级式电压互感器上下绕组的绝缘隔板	发现移位，应调整后固定；若受潮、损坏或变形，则应干燥处理或予以更换	绝缘隔板应完好无损，绝缘状况良好，无位移、变形或折裂
5	检查一、二次绕组，剩余绕组的引线及平衡绕组的联机	检查是否焊接牢固。若发现脱焊，断线等现象，应重新焊牢	各绕组引线及联机应焊接牢靠，无断线、脱焊等现象
6	检查绕组一、二次引线及剩余绕组引线的外包绝缘层是否完好	发现引线外包层松脱或破损时，应用电工绸布带、皱纹纸包扎后，再用直纹布带扎紧	各引线外包绝缘层应完好，无破损、松脱等现象
7	检查一次上、下绕组的连接线及平衡绕组与铁芯的等电位连接	检查连接是否可靠	一次上、下绕组连接线及平衡绕组应与铁芯等电位可靠连接
8	检查器身的绝缘支架是否完好	发现受潮、变形、起层、剥离、开裂或放电痕迹应予更换；若绝缘支架与铁芯连接松动，应拧紧螺母予以紧固	绝缘支架应无受潮、变形、起层、剥离、开裂或放电烧伤；绝缘支架与铁芯连接牢靠
9	检查铁芯	检查铁芯是否完好，有无铁锈，若发现铁芯叠片不规整，硅钢片有翘边，可用木槌或铜锤打平整；若叠片不紧密，应拧紧件夹件螺栓将其夹紧；对铁芯外表锈蚀应予擦除；如发现铁芯有过热或电弧烧损，则应查明原因进行处理	铁芯叠片平齐、紧密，硅钢片绝缘漆膜良好，无脱漆及锈蚀现象；铁芯无过热、电弧烧损的痕迹
10	检查并测量穿芯螺栓对铁芯的绝缘	检查绝缘是否良好。若发现绝缘不良，应检查穿芯螺栓的绝缘套管及绝缘垫是否完好，不良者应予更换	穿芯螺栓应紧固，其绝缘套管及绝缘垫片应完好无损

序号	项 目	检 修 工 艺	质 量 标 准
11	检查铁芯与穿芯螺杆的连接片	连接片与铁芯只能一点连接。如发现铁芯连接片横搭在铁芯上，硅钢片多点短路，则应用绝缘纸板将其隔离；若连接片松动，应重新插好	铁芯连接片应可靠插接，保证铁芯与穿芯螺杆仅一点连接，连接片不得将硅钢片多片短路
12	检查油箱式电压互感器铁芯接地	铁芯处于地电位的油箱式电压互感器应保证铁芯一点可靠接地	油箱式电压互感器的铁芯连接片应可靠插接，并保证铁芯一点接地

（7）SF_6 气体绝缘互感器用 SF_6 气体间隙作为主绝缘，互感器为全封闭式，气体密度由密度继电器监控，压力超过限值可通过防爆膜或减压阀释放。因此 SF_6 互感器对密封有很高要求，大修时除更换一些容易装配的密封部件外，不允许对密封躯壳解体。如果必须解体，应返厂修理。SF_6 气体绝缘互感器检修工艺及质量标准见表 3-12。

表 3-12   **SF_6 气体绝缘互感器检修工艺及质量标准**

序号	项 目	检 修 工 艺	质 量 标 准
1	瓷套或合成绝缘套管检修	（1）检查膨胀器的波纹片焊缝是否渗漏。如波纹片焊缝处开裂或膨胀器永久变形，应予以更换；如升高座部分渗漏，可予补焊。 （2）检查膨胀器放气阀内有无气体存在，如有气体应查明原因，并放掉残存气体。 （3）检查膨胀器的油位指示机构或油温压力指示机构是否灵活可靠，如发现卡滞应检修排除。 （4）检查盒式膨胀器的压力释放装置是否完好，如释放片破裂应查明原因予以更换。 （5）检查波纹式膨胀器顶盖外罩的连接螺钉是否齐全，有无锈蚀，若短缺应补齐，并清除顶盖与外罩的锈蚀。 （6）检查外罩，如漆膜脱落，应补漆	（1）膨胀器密封可靠，无渗漏，无永久性变形。 （2）放气阀内无残存气体。 （3）油位指示或油温压力指示机构灵活，指示正确。 （4）盒式膨胀器的压力释放装置完好正常。 （5）波纹式膨胀器上盖与外罩连接可靠，不得锈蚀卡死，保证膨胀器内压力异常增大时能顶起上盖。 （6）漆膜完好
2	法兰密封检修	检查法兰板密封处	（1）发现紧固件缺损应补全和更换，并按密封要求用规定力矩紧固。发现局部金属锈蚀应考虑气体泄漏可能。 （2）检查法兰螺栓是否按规定力矩紧固，若未达到，应按密封紧固顺序进行紧固

序号	项目	检 修 工 艺	质 量 标 准
3	防爆片检修	(1) 防爆片变形或破裂应更换同规格的新防爆片，更换应在室内进行。环境要求清洁并尽量减少作业时间。更换防爆片前，通过气体回收装置将 SF$_6$ 气体全部回收，然后用干燥的氮气对残余的 SF$_6$ 气体置换若干次，残余气体应经过吸附剂或 10%的氢氧化钠溶液处理后排放到不影响人员安全的地方。 (2) 回收的 SF$_6$ 气体应进行含水量试验，发现水分超过 500μL/L（20℃）时，应进行脱水处理。 (3) 防爆片更换完毕后，检查法兰密封应符合要求，然后将 SF$_6$ 充放气设备通过干燥好的充气管道接到产品阀门上，抽真空到残压 133～266Pa，保持 10min。停真空泵，开启 SF$_6$ 充放气设备的充气阀门和产品阀门，向互感器充气至额定压力。充气后检查互感器内 SF$_6$ 气体的含水量，如超过 500μL/L（20℃），应再回收处理，直至合格	(1) 防爆片完好，安装正确。 (2) SF$_6$ 气体含水量不大于 500μL/L（20℃）。 (3) 检漏合格。充气后压力表指示压力符合铭牌规定值
4	二次接线端子板检修	二次端子板有密封故障必须更换时，应按更换防爆片的作业程序回收 SF$_6$ 气体，拆下二次端子板，拆下互感器二次绕组引线，换上合格的新品并恢复原来接线，重新安装好密封圈，紧固安装牢靠。最后按更换防爆片后的充气程序充气	接线正确，连接可靠；密封处不漏气
5	更换吸附剂	检修时应同时更换新吸附剂。更换时应按厂方规定操作，并按要求恢复原有密封状态	吸附剂包装完整；密封处不漏气
6	必要时更换压力表和密度继电器	在气体回收后，拆下旧的压力表和密度继电器，换上经过校验合格的备品，并紧固密封接头，最后按更换防爆片后的充气程序充气	表计在检定有效期内，安装正确，密封处不漏气
7	检查铭牌标志	(1) 检查并补齐铭牌和标志牌。 (2) 清扫外表积污与锈蚀。 (3) 打开二次接线盒盖板，检查并清擦二次接线端子和接线板。 (4) 清擦电压互感器小瓷套、电流互感器末屏及监测屏小瓷套。 (5) 检查压力释放装置。 (6) 检查放油阀。 (7) 检查外表漆面，如漆膜脱落或锈蚀，应除锈补漆	(1) 铭牌、标志牌完备齐全。 (2) 外表清洁，无积污，无锈蚀。 (3) 二次接线板及端子密封完好，无渗漏，清洁无氧化，无放电烧伤痕迹。 (4) 小瓷套应清洁，无积污，无破损渗漏，无放电烧伤痕迹。 (5) 压力释放装置膜片完好，密封可靠。 (6) 放油阀密封良好，无渗漏。 (7) 漆膜完好

序号	项目	检 修 工 艺	质 量 标 准
8	检查一次引线连接紧固件	检查一次引线连接	(1) 接线端子如有过热现象，应分解导电连接部分，清除氧化层，涂导电膏重新紧固。 (2) 紧固件如有短缺，应补全
9	互感器外部喷漆	(1) 互感器喷漆部位：膨胀器外罩及上盖、储油柜、升高座、油箱、底座等金属组件的外表面。 (2) 喷漆前先用金属清洗剂清除表面油垢及污秽。 (3) 对漆膜脱落裸露的金属部分，先除锈后补涂防锈底漆。 (4) 喷漆前应遮挡瓷表面、油表、铭牌、接地标志牌等不应喷漆的部位。 (5) 为使漆膜均匀，宜用喷漆方法，喷枪气压控制在 0.2～0.5MPa。 (6) 先喷底漆，漆膜厚为 0.05mm 左右，要求光滑，无流痕、垂珠现象。待底漆干透后，再喷涂面漆。若发现斑痕、垂珠，可清除磨光后再补喷。 (7) 如原有漆膜仅少量部位脱落，经局部处理后，可直接喷涂面漆一次。 (8) 视必要在储油柜或膨胀器外罩上喷印油位线，一次出线 L1 (P1)、L2 (P2) 等标志	漆膜干后应不粘手，无皱纹、麻点、气泡和流痕，漆膜黏着力、弹性及坚固性应满足要求

（8）电容式电压互感器由分压电容器和电磁单元两部分组成，分压电容器一般不能在现场进行检修或补油，出现问题应返厂处理。电容式电压互感器检修时外部检修工艺及质量标准见表 3 - 13。

表 3 - 13　　　　　　　　　　　电容式电压互感器检修时外部检修工艺及质量标准

序号	项目	检 修 工 艺	质 量 标 准
1	瓷套检修	(1) 清除瓷套外表积污，注意不得刮伤釉面。 (2) 用环氧树脂修补裙边小破损，或用强力胶（如 502 胶）粘接修复碰掉的小瓷块；如瓷套径向有穿透性裂纹，外表破损面超过单个伞裙 10% 或破损总面积虽不超过单个 10%，但同一方向破损伞裙多于两个者，应更换瓷套。 (3) 在污秽地区若爬距不够，可在清扫后涂覆防污闪涂料或加装硅橡胶增爬裙。 (4) 检查防污涂层的憎水性，若失效应擦净重新涂覆，增爬裙失效应更换	(1) 瓷套外表清洁无积污。 (2) 瓷套外表应修补完好，一个伞裙修补的破损面积不得超过左列规定。 (3) 涂料及硅橡胶增爬裙的憎水性良好
2	电磁单元油渗漏检修	检查互感器电磁单元及油标、中压瓷套、二次接线板、放油阀等密封部位。如有渗漏可参照油浸式互感器油渗漏检修方法排除	油箱及各结合处无渗漏

序号	项目	检 修 工 艺	质 量 标 准
3	检查分压电容器的油压指示	对有油压指示的分压电容器，观察油压是否在规定的温度标线。对用其他方法测量油压的电容器，应按规定测量油压，如果油压过低，应与制造厂联系补油	油压符合规定
4	检查互感器的铭牌及接线标志	互感器的铭牌及接线标志如有缺损应补全	铭牌及标志齐全、清晰

任务 3.2　避雷器的运行与检修

【教学目标】

1. 知识目标

（1）掌握避雷器的作用、类型和工作原理；

（2）掌握避雷器的运行维护工作，了解经常出现的事故情况。

2. 能力目标

（1）能够准确地描述出不同类型避雷器的工作原理；

（2）能够对避雷器进行巡视作业；

（3）会根据避雷器的异常运行情况进行正确分析，并进行事故处理。

3. 态度目标

（1）能做到认真预习和收集上课所需要的资料；

（2）能认真上课，仔细看书，听老师所讲的内容，积极参与讨论并发表意见；

（3）尊重小组的决定，积极配合小组其他成员完成分配的工作任务；

（4）在学习中，学习他人的长处，改正自己的缺点，积极与老师、同学交流和探讨；

（5）能吃苦耐劳，团结互助，具备职业岗位所需要的基本素质。

【任务描述】

　　在对避雷器的作用、类型、工作原理等知识有了深入了解之后，对避雷器进行正常巡视，巡视时要注意避雷器的巡视检查项目及处理方法，若在巡视过程中发现缺陷和隐患要及时做记录。运行中的避雷器会出现各种故障情况，能根据现象分析出发生故障的可能原因并及时处理。

【任务准备】

　　课前预习相关部分知识，经讨论后能独立回答下列问题：

（1）避雷器的作用是什么？

（2）避雷器都有哪些常见类型？

【相关知识】

一、避雷器的作用和类型

1. 避雷器的作用

避雷器是连接在导线和地之间的一种防止雷击的设备，通常与被保护设备并联。避雷器可以有效地保护电力设备，一旦出现不正常电压，避雷器即动作，起到保护作用。当被保护设备在正常工作电压下运行时，避雷器不会动作，对地面来说可视为断路。一旦出现高电压，且危及被保护设备绝缘时，避雷器立即动作，将高电压冲击电流导向大地，从而限制电压幅值，保护设备绝缘。当过电压消失后，避雷器迅速恢复原状，使系统能够正常供电。

避雷器的主要作用是通过并联放电间隙或非线性电阻的作用，对入侵流动波进行削幅，降低被保护设备所承受的过电压值，从而达到保护电力设备的作用。

此外，在电容器组的分闸过程中，断路器中电弧一旦发生重燃就会产生较高的过电压，危害电容器组和与其相邻的电气设备，有时甚至使安装完好的电容器组不能正常投运。为了限制这种过电压，除选择性能优良、重燃率很低的断路器外，还应装设特性良好的氧化锌避雷器加以保护，以保证电容器组的正常安全运行。

2. 避雷器的主要类型

避雷器主要类型有管型避雷器、阀型避雷器和氧化锌避雷器等。每种类型避雷器的主要工作原理是不同的，但是他们的工作实质是相同的，都是为了保护设备不受损害。

管型避雷器是保护间隙型避雷器中的一种，大多用在供电线路上。这种避雷器可以在供电线路中发挥很好的功能，在供电线路中有效地保护各种设备。

阀型避雷器由火花间隙及阀片电阻组成，阀片电阻的制作材料是特种碳化硅。利用碳化硅制作阀片电阻可以有效防止雷电和高电压，对设备进行保护。当有雷电高电压时，火花间隙被击穿，阀片电阻的电阻值下降，将雷电流引入大地。在正常情况下，火花间隙不会被击穿，阀片电阻的电阻值很高，阻止了正常交流电流通过。

氧化锌避雷器是一种保护性能优越、质量轻、耐污秽、阀片性能稳定的避雷设备。氧化锌避雷器不仅可以有效防止雷电高电压，也可对操作过电压进行保护。

3. 避雷装置

电力系统避雷装置主要包括避雷针、避雷线和避雷器三种。其中避雷针、避雷线属于接闪器，它们都是利用其高出被保护物的突出地位，把雷电引向自身，然后通过引下线和接地装置，把雷电流泄入大地，使被保护物免受雷击。接闪器所用材料应能满足机械强度和耐腐蚀的要求，还应有足够的热稳定性，以能承受雷电流的热破坏作用。

二、避雷器常见故障

（1）受潮。受潮的原因往往是密封结构密封不良，瓷套管上有裂纹，外部潮气侵入内腔而使绝缘下降。

（2）火花间隙绝缘老化。在间隙内放电时从电极产生的金属蒸发物附在绝缘物上而导致逐渐老化。

（3）并联电阻老化。

（4）瓷套表面污秽。

（5）端子等紧固不良，造成断线故障。

（6）阀片制造质量不良，造成特性变化。

三、避雷装置运行与日常维护

（1）雷电时现场人员应远离避雷器和避雷针 5m 以外。

（2）雷雨过后必须检查避雷器泄漏电流及放电计数器的指示，并做好记录，检查引线及接地装置有无损伤。

（3）避雷器裂纹或爆炸造成接地时，禁止用隔离开关拉开故障避雷器。

（4）避雷器投入运行前，应记下计数器的数字。每月底、雷雨过后、母线出现谐振后，运行人员应对相关防雷设施、过电压保护设施进行检查，并做避雷器动作记录和巡视记录，装有泄漏电流指示器的应记录泄漏电流数值。

（5）避雷针应无倾斜、锈蚀，针头连接牢固，接地可靠，按照预试计划进行检查，除锈，摇测接地电阻。独立避雷针接地装置必须良好。独立避雷针的接地电阻不大于 10Ω。

四、避雷器检修

（一）避雷器整体或元件更换

（1）金属氧化物避雷器不得进行元件更换。

（2）避雷器更换前应先检查备品包装是否受潮，对照包装清单检查备品附件是否缺少或损坏，检查避雷器的外观和铭牌是否缺少或损坏，压力释放板是否完好无损，铭牌与所需更换的避雷器是否一致。

（3）避雷器的拆除工作应自上而下进行，即先拆除避雷器的引流线，然后拆除均压环，之后拆除避雷器或避雷器元件。拆除前应先将被拆除部分可靠固定，避免引流线突然滑出、均压环坠落或避雷器倒塌。

（4）避雷器的安装应符合以下要求：

1）避雷器组装时，其各节位置应符合产品出厂标志的编号。

2）带串、并联电阻的碳化硅阀式避雷器安装时，同相组合单元间的非线性系数的差值应符合《110（66）kV～750kV 避雷器技术标准》的规定。

3）避雷器各连接处的金属接触表面，应除去氧化膜及油漆，并涂一层电力复合脂。

4）并列安装的避雷器三相中心应在同一直线上；铭牌应位于易于观察的同一侧。避雷器应安装垂直，其垂直度应符合制造厂的规定，如有歪斜，可在法兰间加金属片校正，但应保证其导电良好，并将其缝隙用腻子抹平后涂以油漆。

5）拉紧绝缘子串必须紧固；弹簧应能伸缩自如，同相各拉紧绝缘子串的拉力应均匀。

6）均压环应安装水平，不得歪斜。

7）放电计数器应密封良好、动作可靠，并应按产品的技术规定连接，安装位置应一致，且便于观察；接地应可靠，放电计数器宜恢复至零位。

8）金属氧化物避雷器的排气通道应通畅；排出的气体不致引起相间或对地闪络，并不得喷及其他电气设备。

9）避雷器引线的连接不应使端子受到超过允许的外加应力。

（5）当避雷器安装中需要吊装时，必须采取有效措施防止瓷套受损及避雷器侧倒坠落。安装时还应注意防止保护压力释放板被扎破或碰伤。避雷器各连接部位必须紧固可靠，使用螺栓必须与螺孔尺寸相配套且具有良好的防锈蚀性能。

（二）连接部位的检修

（1）如果仅为连接螺栓松动，则只需将螺栓拧紧即可。若螺栓无弹簧垫片，则应添加弹簧垫片。

（2）如原螺栓规格与螺孔不配套、螺栓严重锈蚀或丝扣损伤，则应进行更换。更换前，应先将连接部位进行可靠固定。

（三）外绝缘的处理

（1）如果仅对外绝缘进行清扫，则应根据外表面的积污特点选择合适的清扫工具和清扫方法。工作中不仅应清扫伞裙的上表面，还应对下表面伞棱中积聚的污秽进行清扫。

（2）如果对外绝缘涂敷 RTV 涂料，则应在外表面清扫干净后方可进行。涂敷工作不应在雨天、风沙天气及环境温度低于 0℃时进行。涂敷方法可参照 RTV 涂料使用说明书。涂敷工作完成后，在涂层表干前（一般为涂料涂敷后 15min 内）不可践踏、触摸，也不可送电。

（四）放电动作计数器的检修

放电动作计数器检修时应先检查避雷器基座的情况，如避雷器基座良好，则对放电动作计数器小套管进行检查，若小套管已损伤或表面严重脏污，则对其进行更换或擦拭。如未发现放电动作计数器小套管存在问题，则应对放电动作计数器进行更换。

（五）绝缘基座的检修

绝缘基座检修时应先检查绝缘基座是否严重积污或穿芯套管螺栓锈蚀，如严重积污或螺栓锈蚀，则将污秽清除。如无严重积污或螺栓锈蚀清除后，绝缘基座的绝缘电阻仍然很低时，应更换绝缘基座。

（六）引流线及接地装置的检修

1. 引流线的检修

若引流线断股或烧伤不严重时，可用与引流线规格相同的导线的单根铝线将损伤部位套箍处理。若引流线已严重损伤，则应进行更换。在拆除原引流线时，应注意将引流线端部绑扎牢靠后缓缓落地。所更换的引流线的截面应满足要求，拉紧绝缘子串必须紧固；弹簧应能伸缩自如，同相各拉紧绝缘子串的拉力应均匀，引线的连接不应使端子受到超过允许的外加应力。此外，系统标称电压 110kV 及以上避雷器的引流线接线板严禁使用铜铝过渡，而应采用爆压式线夹。

2. 接地装置的检修

应先对避雷器安装处附近的地网进行开挖，找到配电装置的主接地网与避雷器的最近点及避雷器附属的集中接地装置。采用截面足够的接地引下装置进行可靠焊接。若主接地网或避雷器附属的集中接地装置已严重锈蚀，则应先对其进行彻底改造。

（七）气体介质的补充

避雷器的气体介质补充应按照有关使用说明书进行。所补充的气体应经过检验合格。

【任务实施】

以小组为单位，对避雷器进行巡视检查，避雷器在巡视检查过程中需要注意以下几个方面：

（1）避雷器外部瓷套是否完整，如有破损和裂纹者不能使用。检查瓷表面有无闪络痕迹。

（2）检查密封是否良好。配电用避雷器顶盖和下部引线处的密封混合物若脱落或龟裂，应将避雷器拆开干燥后再装好。高压用避雷器若密封不良，应进行修理。

（3）检查引线有无松动、断线或断股现象。

（4）摇动避雷器检查有无响声，如有响声表明内部固定不好，应予以检修。

（5）对有放电计数器与磁钢计数器避雷器，应检查它们是否完整。

（6）避雷器各节的组合及导线与端子的连接，对避雷器不应产生附加应力。

按表 3-14 进行定期检查和雷过电压前后的临时检查。

表 3-14 避雷器的检查及故障处理

检查项目	处理方法	发生故障的可能原因
避雷器的安装是否充分牢固	用工具对避雷器的安装螺栓等固定部件进行紧固	假如支架或固定避雷器不稳固，会影响避雷器的结构及特性，可能引起事故发生
在避雷器线路侧和接地侧的所有端子安装情况是否良好	用工具对所有端子进行紧固	当端子的紧固不良时，因风的压力或积雪等会使电线脱落，或加上雷击过电压产生电火花，有时会造成电线熔断
瓷套管是否裂缝	当灌浇水泥、密封部分或瓷件表面有裂缝时，应拆除避雷器	由于是密封结构，如果瓷套管上发生裂缝，则外部潮气会侵入瓷套管内部，引起绝缘降低，造成事故
瓷套管表面的污损情况	清扫瓷套表面。 对安装在有盐雾及严重污秽地区的避雷器应定期清扫。另外，用于盐雾地区的瓷表面可涂敷硅脂，并定期水洗。 带电清洗时，如是高压避雷器，其间隙制成多层的，在清洗时会使电压分布进一步恶化。这会降低起始放电电压，从而引起避雷器放电或者引起外部闪络事故等危险，所以必须注意	（1）瓷套管表面有污损时，会使避雷器的放电特性降低，严重情况下避雷器会击穿； （2）污损会成为瓷套表面闪络的原因
在线路侧和接地侧的端子上，以及密封结构金属件上有没有不正常变色和熔孔	（1）如密封结构的金属上有熔孔应将避雷器拆除； （2）在有不正常的变色时最好拆除避雷器	因过电压超过避雷器性能而动作或由某种原因使避雷器绝缘降低而造成，可能会引起系统的停电事故

任务 3.3 电抗器的运行与检修

【教学目标】

1. 知识目标

（1）掌握电抗器的作用、结构及工作原理；

（2）掌握电抗器的日常维护工作，了解经常出现的事故情况。

2. 能力目标

（1）能够准确地叙述出串联电抗器、并联电抗器的作用；

（2）能够对电抗器进行日常的维护工作；

（3）会分析电抗器的异常运行情况并进行相关的事故处理。

3. 态度目标

（1）能做到认真预习和收集上课所需的资料；

（2）能认真上课，仔细看书，听老师所讲的内容，积极参与讨论并发表意见；

（3）尊重小组的决定，积极配合小组其他成员完成分配的工作任务；

（4）在学习中，学习他人的长处，改正自己的缺点，积极与老师、同学交流和探讨；

（5）能吃苦耐劳，团结互助，具备职业岗位所需要的基本素质。

【任务描述】

在对电抗器的作用、结构、工作原理等知识有了深入了解之后，对电抗器进行日常维护工作，维护时要按规程进行，若发现缺陷和隐患要及时记录。运行中的电抗器会出现各种异常情况，能根据现象分析出异常原因并及时处理。

【任务准备】

课前预习相关部分知识，经讨论后能独立回答下列问题：

（1）电抗器通常有哪几种类型？它们的主要作用各是什么？

（2）简要说出电抗器的主要技术参数。

【相关知识】

一、电抗器的作用

电力网中所采用的电抗器，实质上是一个无导磁材料的空心线圈，它是短路电流限制及无功补偿装置的重要组成部分之一。根据需要，电抗器可以采用垂直、水平和品字形布置三种装配形式。电力系统所采用的电抗器，通常有串联电抗器和并联电抗器两种。

1. 串联电抗器的主要作用

串联电抗器主要用来限制短路电流，也有的在滤波器中与电容器串联或并联用来限制电网中的高次谐波，减少电力系统电压波形的畸变，提高电压质量。

在电力系统发生短路时，会产生数值很大的短路电流。如果不加以限制，要保持电气设备的动稳定和热稳定是非常困难的。因此，为了满足某些断路器遮断容量的要求，常在出线断路器处串联电抗器，增大短路阻抗，限制短路电流。当发生短路时，电抗器上的电压降较大，所以也起到了维持母线电压水平的作用，使母线电压波动较小，保护了非故障线路上用户的电气设备。

2. 并联电抗器的主要作用

并联电抗器主要用来吸收电网中的容性无功。中压并联电抗器一般接于大型发电厂或110～500kV 变电站的 6～63kV 母线上，向电网提供感性无功，补偿剩余容性无功，保证电压稳定在允许范围内；超高压并联电抗器一般接于 330kV 及以上的超高压线路上，用于补偿输电线路的充电功率，降低系统的工频过电压水平，改善长输电线路上的电压分布，使轻负荷时线路中的无功功率尽可能就地平衡，防止无功功率不合理流动，同时也减少了线路上的功率损失，有利于降低系统绝缘水平和系统故障率，提高运行的可靠性；10～220kV 电网中的电抗器用来吸收电缆线路的充电容性无功，通过调整并联电抗器的数量来调整运行电压。

二、电抗器的结构和工作原理

电抗器是电阻很小的电感绕组，绕组各匝之间彼此绝缘，整个绕组与接地部分绝缘。电抗器串联在电路中限制短路电流。在 6～10kV 配电装置中，一般采用空气冷却的干式电抗器。

图 3-21 所示为水泥电抗器的外形结构图。绕组是用纱包纸绝缘的多芯铜导线或铝导线制成。在专门的支架上浇注成水泥支柱，再放入真空干燥，干燥后涂漆。因水泥的吸潮性很大，涂漆后可以预防水分浸入水泥中。

电抗器没有铁芯，故其电抗 X_L 恒定不变。电抗器三个绕组可以水平或垂直布置。垂直布置时（如图 3-21 所示），各绕组用水泥支柱固定，绕组间用支柱绝缘子 4 绝缘，整个电抗器与地之间用支柱绝缘子 3 绝缘。

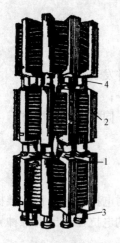

图 3-21　水泥电抗器
外形结构图
1—绕组；2—水泥支柱；
3、4—支柱绝缘子

三、普通电抗器的参数及应用

电抗器根据其结构和性能，可分为普通电抗器（一般简称电抗器）和分裂电抗器两种。下面介绍普通电抗器。

电抗器主要参数有额定电压 U_{NL}、额定电流 I_{NL} 和百分电抗 $X_L\%$。电抗器的电抗按下式计算

$$X_L = \frac{X_L\%}{100} \times \frac{U_{NL}}{\sqrt{3} I_{NL}} (\Omega) \qquad (3-11)$$

可见，当两个电抗器额定电压和额定电流相同时，$X_L\%$ 愈大，则 X_L 愈大；当两个电抗器的额定电压和百分电抗相同时，额定电流愈小，则 X_L 愈大。电抗器的电抗 X_L 愈大，限制短路电流的作用就愈大，但当正常负荷电流通过时，电压损失也愈大。

图 3-22（a）所示装有电抗器的电路，在正常工作时，电抗器的电压损失等于电抗器前后的相电压算术差，即

$$\Delta U_x = U_{1x} - U_{2x}$$

图 3-22（b）所示负荷电流 I_{fh} 通过电抗器时的相量图。假定电抗器电阻等于零，电压损失为线段 $\overline{bd}$，考虑到线段 $\overline{cd}$ 很短，故近似取线段 $\overline{bc}$ 为电压损失，则

$$\Delta U_x = \overline{bc} = \overline{ab} \sin\varphi = I_{fh} X_L \sin\varphi$$

将式（3-11）代入上式，整理后可得

$$\Delta U\% = X_L\% \frac{I_{fh}}{I_{NL}} \sin\varphi$$

$\Delta U\%$ 为电抗器通过负荷电流 I_{fh} 时的电压损失对额定电压的百分数，一般要求小于 5%。

在电抗器后，当电路中发生短路时，电抗器可以限制短路电流，同时由于电抗器有较大的电压降，可以维持母线有较高的剩余电压，这使其他未故障用户受到的影响较小。

四、普通电抗器的运行与维护

（1）电抗器的运行和维护应按铭牌规定参数运行，工作电流不应大于额定电流。

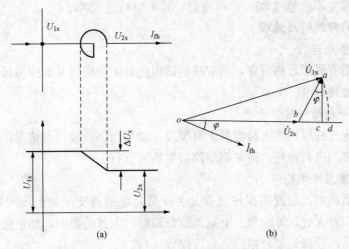

图 3-22　装有电抗器的电路正常工作情况
(a) 电压损失；(b) 相量图

(2) 电抗器承受短路电流后，必须对电抗器进行全面检查，检查绕组匝间及支持部分有无变形和裂纹，绝缘子有无破损，室内有无异味，接头有无发热和损坏。

(3) 电抗器与电抗器室遇有停电机会应进行全面清扫，并检查有无缺陷。

(4) 电抗器室内应通风良好，并装有排风装置。

(5) 对于干式电抗器及其电气连接部分每季度应进行带电红外线测温和不定期重点测温。红外测温发现有异常过热，应申请停运处理。

(6) 户外干式电抗器表面应定期清洗，5～6 年重新喷涂憎水绝缘材料。

(7) 发现包封表面有放电痕迹或油漆脱落，以及流（滴）胶、裂纹现象，应及时处理。

(8) 定期检查防雨罩是否安装牢固、有无破损，观察包封面表面憎水性能是否劣化。

(9) 干式电抗器投切后注意事项：

1) 干式电抗器的投切应按调度部门下达的电压曲线或调度命令进行。

2) 有人值班变电站：运行人员投切干式电抗器后，应检查表计（如电流表、无功功率表）指示是否正常，还应到现场检查干式电抗器和断路器等设备情况。对于并联有避雷器的干式电抗器，每项（次）投切操作以后，35kV 及以上干式电抗器还应检查避雷器是否动作，并做好记录。

3) 无人值班变电站：监控人员投切干式电抗器后，应检查监控系统中干式电抗器的潮流指示是否正常，相关设备潮流及系统电压是否正常。

4) 新装或更换的电抗器应经验收合格方可投运。

(10) 电容器器组电抗器支持绝缘子接地要求：

1) 重叠安装时，底层每只绝缘子应单独接地，且不应形成闭合回路，其余绝缘子不接地。

2) 三相单独安装时，底层每只绝缘子应独立接地。

3) 支柱绝缘子的接地线不应形成闭合回路。

(11) 运行中的电抗器室温度不应超过 35℃，当室温超过 35℃时，干式三相重叠安装的电抗器绕组表面温度不应超过85℃，单独安装时不应超过75℃。

五、电抗器异常运行及处理

1. 电抗器发热处理

若发现电抗器有局部过热现象，则应减少该电抗器的负荷，并加强通风。若电抗器严重过热，则应停电处理。

2. 电抗器支持绝缘子破裂处理

若发现混凝土支柱损伤、支持混凝土有裂纹、绕组凸出或接地等情况，则应停用故障电抗器，汇报检修部门进行修理，待缺陷消除后再投入运行。

3. 电抗器断路器跳闸处理

电抗器断路器跳闸，应查明保护装置是否正常，电抗器支柱和引出支柱绝缘子是否断裂，及电抗器绕组有无烧坏等现象。电抗器故障跳闸后未查明原因，禁止送电，并应立即隔离故障电抗器，需经检修处理合格后，方可投入运行。

4. 电抗器运行异声处理

当电抗器正常运行时，发出均匀的"嗡嗡"声，如馈线短路或电抗器内部故障，响声会加强，若在正常时发现有异常噪声，则应汇报调度，及时检查处理，以防止电抗器内部由于局部缺陷发展而造成事故。

对于干式空心并联电抗器，在运行或拉开后经常会听到"咔咔"声，这是电抗器由于热胀冷缩而发出的正常声音。若有其他异声，可能是紧固件、螺栓等松动或是内部放电造成的，应立即汇报调度，及时检查处理。装在户外的干式空心并联电抗器，在系统电压允许时，应尽量避免在雨时及雨后的投入操作，一般宜在雨后过2天进行投入并联电抗器的操作。

【任务实施】

以小组为单位，对电抗器进行巡视检查，电抗器的巡视检查项目主要有以下几个方面：

（1）监视各电器连接头有无松动或发热、发黑现象，必要时应进行红外线测温。运行时尽量减少进入低抗磁场区域内的次数。

（2）支持绝缘子安装牢固，无损坏、裂纹、放电现象，导线无断股、损伤。

（3）检查运行声音正常，无异常振动或放电声。

（4）本体外观清洁。

（5）运行中的电抗器通风应良好，其周围不得堆放杂物或放置易燃、易爆物品。

任务3.4　电力电容器的运行与检修

【教学目标】

1. 知识目标

（1）掌握电力电容器的作用、工作原理及结构特点；

（2）掌握电力电容器的巡视要点，了解经常出现的异常情况。

2. 能力目标

(1) 能够准确地描述出电力电容器的常见类型及作用；

(2) 能够根据规程要求对电力电容器进行正常巡视；

(3) 会根据电力电容器的异常运行情况进行分析并做出处理。

3. 态度目标

(1) 能做到认真预习和收集上课所需要的资料；

(2) 能认真上课，仔细看书，听老师所讲的内容，积极参与讨论并发表意见；

(3) 尊重小组的决定，积极配合小组其他成员完成分配的工作任务；

(4) 在学习中，学习他人的长处，改正自己的缺点，积极与老师、同学交流和探讨；

(5) 能吃苦耐劳，团结互助，具备职业岗位所需要的基本素质。

【任务描述】

在对电力电容器的作用、工作原理、结构等知识有了深入了解之后，按规程的工艺要求对电力电容器进行正常的巡视检查，若发现缺陷和隐患要及时记录。运行中的电力电容器会出现各种异常情况，能根据现象分析出异常原因并及时处理。

【任务准备】

课前预习相关部分知识，经讨论后能独立回答下列问题：

(1) 串联电容器与并联电容器的作用分别是什么？

(2) 并联电容器有哪几种接线形式？

【相关知识】

一、电力电容器的作用

1. 串联电容器的作用

串联电容器串接在线路中，其作用如下：

(1) 提高线路末端电压。串接在线路中的电容器，利用其容抗 X_C 补偿线路中的感抗 X_L，使线路的电压降减少，从而提高线路末端（受电端）的电压，一般可将线路末端电压提高 $10\%\sim20\%$。

(2) 降低受电端电压波动。当线路受电端接有变化很大的冲击负荷（如电弧炉、电气轨道等）时，串联电容器能消除电压的剧烈波动。

(3) 提高线路输电能力。由于线路串入了电容器的补偿电抗 X_C，线路的电压降和功率损耗减少，相应地提高了线路的输送容量。

(4) 改善系统潮流分布。在闭合网络中的某些线路上串接一些电容器，部分地改变了线路电抗，使电流按指定的线路流动，以达到功率经济分布的目的。

(5) 提高系统的稳定性。线路串入电容器后，提高了线路的输电能力，这本身就提高了系统的静稳定。当线路故障被部分切除时（如双回路切除一回、单回路单相接地切除一相），系统等效电抗急剧增加，此时将串联电容器进行强行补偿，即短时强行改变电容器串、并联数量，临时增加容抗 X_C，使系统总的等效电抗减少，提高了输送的极限功率 $P_{max}=U_1U_2/(X_L-X_C)$，从而提升系统的动稳定性。

2. 并联电容器的作用

并联电容器并接在系统的母线上，类似于系统母线上的一个容性负荷，它吸收系统的容性无功功率，这就相当于并联电容器向系统发出感性无功。因此，并联电容器能向系统提供感性无功功率，改善系统运行的功率因数，提高受电端母线的电压水平。同时它减少了线路上感性无功的输送，减少了电压和功率损耗，因而提高了线路的输电能力。

电力网中并联电容器的应用极为广泛，以并联电容器补偿电网的无功功率是无功功率补偿的主要形式。无功功率补偿设备一般包括并联电容器、串联电容器、同步调相机、无功功率静止补偿器等。以并联电容补偿形式来提高电网的功率因数，力求实现无功功率就地平衡，降低线损，提高电压质量．是世界各国电网技术发展的趋势。

3. 电力电容器的种类

用于无功功率补偿和交直流滤波的电力电容器主要品种有集合式并联电容器、充气集合式并联电容器、自愈式并联电容器和静止补偿装置（SVC）等。

二、电容器的基本原理

1. 电容

电容是电容器最基本的参数，它取决于电容器的几何尺寸及介质的介电系数。电力电容器通常用铝箔作极板，为使每对极板的两个侧面都起电容作用，采用卷绕式平扁形元件，如图 3-23 所示。在这种结构中，由于极板双面起作用，其电容值约等于该元件展开成平面长条时的 2 倍。在其他电器绝缘结构中，介质主要是对具有不同电位的导体起绝缘及固定的作用，而在电容器中还要求介质中多储藏能量。

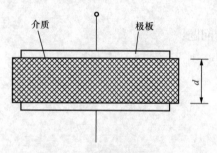

图 3-23 平板电容器原理图

2. 容量

电容器的无功容量 Q 取决于电容量 C 和施加在电容器上的电压和频率。电容器的无功容量 Q 为

$$Q = 2\pi fCU^2 \times 10^{-3} \, (\text{kvar}) \tag{3-12}$$

式中　f——电网频率，Hz；

　　　C——电容器电容量，F；

　　　U——电容器的外加电压，kV。

由式（3-12）可知，接入电网后的电容器实际容量与电压的二次方和频率成正比，而电容器的额定容量是将额定电压作为电容器的外加电压计算得到的，当运行电压降低时，电容器的无功容量随之下降。

3. 电容器损耗功率

电容器在交流电压作用下，其损耗功率为

$$P = 2\pi fCU^2 \times 10^{-3} \tan\delta \, (\text{W}) \tag{3-13}$$

式中　$\tan\delta$——电容器损耗角的正切值。

4. 利用并联电容器实现电压和无功功率调整的原理

为了避免无功功率的大量流动而引起电网中功率损耗的增加，一般无功功率补偿往往安装在负荷中心，即除了要求整个系统无功功率平衡外，在各局部地区，尽量达到无功功率平衡，因此各电压等级的变电站，通常都安装有无功功率补偿电容器。

图 3-24 所示为并联电容器应用原理图。由于容性电流 $\dot{I}_C$ 相位超前电压90°，可抵消一部分相位滞后于电压90°的感性电流 $\dot{I}_X$，使电流由 $\dot{I}_1$ 减小为 $\dot{I}_2$，相角由 φ_1 减小到 φ_2，从而使功率因数从 $\cos\varphi_1$ 提高到 $\cos\varphi_2$。

由图 3-24 可求得提高功率因数所需要的电容器容量为

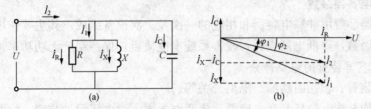

图 3-24 并联电容器应用原理图

(a) 电路图；(b) 相量图

$$Q_C = P\left(\sqrt{\frac{1}{\cos^2\varphi_1} - 1} - \sqrt{\frac{1}{\cos^2\varphi_2} - 1}\right)(\text{kvar}) \qquad (3-14)$$

并联电容器后节省的视在功率为

$$S = P\left(\frac{1}{\cos\varphi_1} - \frac{1}{\cos\varphi_2}\right)(\text{kVA}) \qquad (3-15)$$

式中　P——负荷功率，kW。

根据负荷大小，合理控制投入无功功率补偿容量，使变电站与系统交换无功功率最小，就可使高压网络的电压损耗和功率损耗降为最小。即安装于负荷中心的并联补偿电容器不仅能改善电压质量，而且能降低网损，提高电能输送效率。

三、电容器壳体结构

电力电容器主要由芯子、外壳和出线结构三部分组成。把芯子或由多个芯子组成的器身与外壳、出线结构进行装配，经过真空干燥浸渍处理和密封即成电容器。它采用金属柜形外壳，芯子由卷绕压扁形元件和绝缘件组成。高压电容器芯子中的元件接成串联、并联，出线采用瓷套绝缘结构，如图 3-25 所示。

1. 芯子

芯子主要由若干元件、绝缘件和紧固件经过压装并按规定的串并联接法连接而成。元件由一定厚度及层数的介质和两块极板（通常为铝箔）卷绕一定圈数后压扁而成。大多数电容器的元件极板均属不外露式。元件有竖放的，也有平放的。包封件用电缆纸制成，是芯子对外壳的主绝缘。紧箍和夹板用薄钢板制成，起紧固作用。

2. 外壳

外壳用薄钢板制成，金属外壳有利

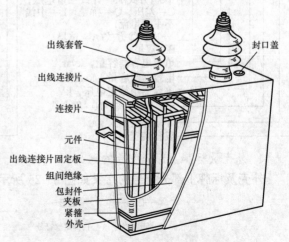

图 3-25 并联电容器的结构图

出线套管　封口盖
出线连接片
连接片
元件
出线连接片固定板
组间绝缘
包封件
夹板
紧箍
外壳

于散热，可在温度变化时起调节作用。目前使用较多的是不锈钢外壳。

3. 出线结构

出线结构包括出线导体与出线绝缘两部分。出线导体通常包括金属导杆或软连接线（片）及金属接线法兰和螺栓等；出线绝缘通常为绝缘套管。

四、并联电容器装置

并联电容器装置由并联电容器和相应的一次及二次设备组成。其主要作用是为了提高电力系统的功率因数，降低电网损耗，改善系统电能质量，保持系统无功功率平衡。

1. 并联电容器装置的组成部分

（1）投切装置：包括断路器、隔离开关等。

（2）主功能装置：包括并联电容器、串联电抗器、过电压保护装置、放电装置、单台电容器保护熔断器、氧化锌避雷器、接地开关、构架等。

（3）控制、测量、保护装置：包括各类电压、电流变比设备，以及测量仪表、继电器保护和自动控制装置等。

2. 装置中各元件的作用

（1）并联电容器：产生相位超前于电网电压的无功电流，提高电网功率因数。

（2）串联电抗器：抑制合闸涌流，抑制电网谐波。

（3）放电装置：泄放电容器的储能，提供继电保护信号。

（4）氧化锌避雷器及过电压保护装置：抑制操作过电压。

（5）单台电容器保护熔断器：为无内熔丝电容器的极间短路提供快速保护。

（6）接地开关：用于检修时的安全接地。

（7）导体、支柱绝缘子、构架等：构成装置的承重体系、电流回路。

（8）其他（如电流互感器等）：作为电容器组内部故障保护的信号检测单元。

3. 并联电容器型号含义

并联电容器装置型号含义如下：

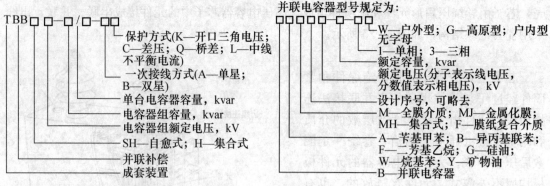

4. 外壳及标牌上部分符号的意义

外壳及标牌上部分符号的意义如图 3-26 所示。

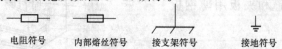

图 3-26　外壳及标牌上部分符号的意义

五、并联电容器接线

1. 接线类型及特点

目前在系统运行中的并联电容器组接线有两种，即星形接线和三角形接线。电力企业变电所采用星形接线居多，工矿企业变电所则多采用三角形接线。

（1）三角形接线特点。并联电容器采用三角形接线可以滤过 3 倍次谐波电流，利于消除电网中的 3 倍次谐波电流的影响。但当电容器组发生全击穿短路时，故障点的电流不仅有故障相健全电容器的放电涌流，还有其他两相电容器的放电涌流和系统短路电流。故障电流的能量往往超过电容器油箱能耐受的爆裂能量，因而经常会造成电容器的油箱爆裂，扩大事故。

（2）星形接线特点。当电容器发生全击穿短路时，故障电流受到健全相容抗的限制，来自系统的工频短路电流将大大降低，最大不超过电容器额定电流的 3 倍，并没有其他两相电容器的放电涌流，只有故障相健全电容器的放电电流。故障电流能量小，因而故障不容易造成电容器的油箱爆裂。在电容器质量相同的情况下，星形接线的电容器组可靠性较高。

2. 电容器内部接线

（1）先并联后串联：如图 3 - 27（a）所示。此种接线应优先选用，当一台电容器出现击穿故障，故障电流由来自系统的工频故障电流和健全电容器的放电电流组成。流过故障电容器的保护熔断器故障电流较大，熔断器能快速熔断，切除故障电容器，健全电容器可继续运行。

（2）先串联后并联：如图 3 - 27（b）所示。当一台电容器出现击穿故障时，故障电流因受与故障电容器串联的健全电容器容抗限制，流过故障电容器的保护熔断器故障电流较小，熔断器不能快速熔断切除故障电容器，故障持续时间长，健全电容器可能因长时间过电压而损坏，扩大事故。

3. 并联电容器接线

图 3 - 28 所示为并联电容器组的典型接线图。

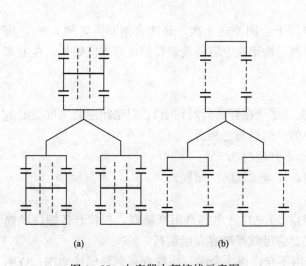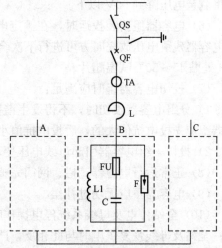

图 3 - 27　电容器内部接线示意图　　　　　图 3 - 28　并联电容器组的典型接线
（a）先并联后串联；（b）先串联后并联

并联电容器组的接线与电容器的额定电压、容量，以及单台电容器的容量、所连接系统的中性点接地方式等因素有关。

220～500kV 变电站，并联电容器组常用的接线方式有：①中性点不接地的单星形接线；②中性点接地的单星形接线；③中性点不接地的双星形接线；④中性点接地的双星形接线。

6～66kV 为非直接接地系统，电容器组采用星形接线时中性点不接地。

六、并联电容器的运行与日常维护

电容器的正常运行状态是指在额定条件下，在额定参数允许的范围内，电容器能连续运行，且无任何异常现象。

1. 电容器补偿装置运行的基本要求

(1) 三相电容器各相的容量应相等。

(2) 电容器应在额定电压和额定电流下运行，其变化应在允许范围内。

(3) 电容器室内应保持通风良好，运行温度不超过允许值。

(4) 电容器不可带残留电荷合闸，如在运行中发生跳闸，拉闸或合闸一次未成，必须经过充分放电后，方可合闸。对有放电电压互感器的电容器，可在断开 5min 后进行合闸。运行中投切电容器组的间隔时间为 15min。

2. 电容器运行和维护的要求

电容器日常运行和维护工作中，必须严格遵守以下内容：

(1) 电容器必须在规定的环境温度和额定电压下运行。允许在 1.05 倍额定电压下连续运行，当电压超过额定电压的 1.1 倍，电流超过额定电流 1.3 倍时，必须汇报调度，按调度指令将电容器退出运行。

(2) 电容器允许在不超过额定电流的 30% 情况下长期运行。

(3) 三相不平衡电流不应超过 ±5%。

(4) 电容器熔断器熔丝的额定电流按不小于电容器额定电流的 1.43 倍选择。

(5) 电容器组必须有可靠的放电装置，并且正常投入运行。高压电容器断电后在 5s 内应将剩余电压降到 50V 以下。

(6) 电容器组新装投运时，在额定电压下合闸冲击 3 次，每次合闸间隔时间 5min，应将电容器残留电压放完时方可进行下次合闸。构架式电容器装置每只电容器应编号，在上部 1/3 处贴 45～50℃试温蜡片。

(7) 投切电容器组时应满足：

1) 分组电容器投切时，不得发生谐振（尽量在轻负荷时切出）；对采用混装电抗器的电容器组应先投电抗值大的，后投电抗值小的，切时与之相反。

2) 投切一组电容器引起母线电压变动不宜超过 2.5%。

(8) 正常运行电容器遮栏、网门完整，加装"五防"闭锁。

(9) 电容器不应无功过补偿。

(10) 全站停电及母线系统停电操作时，应先拉开电容器组断路器，再拉开各馈线断路器；全站及母线恢复供电时与此相反，严禁空母线带电容器组运行。

(11) 任何情况下电容器跳闸，5min 内不允许再次合闸，应检查是何种保护动作，查明跳闸原因，排除故障后再投入运行。

(12) 电容器停电规定：

　　1）电容器转为检修后，在工作前，必须对电容器进行充分放电。需要接触导电部分时，即使全组电容器同时放电后，还必须对电容器逐个放电，才能接触。

　　2）验电、放电应用合格的绝缘工具，穿绝缘鞋和戴绝缘手套。

　　（13）遇有电容器停电检修时，应对电容器进行清扫，并注意电容器各部分有无缺陷，如有缺陷应及时进行处理并上报。

　　（14）更换电容器熔断器前，必须对该只电容器充分放电，然后将电容器两极短接方可工作。

　　（15）电容器摇测绝缘电阻时应防止电容器反充电，运行中发现电容器有鼓肚放电、温度过高、渗漏油、熔断器熔断、三相电流不平衡时，应将电容器退出运行，并查明原因设法处理。

　　（16）电容器断路器故障跳闸时，应立即对电容器的断路器、保护装置、电容器、电抗器、放电线圈、电缆等设备全面检查。

　　（17）系统接地，谐振异常运行时，应增加巡视次数。

　　（18）新装电容器投运时必须验收合格，验收项目参照有关规定执行。

　　3. 运行设备巡视检查项目及要求

　　电容器装置在运行中应定期巡视，有人值班变电站每日不少于一次，无人值班变电站每周不少于一次，巡视检查的主要内容有：

　　（1）外观检查。检查电容器的熔断器是否动作；套管是否清洁完整；外壳是否膨胀；油箱各部位是否渗漏油；有无异声；油箱表面温度指示情况；引线连接各处有无脱落或断线；各连接点有无发热变色现象；母线各处有无烧伤过热现象；支持绝缘子的清洁及绝缘状况；接地线的连接状况和通风是否良好等。检查集合式并联电容器的油位指示是否正常，硅胶是否受潮变色。

　　（2）仪表指示。检查电流表、电压表和温度计的指示。各种指示表计应在所标刻度的允许范围以内。检查充气集合式并联电容器的压力指示是否正常。

　　（3）检查附属设备。包括断路器、隔离开关、互感器、串联电抗器、放电线圈、避雷器、继电保护装置和自动切换装置等的运行情况。定期检查避雷器动作指示，如因操作电容器组引起避雷器多次动作时应检查避雷器参数是否合适，断路器重击穿与否或弹跳情况。巡检中发现的问题应做好记录，一般问题自行处理，重大问题应汇报当值调度员，及时组织力量解决。熔断器在运行中发生熔断，初步认定电容器电容量无变化时，可以更换相同规格的熔丝再试送电一次，如果再次熔断，必须经过试验鉴定，确认电容器无异常时才可更换熔丝再投。

　　（4）正常巡视周期。多班制的变电站除交接班巡视外，每4h巡视一次；两班制的变电站除交接班巡视外，每值各巡视一次；无人值班变电站每周定期巡视一次；当班值班长当值期间巡视一次；变电站站长每周巡视一次；每星期夜间闭灯巡视一次。

　　（5）特殊巡视周期。环境温度超多规定温度时应采取降温措施，并应每2h巡视一次；户外布置的电容器装置雨、雾、雪天气每2h巡视一次；狂风、暴雨、雷电、冰雹之后应立即巡视一次；设备投入运行后的72h之内，每2h巡视一次，无人值班变电站每24h巡视一次。

　　（6）电容器断路器故障跳闸后，应立即对电容器的断路器、保护装置、电容器、电抗器、放电线圈、电缆等设备进行全面检查；系统接地，谐振异常运行时，应增加巡视次数；重要节假日或按上级指示增加巡视次数；每月结合运行分析进行一次鉴定性巡视。

七、电容器运行中的异常及故障处理

1. 电容器跳闸

（1）电容器跳闸故障一般为速断、过压、失压或差动保护动作。电容器跳闸后不得强送，此时应先检查保护的动作情况及有关一次回路，电流速断或过流保护动作应检查回路的所有设备，若只有横差保护动作，则需检查电容器组本身及熔断器情况。

检查回路设备，如电容器有无爆炸、鼓肚、喷油、短路现象，电压互感器、电力电缆有无故障等现象，若发现有上述故障情况时，应予以检修处理、隔离故障电容器并进行三相平衡后方可再次投运。若无上述情况而是由于外部故障造成母线电压波动使电容器断路器跳闸的，经15min后允许进行试合闸。

（2）散装式电容器组在电容器故障而无备品情况下，可在同一组星形上的每一相拨去一只熔丝（包括上下层）使其保持平衡。调换备品或拨熔丝时，电容器须停电并进行放电接地方可进行。

处理故障电容器时，应使电容器的断路器断开，拉开断路器两侧的隔离开关，电容器组经放电电压互感器放电后进行处理。电容器组经放电电压互感器放电以后，由于部分残存电荷一时放不尽，仍需进行一次人工放电。放电时先将接地端固定好，再用接地棒多次对电容器放电，直至无火花及放电声为止，此后再将接地端子固定好。由于故障电容器可能发生引线接触不良、内部断线或熔断器熔断等，因此有部分电荷可能未释放出来，所以在接触故障电容器以前，还应戴上绝缘手套，用短路线将故障电容器两极短接，然后方可动手拆卸。对于电容器采用双星形接线的中性线，以及多个电容器的串接线，还应单独进行放电。

当电容器由于内部故障跳闸及调平衡容量减少后，要统计电容器调换后的减容量以及损坏电容器的铭牌并汇报有关部门。

2. 电容器外壳变形

电容器油箱随温度变化而膨胀和收缩是正常现象，但是当电容器内部介质产生局部放电、部分元件击穿或极对壳击穿时，绝缘油将产生大量气体，使箱壁明显变形。造成电容器局部放电箱壳膨胀，主要是由运行电压过高或断路器重燃引起的操作过电压以及电容器本身质量低而造成的，另外周围环境温度过高，特别是在夏季或重负荷情况下也会发生这种现象。发现外壳膨胀应采取强力通风以降低电容器温度，膨胀严重的电容器应立即停止使用。

3. 电容器渗漏油

电容器是全密封装置，若密封不严则空气、水分和杂质可能侵入油箱内部，危害性极大。因此电容器是不允许渗漏油的，电容器渗漏油的主要原因有：

（1）搬运时不慎，致使法兰焊接处产生裂纹。

（2）接线时拧螺母用力过大，造成瓷套焊接处产生裂纹。

（3）受日光暴晒，温度变化过于剧烈。

（4）漆层剥落，外壳锈蚀。

（5）产品制造过程中产生缺陷、设计不合理等。

当电容器发生渗漏油时，应降低周围环境温度，且不宜长期运行，当发现严重漏油时应立即停用并检查处理。

4. 电容器电压过高

电容器在正常运行中，当电网电压低于规定值时，应投入电容器组，以补偿无功不足；当

电压超过电容器额定电压 1.1 倍时，应将电容器退出运行。此外电容器在操作过程中也可能引起操作过电压，若过电压信号报警，则应将电容器拉开，查明原因并处理后方可继续使用。

5. 电容器过电流

电容器在正常运行时，应维持在额定电流下工作，但由于运行电压的升高和电流电压波形的畸变，会引起电容器电流过大，当电流增大到额定电流的 1.3 倍时，应将电容器退出运行。

6. 电容器温升过高

电容器运行中的温度应保持在 55℃ 以下，当电容器布置太密、电容器介质老化、频繁切合或受高次谐波电流影响时，电容器会发生过热现象。当发现电容器过热时，应查明原因并采取措施，改善通风条件，限制操作过电压和涌流等，最后经检查确定为介质老化时应停止使用。

7. 电容器爆炸

电容器内部发生极间或极对壳短路而又无适当保护时，与之并联的电容器组对故障电容器放电会造成电容器爆炸，电容器爆炸后应迅速隔离电源，如电容器着火，则应立即灭火，在灭火过程中应注意防止触电事故的发生。

8. 母线停电时电容器的处理

当变电站母线停电时，电容器低电压保护动作，电容器的断路器跳闸，若电容器断路器没有跳闸，则应将其拉开，然后再拉开该母线上的线路断路器。

9. 电容器的停止使用

电容器遇下列情况之一时，应停止使用：

（1）电容器爆炸。

（2）电容器接头严重过热或电容器外壳试温蜡片融化。

（3）电容器严重喷油或起火。

（4）电容器套管破裂并伴随闪络放电。

（5）电容器外壳明显膨胀或有油质流出。

（6）电容器三相电流不平衡超过 5% 以上。

（7）电容器或串联电抗器内部有异常声响。

（8）当电容器外壳温度超过 55℃，或室温超过 40℃ 采取降温措施无效时。

（9）密集型并联电容器压力释放阀动作时。

【任务实施】

以小组为单位，对电力电容器进行巡视检查。

（1）对电力电容器进行正常巡视，巡视检查项目及标准见表 3 - 15。

表 3 - 15　　　　　　　　　　电力电容器正常巡视项目及标准

序号	巡视内容及标准
1	检查瓷绝缘有无破损、裂纹、放电痕迹，表面是否清洁
2	检查母线及引线是否过紧、过松，设备连接处有无松动、过热
3	设备表面涂漆是否变色、变形，外壳无鼓肚、膨胀变形，接缝无开裂、渗漏油现象，内部无异声。外壳温度不超过 50℃

续表

序号	巡视内容及标准
4	电容器编号正确，各接头处无发热现象
5	检查熔断器、放电回路、接地装置等是否完好，接地引线有无严重锈蚀、断股
6	电容器室干净整洁，照明通风良好，室温不超过40℃，不低于−25℃。门窗关闭严紧
7	电抗器附近无磁性杂物存在；油漆无脱落，绕组无变形；无放电及焦味；油电抗器应无渗漏油
8	检查电缆挂牌是否齐全完整，内容正确，字迹清楚；电缆外皮有无损伤，支撑是否牢固，电缆和电缆头有无渗油漏胶、发热放电，有无火花放电等现象

（2）对电力电容器进行特殊巡视，巡视检查项目及标准见表3-16。

表3-16　　　　　　　　　　　　电力电容器特殊巡检项目及标准

序号	巡视内容及标准
1	雨、雾、雪、冰雹天气应检查瓷绝缘有无破损裂纹、放电现象，表面是否清洁；冰雪融化后有无悬挂冰柱，桩头有无发热；建筑物及设备构架有无下沉倾斜、积水、屋顶漏水等现象。大风后应检查设备和导线上是否有悬挂物，有无断线；构架和建筑物有无下沉、倾斜、变形等
2	大风后检查母线及引线是否过紧、过松，设备连接处有无松动、过热
3	雷电后检查瓷绝缘有无破损裂纹、放电痕迹
4	环境温度超过或低于规定温度时，检查温蜡片是否齐全或融化，各接头处有无发热现象
5	断路器故障跳闸后应检查电容器有无烧伤、变形、移位等，导线有无短路；电容器温度、声响、外壳有无异常；熔断器、放电回路、电抗器、电缆、避雷器等是否完好
6	系统异常（如振荡、接地、低周或铁磁谐振）运行消除后，应检查电容器有无放电，温度、声响、外壳有无异常

【项目总结】

通过本项目的学习，学生能独立完成如下任务：

1. 对互感器、避雷器、电抗器、电力电容器的作用、结构、工作原理、特点能够进行正确阐述。

2. 能够对互感器、避雷器、电抗器、电力电容器进行正常巡视。

3. 能够完成互感器、避雷器、电抗器、电力电容器的运行及故障处理工作。

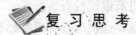 复 习 思 考

1. 互感器运行的基本要求是什么？
2. 互感器巡视检查的主要内容有哪些？
3. 运行中的互感器出现哪些异常应立即停用？
4. 电压互感器二次回路断线应如何处理？
5. 电流互感器二次回路开路应如何处理？
6. 简述避雷器的巡视检查项目。

7. 简述避雷器在运行中可能出现的异常情况。

8. 电抗器的运行维护需要注意哪些方面?

9. 简述电抗器在运行过程中可能出现的异常情况。

10. 并联电容器的日常巡视检查项目有哪些? 基本要求是什么?

11. 并联电容器运行中常见的异常情况有哪些? 应如何处理?

项目四

高压开关柜的运行与检修

【项目描述】

　　本项目介绍高压开关柜的种类、型号、技术参数、工作原理、结构等相关知识，了解高压开关柜的运行规程和检修规范，了解常见的高压开关柜事故，熟悉其预防措施。通过本项目的学习与训练，学生能够完成高压开关柜的巡视、维护工作，能够根据异常现象分析故障原因并完成故障处理等方面的工作。

【教学目标】

　　（1）掌握开关柜的类型、型号、基本技术参数和结构。

　　（2）读懂开关柜的产品说明书，认识开关柜的主要元器件，掌握开关柜的一次接线图，熟悉开关柜的二次接线图。

　　（3）了解开关柜的运行规程和检修规范，掌握开关柜的巡视、维护内容，掌握开关柜的停送电操作方法。

　　（4）收集检修所需的资料，确定检修方案，准备检修工具、备品、备件，布置检修安全措施，进行检修前的检查和试验，确定检修项目，实施开关柜的检修。

　　（5）结合本地区高压开关柜典型事故案例，分析高压开关柜反事故措施以及防止高压开关柜发生人身伤害事故措施。

【教学环境】

　　教学场所：多媒体教室、实训基地。

　　教学设备：电脑、投影仪、展台、扩音设备、纸质及电子资料。

　　教学资源：实训场地符合安全要求，实训设备充足可靠。

任务 4.1　高压开关柜的认识

【教学目标】

1. 知识目标

（1）掌握高压开关柜的种类及作用；

（2）熟悉高压开关柜型号及主要技术参数。

2. 能力目标

（1）能看懂高压开关柜一次、二次接线图；

（2）能说出高压开关柜的主要组成元件及作用；

（3）能说出高压开关柜"五防"实现方式。

3. 态度目标

（1）能做到认真预习和收集上课所需要的资料；

（2）能认真上课，仔细看书，听老师所讲的内容，积极参与讨论并发表意见；

（3）尊重小组的决定，积极配合小组其他成员完成分配的工作任务；

（4）在学习中，学习他人的长处，改正自己的缺点，积极与老师、同学交流和探讨；

（5）能吃苦耐劳，团结互助，具备职业岗位所需要的基本素质。

【任务描述】

结合现场和实训基地现有高压开关柜，采用工作班形式，让学生认识现场高压开关柜。

【任务准备】

课前预习相关部分知识，通过观看实训基地现有开关柜的实物、图片、动画、视频，经讨论后能独立回答下列问题：

（1）简述高压开关柜联锁装置的功能。

（2）结合一次接线方案，认识高压开关柜主要元器件。

【相关知识】

高压开关柜又称为成套开关或成套配电装置，它是以断路器为主的成套电气设备，通常是生产厂家根据电气主接线图的要求，将控制电器（断路器、隔离开关、负荷开关、自动开关等）、保护电器（熔断器、继电器、避雷器等）和测量电器（电流互感器、电压互感器、测量仪表等）及母线、载流导体、绝缘子等，按照一定的线路，装配在封闭的或敞开的金属柜体内，作为供电系统中接受和分配电能的装置。

一、高压开关柜的特点

（1）开关柜有多种一、二次接线方案，实现电能汇集、分配、计量和保护功能。每个开关柜的主回路和控制回路有确定的一次、二次接线方案。

（2）开关柜具备完善的"五防"功能，实现防止误分误合断路器、防止带电分合隔离开关、防止带电合接地开关、防止带接地分合断路器、防止误入带电间隔。

（3）开关柜具有接地的金属外壳，其外壳有支撑和防护作用。柜体具有足够的机械强度和刚度，当柜内发生故障时，不会出现变形损坏。金属外壳的作用是防止人体接近带电部分和触及运动部件，防止外界因素对内部设施的影响以及防止设备受到意外的冲击。

（4）开关柜具有抑制内部故障的功能，内部故障是指开关柜内部电弧短路引起的故障，一旦发生内部故障要求把电弧故障限制在隔室以内。

二、高压开关柜的分类及型号

1. 高压开关柜的分类

（1）开关柜按主开关的安装方式分为移开式（手车式）和固定式。

移开式开关柜内的主要电气元件安装在可抽出的手车上，手车柜有很好的互换性，可以提高供电可靠性，常用的手车有隔离手车、计量手车、断路器手车、电压互感器手车、电容

器手车和站用变压器手车等。手车柜按断路器的放置形式不同分为落地式和中置式。如
KYN28A-12 型开关柜。

固定式开关柜内所有的电气元件采用固定式安装，柜体结构简单，经济性好，如
XGN2-10、GG-1A 型开关柜。

（2）按柜体结构不同可分为金属封闭铠装式开关柜、金属封闭间隔式开关柜、金属封闭
箱式开关柜和敞开式开关柜。

金属封闭铠装式开关柜主要组成部件分别装在接地的用金属隔板隔开的隔室中，如
KYN28A-12 型高压开关柜。金属封闭间隔式开关柜与铠装式相似，其主要电气元件也分别
装于单独的隔室内，但具有一个或多个符合一定防护等级的非金属隔板，如 JYN2-12 型高
压开关柜。金属封闭箱式开关柜具有封闭的金属外壳，但隔室数目少于铠装式、间隔式，如
XGN2-12 型高压开关柜。敞开式开关柜是指外壳有部分是敞开的开关设备，如 GG-1A（F）
型高压开关柜。高压开关柜的分类及特点见表 4-1。

表 4-1   高压开关柜的分类及特点

分类方式	基本类型	结 构 特 点	优 缺 点
按断路器 安装方式	固定式	（1）断路器固定安装； （2）柜内装有隔离开关	（1）柜内空间较宽敞，检修容易； （2）易于制造，成本较低，但安全性差
	移开式	断路器可随移开部件（手车）移出柜外	（1）断路器移出柜外，更换、维修方便； （2）不安装隔离开关、结构紧凑； （3）加工精度较高，价格偏高
按柜内 隔室构成	半封闭式	柜体正面、侧面封闭，柜体背面和母线不 封闭	（1）结构简单，造价低； （2）安全性差
	箱式	隔室数目较少，或隔板防护等级低于 IP1X	（1）母线被封闭，安全性好些； （2）结构较复杂，价格偏高
	间隔式	（1）断路器及其两端相连的元件均有隔室； （2）隔板由非金属厚板制成	（1）安全性更好些； （2）结构复杂，价格较贵
	铠装式	结构与间隔式相同，但隔板由接地金属板 制成	（1）安全性最好； （2）结构更复杂，价格更高
按柜内 绝缘介质	空气绝缘	极间和极对地的绝缘靠空气间隙保证	（1）绝缘性能稳定、造价低； （2）柜体体积较大
	复合绝缘	极间和极对地绝缘靠较小的空气间隙加固 体绝缘材料来保证	（1）柜体体积小，但防凝性能不够可靠； （2）造价高一些
	SF_6 气体绝缘	全部回路元件置于密闭以容器中，充入 SF_6 气体	（1）技术复杂； （2）加工精度要求高、价格昂贵

（3）按安装地点分为户内和户外。用于户内开关柜表示只能在户内安装使用；用于户外
开关柜表示可以在户外安装使用。

2. 高压开关柜的型号

高压开关柜的型号表示如下：

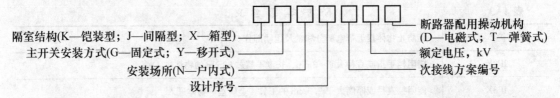

隔室结构(K—铠装型；J—间隔型；X—箱型)　　断路器配用操动机构(D—电磁式；T—弹簧式)
主开关安装方式(G—固定式；Y—移开式)　　额定电压，kV
安装场所(N—户内式)　　次接线方案编号
设计序号

例如，KYN28A-12(Z)/T1250-31.5，含义为：K—铠装式交流金属封闭开关设备；Y—移开式；N—户内；28—设计序号；A—改进顺序号；12—额定电压（12kV）；（Z）—配真空断路器；T—采用弹簧操动机构；1250—额定电流（1250A）；31.5—额定短路开断电流（31.5kA）。

例如，XGN15-12(F.R)/T100-31.5，含义为：X—箱式交流金属封闭开关设备；G—固定式；N—户内；15—设计序号；12—额定电压（12kV）；（F.R）—配负荷开关＋熔断器组合；T—采用弹簧操动机构；100—额定电流（100A）；31.5—额定短路开断电流（31.5kA）（通过熔断器实现）。

3. 高压开关柜的额定值

高压开关柜的额定值见表4-2。

表4-2　　　　　　　　　　　　　高压开关柜的额定值

序号	名称	单位	参数说明
1	额定电压	kV	额定电压是开关设备所在系统的最高电压。高压开关柜常用额定电压有12、40.5kV
2	额定绝缘水平	kV	额定绝缘水平反映开关设备承受的额定短时工频耐受电压和额定雷电冲击耐受电压
3	额定电流	A	额定电流是开关设备在规定的使用和性能条件下能持续通过的电流的有效值，如630、1250、1600A等
4	额定频率	Hz	50Hz
5	额定短时耐受电流	kA	在规定的使用和性能条件下，在规定的短时间内，开关设备和控制设备在合闸状态下能够承载的电流的有效值，如25、31.5、40kA等
6	额定短路持续时间	S	开关设备在合闸状态下能够承载额定短时耐受电流的时间间隔。72.5kV及以下的开关设备和控制设备的额定短路持续时间为4s
7	额定峰值耐受电流	kA	在规定的使用和性能条件下，开关设备在合闸状态下能承载的额定短时耐受电流的第一个大半波的电流峰值，如63、80、100kA等
8	控制回路额定电压	V	包括合闸和分闸装置及其辅助和控制回路的额定电源电压。高压开关柜常用控制回路电压有直流110、220V，交流220V

4. 外壳防护等级

防护等级含义见表 4 - 3。

表 4 - 3 防 护 等 级 含 义

防护等级	能防止物体接近带电部分和触及运动部分
IP2X	能阻挡手指或直径大于 12mm、长度不超过 80mm 的物体进入
IP3X	能阻挡直径或厚度大于 2.5mm 的工具、金属丝等物体进入
IP4X	能阻挡直径大于 1.0mm 的金属丝或厚度大于 1.0mm 的窄条等物体进入
IP5X	能防止影响设备安全运行的大量尘埃进入，但不能完全防止一般灰尘进入

三、高压开关柜的基本结构

高压开关柜由柜体和断路器二大部分组成，具有架空进出线、电缆进出线、母线联络等功能。柜体由壳体、电气元件（包括绝缘件）、各种机构、二次端子及连线等组成。

1. 柜体材料

柜体材料一般采用冷轧钢板或角钢、敷铝锌钢板或镀锌钢板、不导磁的不锈钢板、不导磁的铝板。冷轧钢板或角钢用于焊接柜；敷铝锌钢板或镀锌钢板用于组装柜。

2. 柜体功能单元

柜体功能单元包括母线室、断路器室、电缆室、继电器和仪表室、柜顶小母线室、二次端子室。母线室主母线的布置采用"品"字形或"1"字形两种结构，母线排列位置与相序的对应关系如表 4 - 4 所示。

表 4 - 4 母线排列位置与相序的对应关系

相别	涂色	母线安装位置		
		垂直	水平	引下线
A	黄	上	远	左
B	绿	中	中	中
C	红	下	近	右

3. 开关柜内常用的电气一次设备

（1）高压开关设备。包括高压断路器、隔离开关、接地开关、高压负荷开关和熔断器的组合电器、F - C 回路等。高压断路器采用 VS 系列真空断路器，配弹簧操动机构；固定式开关柜采用 GN 系列户内隔离开关；接地开关采用 JN 系列；高压负荷开关和熔断器的组合电器包括一组三极负荷开关以及配有撞击器的三只熔断器，任何一个撞击器动作会引起负荷开关三极自动分闸。负荷开关选用 FN 系列，按灭弧方式不同，负荷开关分为产气式、压气式、六氟化硫和真空负荷开关等。熔断器选用 RXN 系列限流熔断器；F - C 回路由高压限流熔断器和高压真空接触器组成，适用于频繁起动的高压电动机的保护与控制，在发电厂的厂用电系统使用广泛。

（2）互感器。采用电磁式电流、电压互感器。电流互感器选用 LZZBJ9 系列。接线方式选用单相式接线、两相不完全星形接线、三相式完全星形接线。

电压互感器选用 JDZ（X）10 系列。二次电压为 100V；一次电压根据系统电压确定。

零序电流互感器选用 LXK 系列，用于接地故障的保护。正常情况下，三相电流相量和等于零，零序电流互感器二次绕组无信号。当发生接地故障或三相电流不平衡时，三相电流相量和不等于零，零序电流互感器二次侧输出信号，带保护元件动作，切断电源，达到接地故障保护目的。

（3）避雷器（阻容吸收器）。避雷器（阻容吸收器）用来防御过电压。

避雷器根据使用场所不同分为配电型（S）、电站型（Z）、电机型（D）、电容器型（R）。配电型用于开关柜、变压器、箱式变电站、电缆头等有关配电设备免受大气和操作过电压损坏；电站型用于发电厂、变电站中交流电气设备免受大气过电压和操作过电压的损坏；电机型用来限制真空断路器投切旋转电机时产生的过电压，保护旋转电机免受操作过电压的损坏；电容器型用来抑制真空断路器操作电容器组产生的过电压，保护电容器组免受操作过电压的损坏。其中配电型常用于 10kV 配电线路（出线），电站型常用于母线设备和主变压器 10kV 侧（进线）。

阻容吸收器（RC 保护器）是将高压电容器和专用无感线性电阻串联后接入电网的一种吸收过电压的有效设备，用于吸收真空断路器、真空接触器在开断感性负载时产生的操作过电压，同时具有吸收大气过电压及其他形式的暂态冲击过电压的功能。

为了防御操作过电压，通行的做法是在靠近断路器或接触器位置安装氧化锌避雷器或阻容吸收器进行冲击保护。氧化锌避雷器的优点主要在能量吸收能力强，可以用于防雷电等大电流冲击；阻容吸收器的优点主要在于起始工作电压低，可有效吸收小电流冲击对设备的影响。

（4）母线及绝缘件。母线分为主母线和分支母线。绝缘件包括穿墙套管、触头盒、绝缘子、绝缘热缩冷缩护套等。

（5）高压带电显示装置。用来提示带电状况和强制闭锁开关柜网门。常用 DXN 系列高压带电显示装置，由传感器和显示器组成，可以与各种类型高压开关柜、隔离开关、接地开关等配套使用。显示器分为提示型显示器、强制型显示器、带核相型显示器。提示型显示器用于提示高压回路的带电状况，起防误与安全的提示作用；强制型显示器除具有提示型显示器的功能外，还可与电磁锁配合实现强制闭锁开关柜操作手柄及网门，实现防止带电合接地开关、防止误入带电间隔的功能；带核相型显示器的显示器面板设置了相位测试端，方便现场双电源核相。

（6）并联电容器成套装置。包括电容器、电抗器、放电线圈、熔断器、避雷器、母线等。熔断器与电容器串联，当该电容器内部有部分串联段击穿时，熔断器动作，将该台故障电容器迅速从电容器组切除，有效防止故障扩大。放电线圈并联在电容器回路，当电容器组从电源退出运行后，能使电容器上的剩余电压在很短时间内自额定电压峰值降至安全电压以下。氧化锌避雷器并接在线路上，以限制投切电容器组所引起的操作过电压。串联电抗器串接在电容器回路中，以限制投切电容器组中的高次谐波，降低合闸涌流。

4. 开关柜内常用的电气二次设备

二次设备指对一次设备进行监察、控制、测量、调整和保护的低压设备。常用设备有继电器、电能表、电流表、电压表、功率表、功率因数表、低压熔断器、低压断路器、各种转换开关、信号灯、按钮、微机综合保护装置等。

四、高压开关柜的一次接线

1. 一次接线方案

高压开关柜提供多种一次接线方案，部分一次接线方案图见表4-5。

表4-5　　　　　　　　　　　　　　高压开关柜一次接线方案

一次方案编号		01	02	03	04	05	06	07
主回路方案								
用途		受电、馈电				联络		
额定电流（A）		630～4000						
主回路电气元件	真空断路器 VS1、VSm、VD4、3AH、ZN65A	1	1	1	1	1	1	1
	电压互感器 LZZBJ9-12	2	2	3	3	2	2	3
	避雷器 HY5W	3	3	3	3	3	3	3
	接地开关 JN16-10		1		1			
备注								

2. 一次接线图

每一种型号的高压开关柜包含若干一次接线方案。一次接线图按照功能的不同分为：

（1）进线柜：将电缆进线或架空进线通过控制保护电器直接或通过计量装置接到到母线上。

（2）电压互感器柜：将电压互感器接到母线上，监视母线电压变化，有时避雷器装入该柜。

（3）出线柜：将负载（变压器、电动机、架空线、电容器等）通过控制保护电器接到主母线上。

（4）母联柜（分段柜）：采用单母线或双母线接线时，利用母联断路器、分段断路器起各组母线间联络作用。采用单母线接线时，有时也采用隔离开关分段。

（5）无功补偿柜：将并联电容器成套装置接入母线上，起集中补偿作用。

（6）计量柜：进行有功电能和无功电能的计量。

（7）发电厂、变电站的厂（站）用变柜：直接为变电站提供照明和动力电源。

图4-1为单母线接线某10kV配电装置的一次接线图。

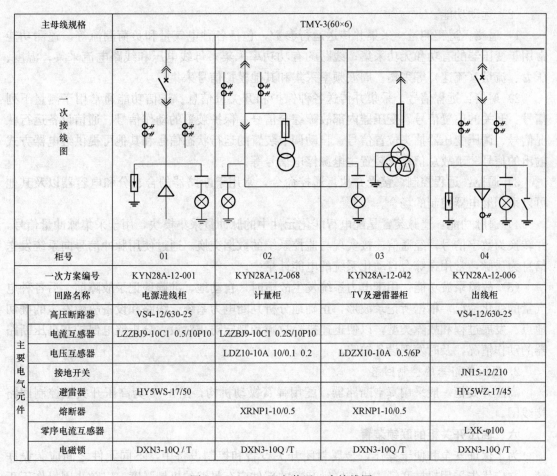

主母线规格	TMY-3(60×6)			
一次接线图				
柜号	01	02	03	04
一次方案编号	KYN28A-12-001	KYN28A-12-068	KYN28A-12-042	KYN28A-12-006
回路名称	电源进线柜	计量柜	TV及避雷器柜	出线柜
高压断路器	VS4-12/630-25			VS4-12/630-25
电流互感器	LZZBJ9-10C1 0.5/10P10	LZZBJ9-10C1 0.2S/10P10		
电压互感器		LDZ10-10A 10/0.1 0.2	LDZX10-10A 0.5/6P	
接地开关				JN15-12/210
避雷器	HY5WS-17/50			HY5WZ-17/45
熔断器		XRNP1-10/0.5	XRNP1-10/0.5	
零序电流互感器				LXK-φ100
电磁锁	DXN3-10Q/T	DXN3-10Q/T	DXN3-10Q/T	DXN3-10Q/T

图 4-1 10kV 配电装置一次接线图

五、高压开关柜的二次接线

1. 高压开关柜的保护装置

高压开关柜目前一般采用微机保护测控装置。根据保护对象的不同，配置不同的保护。
适用于 35KV 及以下电压等级的微机线路变压器组保护测控装置主要功能有：

（1）保护功能。

1）三相（或两相）式三段电流保护（速断、限时电流速断、过电流）；

2）反时限过电流保护；

3）三相一次重合闸；

4）低频减载；

5）零序方向保护（小电流接地选线用）；

6）低压减载；

7）零序过电流保护；

8）过负荷告警；

9）电流、电压互感器的断线报警；

10）差动速断保护。

（2）远动功能。

1）遥测：远程测量。采集并传送运行参数，包括各种电气量和负荷潮流等。遥测功能常用于变压器的有功和无功采集；线路的有功功率采集；母线电压和线路电流采集；温度、压力、流量（流速）等采集；周波频率采集和其他模拟信号采集。

2）遥信：远程信号。采集并传送各种保护和开关量信息。遥信功能通常用于测量下列信号：开关的位置信号、变压器内部故障综合信号、保护装置的动作信号、通信设备运行状况信号、调压变压器抽头位置信号、自动调节装置的运行状态信号和其他可提供继电器方式输出的信号、事故总信号及装置主电源停电信号等。

3）遥控：远程控制。接受并执行遥控命令，常用于断路器的合、分和电容器以及其他可以采用继电器控制的场合。

4）遥脉功能：遥脉装置是配电智能化元件中的脉冲量采集模块，用于采集脉冲量信号，并转换为数字信号，经通信连接实现与监控系统的数据交换。通过使用脉冲信号向系统发送信息为遥脉，常用在综合自动化系统的电能计量中。

（3）故障录波功能：用于电力系统发生故障时，自动地、准确地记录故障前、后各种电气量的变化情况。根据所记录波形，正确地分析判断电力系统、线路和设备故障发生的确切地点、发展过程和故障类型，以便迅速排除故障和制定防止对策。分析继电保护和高压断路器的动作情况，及时发现设备缺陷。

2. 高压断路器的控制回路

高压开关柜一般采用真空断路器，配用弹簧操动机构，图4-2为高压开关柜控制回路接线图。

六、高压开关柜的联锁装置

为了保证安全和便于操作，金属封闭开关设备和控制设备中，不同元件之间应装设联锁，并应优先采用机械联锁。机械联锁装置的部件应有足够的机械强度，以防止因操作不正确而造成变形或损坏。根据 DL/T 404—2007《3.6kV～40.5kV 交流金属封闭开关设备和控制设备》要求，下列规定对主回路是强制性的。

1. 具有可移开部件的金属封闭开关设备和控制设备

（1）断路器、负荷开关或接触器只有在分闸位置时可移开部件才能抽出或插入。

（2）可移开部件只有处于试验位置时，接地开关才能合闸，相应隔室的门才能打开。

（3）可移开部件只有在工作位置、隔离位置、移开位置、试验位置或接地位置时，断路器、负荷开关或接触器才能操作。

（4）处于合闸位置的接地开关只有相应隔室的门关闭后才能分闸，可移开部件才能插入。

（5）断路器、负荷开关或接触器只有在与自动分闸相关的辅助回路均已接通时才能在工作位置合闸。反之，当断路器、负荷开关或接触器在工作位置时辅助回路不得断开，相应隔室的门不能打开。

（6）设可防止就地误分或误合断路器、负荷开关或接触器的防误装置，可以是提示性的。

2. 装有隔离开关的金属封闭开关设备和控制设备

（1）应装设联锁装置以防止在规定条件以外进行隔离开关的操作。只有相关的断路器、

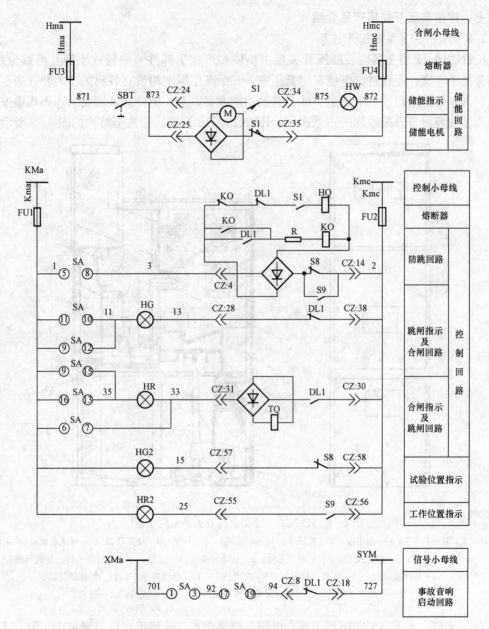

图 4 - 2 高压开关柜控制回路接线图

负荷开关或接触器处于分闸位置时才能进行隔离开关的操作。（在双母线系统，如果母线切换时电流不能中断，上述规定可不考虑）

（2）只有隔离开关处于分闸位置时，其接地开关才能合闸，隔室的门才能打开。反之，只有隔室的门关闭后，处于合闸位置的接地开关才能分闸。

（3）接地开关与相关的隔离开关之间应装设联锁。

（4）应装设可防止就地误分或误合断路器、负荷开关或接触器的防误装置，可以是提示性的。

七、常用高压开关柜产品介绍

1. KYN28A-12 型高压开关柜

KYN28A-12 型金属铠装高压开关柜由柜体和可抽出部件（中置式手车）两部分组成。柜体分成手车室、母线室、电缆室、低压室。三个高压隔室均设有各自的压力释放通道及释放口，具有架空进出线、电缆进出线及其他功能方案，开关柜分为靠墙安装和不靠墙安装两类，靠墙安装可节省配电间的占地面积。KYN28A-12 型高压开关柜结构如图 4-3 所示。

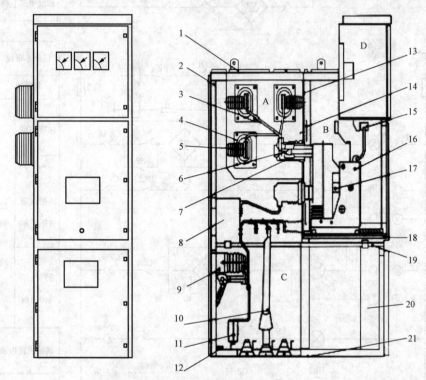

图 4-3　KYN28A-12 型高压开关柜结构示意图

A—母线室；B—手车室；C—电缆室；D—低压室；1—泄压装置；2—外壳；3—分支母线；4—母线套管；5—主母线；
6—静触头装置；7—静触头盒；8—电流互感器；9—接地开关；10—电缆；11—避雷器；12—接地母线；
13—装卸式隔板；14—隔板（活门）；15—二次插头；16—断路器手车；17—加热除湿器；
18—可抽去式隔板；19—接地开关操作机构；20—控制小线槽；21—底板

（1）手车。手车分为断路器手车、电压互感器手车、计量手车以及隔离手车等。手车在柜内有工作位置和试验位置的定位机构。

手车的移动借助于转运车实现。转运车高度可以调整，用转运车接轨与柜体导轨衔接时，手车方能从转运车推入手车室内或从手车室内接至转运车上。为保护手车的平稳推入与退出，转运车与柜体间分别设置了左右两个导向杆和中间锁杆，位置一一对应。在手车欲推入或退出时，转运车必须先推至柜前，分别调节四个手轮的高度，使托盘接轨的高度与柜体手车导轨高度一致。并将托盘前的左右两个导向杆与中间锁杆分别插入柜体左右侧导向孔和中间锁孔内，锁钩靠拉簧的作用将自动钩住柜体中隔板，转运车即与柜体连在一起，即可进行手车的推入与退出工作。

手车推入时，先用手向内侧拨动锁杆与手车托盘解锁，接着将断路器小车直接推入断路器小室内，松开双手并锁定在试验/断开位置，此时可对手车进行推入操作。插入手把，即可摇动手车至工作位置。手车到工作位置后，推进手柄即摇不动，同时伴随有锁定响动声，其对应位置指示灯亦同时指示其所在位置。当断路器手车在从试验位置摇至工作位置或从工作位置退至试验位置过程中，断路器始终处于分闸状态。

（2）隔室。断路器隔室两侧安装了轨道，供手车在柜内由隔离位置移动至工作位置。静触头盒的隔板安装在手车室的后壁上，当手车从断开位置移动到工作位置过程中，上、下静触头盒上的活门与手车联动，同时自动打开；当反方向移动时活门则自动闭合，直至手车退至指定的位置完全覆盖住静触头盒，形成有效隔离，同时由于上、下活门不联动，在检修时，可锁定带电侧的活门从而保证检修维护人员不触及带电体。在断路器室门关闭时，手车同样能操作，通过上门观察窗，可以观察隔室内手车所处的位置、合闸及分闸显示、储能状况。

母线隔室的主母线垂直立放布置，支母线通过螺栓直接与主母线和静触头盒连接，不需要其他中间支撑。母线穿越邻柜经穿墙绝缘套管，这样可以有效防止内部故障电弧的蔓延。为方便主母线安装，在母线室后部设置了可拆卸的封板。

电缆室空间较大，电流互感器直接装在手车室的后隔板的位置上，接地开关装在电缆室后壁上，避雷器安装于隔室后下部。在电缆连接端，通常每相可并接 1～3 根单芯电缆，必要时可并接 6 根单芯电缆。电缆室封板为可拆卸式开缝的不导磁金属板，施工方便。

低压隔室用来安装继电保护装置、仪表等二次设备。控制线路敷设在线槽内，并有金属盖板，可使二次线与高压室隔离。其左侧线槽是为控制线路的引进和引出预留的，开关自身内部的线路敷设在右侧。在继电器仪表室的顶板上还留有便于施工的小母线穿越孔。接线时，仪表室顶盖板可供翻转，便于小母线的安装。

（3）泄压装置。在断路器手车室、母线室和电缆室的上方均设有泄压装置，当断路器或母线发生内部故障电弧时，伴随电弧的出现，开关柜内部气压升高，装设在门上的特殊密封圈把柜前面封闭起来，顶部装备的泄压金属板将被自动打开，释放压力和排泄气体，以确保操作人员和开关柜的安全。

（4）二次插头与手车的位置联锁。开关柜与断路器手车的二次线通过手动二次插头来实现联络。二次插头的动触头通过一个尼龙波纹伸缩管与断路器手车相连，二次静触头座装设在开关柜手车室的右上方。断路器手车只有在实验/断开位置时，才能插上和解除二次插件；断路器手车处于工作位置时由于机械联锁作用，二次插件被锁定，不能被解除。由于断路器手车的合闸机构被电磁铁锁定，所以断路器手车在二次插头未接通前仅能进行分闸，无法使其合闸。

（5）带电显示装置。开关柜内设有检查一次回路运行的带电显示装置。该装置由高压传感器和显示器两单元组成。该装置不但可以提示高压回路带电状况，而且还可以与电磁锁配合，实现防止带电关合接地开关、防止误入带电间隔的功能。

（6）防止误操作联锁装置。开关柜内设有安全可靠的联锁装置，以满足"五防"要求。

1）仪表室门上装有提示性的按钮或者转换开关，以防止误合、误分断路器手车。

2）断路器手车在试验或工作位置时，断路器才能进行合分操作，而且在断路器合闸后，手车无法移动，防止了带负荷误推拉断路器。

3）当接地开关处在分闸位置时，断路器手车（断路器断开状态）才能从试验/断开位置移至工作位置。当断路器手车处于试验/断开位置时，接地开关才能进行合闸操作（接地开关可带电压显示装置）。这样实现了防止带电误合接地开关，防止了接地开关处在闭合位置时移动断路器手车。

4）接地开关处于分闸位置时，前下门及后门都无法打开，可防止误入带电间隔。

5）装有电磁闭锁回路的断路器手车在试验或工作位置，而没有控制电压时，仅能手动分闸，但不能合闸。

6）断路器手车在工作位置时，二次插头被锁定不能拔除。

7）按使用要求各柜体间可装电气联锁及机械联锁。

2. XGN2-12 型高压开关柜

XGN2-12 箱型固定式金属封闭式开关柜结构简单、工艺要求低，价格相对较低，但固定柜的尺寸偏大。由于采用隔离开关取代隔离插头，连接质量和可靠性比移开式开关柜更加容易保证。开关柜采用三工位隔离开关，实现可靠分隔，提高了局部检修主回路的安全性；柜体骨架为金属封闭箱式结构，柜体骨架由角钢焊接而成，柜内分为断路器室、母线室、电缆室、继电器室。室与室之间用钢板隔开。XGN2-12 型高压开关柜的结构如图 4 - 4 所示。

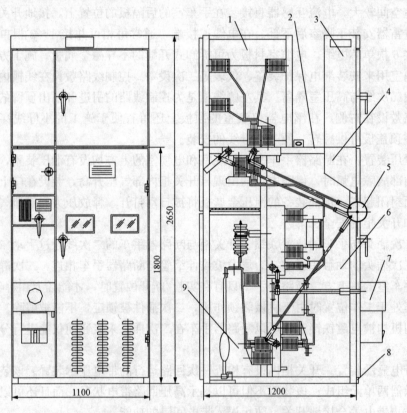

图 4 - 4　XGN2-12 型高压开关柜结构

1—母线室；2—压力释放通道；3—仪表室；4—组合开关室；5—手力操作及联锁机构；
6—主开关室；7—电磁或弹簧机构；8—接地母线；9—电缆室

（1）开关柜基本结构。断路器室在柜体下部，真空断路器下接线端子与电流互感器连接，电流互感器与下隔离开关接线端子连接，断路器上接线端子与上隔离开关的接线端子连接。断路器室还设有压力释放通道，内部故障发生时，气体可通过排气通道将压力释放。

母线室在柜体后上部，为了减小柜体高度，母线呈品字形排列，以高强度的瓷质绝缘子支持，母线与上隔离开关接线端子相连接。

电缆室在柜体下部的后方，电缆室内支持绝缘子可设有监视装置，电缆固定在支架上。

继电器室在柜体上部前方，室内安装板可安装各种继电器等。室内有端子排支架，门上可安装指示仪表、信号灯等二次元件，顶部还可布置二次小母线。断路器操动机构装在正面左边位置，其上方为隔离开关的操作及联锁机构。

开关柜为双面维护，前面检修继电器室的二次元件，维护操动机构、机械联锁及传动部分，检修断路器；后方维修主母线和电缆终端。在断路器室和电缆室均装有照明灯，前门的下方设有与柜宽方向平行的接地铜母线。

(2) 防止误操作联锁装置。开关柜采用强制性机械联锁方式，联锁装置由支座、圆盘、面板、锁板、手柄、联杆等主要部件构成。机械联锁装置的工作原理如下：

1) 停电操作（运行→检修）。开关柜处于工作位置，即上下隔离开关、断路器处于合闸状态，前后门关闭已锁好，并处于带电运行中，这时的小手柄处于工作位置。

先将断路器分闸，再将小手柄扳到"分断闭锁"位置，此时断路器不能合闸；将操作手柄插入下隔离的操作孔内，从上往下拉，拉到下隔离分闸位置，将操作手柄取下，再插入上隔离操作孔内从上往下拉，拉到上隔离分闸位置；再将操作手柄取下，插入接地开关操作孔内，从下向上推，使接地开关处于合闸位置，此时可将小手柄扳至"检修"位置，才能打开前门，取出后门钥匙打开后门，停电操作完毕，检修人员方可对断路器及电缆室进行维护和检修。

2) 送电操作（检修→运行）。若已检修完毕，需要送电，其操作程序如下：将后门关好锁定，钥匙取出后关前门，将小手柄从"检修"位置扳至"分断闭锁"位置，此时前门被锁定，断路器不能合闸；将操作手柄插入接地开关操作孔内，从上向下拉，使接地开关处于分闸位置；再将操作手柄取下插入上隔离开关的操作孔内，从下向上推，使上隔离处于合闸位置，将操作手柄拿下，插入下隔离开关的操作孔内，从下向上推，使下隔离处于合闸位置，取出操作手柄，将小手柄扳至工作位置，这时可将断路器合闸。

【任务实施】

(1) 以小组为单位，认识 KYN28A-12 中置柜的结构，识读高压开关柜一次、二次接线图；

(2) 说出高压开关柜的主要组成元件及作用；说出高压开关柜"五防"实现方式。

任务4.2　高压开关柜的运行

【教学目标】

1. 知识目标

(1) 掌握开关柜巡视检查项目及标准；

(2) 掌握开关柜停送电操作安全注意事项。

2. 能力目标

能够对开关柜进行投产验收、运行维护、操作，并做工作记录。

3. 态度目标

（1）能做到认真预习和收集上课所需要的资料；

（2）能认真上课，仔细看书，听老师所讲的内容，积极参与讨论并发表意见；

（3）尊重小组的决定，积极配合小组其他成员完成分配的工作任务；

（4）在学习中，学习他人的长处，改正自己的缺点，积极与老师、同学交流和探讨；

（5）能吃苦耐劳，团结互助，具备职业岗位所需要的基本素质。

【任务描述】

根据高压开关柜的巡视要点，对其进行正常巡视，巡视过程中若发现缺陷和隐患要及时记录。按照高压开关柜的操作规范对其进行停电、送电操作，操作时要进行危险点的分析与控制，并布置好安全措施。

【任务准备】

课前预习相关部分知识，经讨论后能独立回答下列问题：

（1）高压开关柜的巡视内容有哪些？

（2）高压开关柜在操作时的注意事项有哪些？

【相关知识】

一、高压开关柜巡视与检查

1. 高压开关柜正常巡视与检查

高压开关柜巡视检查项目及标准见表 4-6。

表 4-6　　　　　　　　　　　高压开关柜巡视检查项目及标准

序号	检 查 项 目	标 　 准
1	标志牌	名称、编号齐全、完好
2	外观检查	无异音，无过热、无变形等异常
3	表计	指示正常
4	操作方式切换开关	正常在"远控"位置
5	操作把手及闭锁	位置正确、无异常
6	高压带电显示装置	指示正确
7	位置指示器	指示正确
8	电源小开关	位置正确

2. 高压开关柜的特殊巡视

（1）在下列情况下应对高压开关柜进行特殊巡视：

1）开关柜在接近额定负荷的情况下运行；

2）开关室内的温度较高时；

3）开关柜内部有不正常的声响；

4）开关柜柜体或母线槽因电磁场谐振发出异常声响时；

5）高压开关柜投运后的巡视。

（2）高压开关柜特殊巡视的项目：

1）开关柜在接近额定负荷的情况下运行时应加强对开关柜的测温，无法直接进行测温的封闭式开关柜，巡视时可用手触摸各开关柜的柜体，以确认开关柜是否发热，必要时应通知地调转移部分负荷；

2）开关室内的温度较高时应开启开关室所有的通风设备，若此时温度还不断升高应通知地调降低负荷；

3）开关柜内部有不正常的声响时，运行人员应密切观察该异常声响的变化情况，必要时应停电检查；

4）开关柜柜体或母线槽因电磁场谐振发出异常声响时运行人员应通知汇报调度，加强巡视和对设备的测温工作；

5）高压开关柜投运后的巡视应特别注意接头（柜体外表）无过热，柜内无异常声响等。

二、KYN28A-12 型高压开关柜的操作

1. 开关柜手车式断路器的操作注意事项

（1）手车式断路器允许停留在运行、试验、检修位置，不得停留在其他位置。检修后，应推至试验位置，进行传动试验，试验良好后方可投入运行。

（2）手车式断路器无论在工作位置还是在试验位置，均应用机械联锁把手车锁定。

（3）当手车式断路器推入柜内时，应保持垂直缓缓推进。处于试验位置时，必须将二次插头插入二次插座，断开合闸电源，释放弹簧储能。

2. 无接地开关的断路器柜的操作

（1）将断路器可移开部件装入柜体。断路器小车准备由柜外推入柜内前，应认真检查断路器是否完好，有无漏装部件，有无工具等杂物放在机构箱或开关内，确认无问题后将小车装在转运车上并锁好。将转运车推到柜前把小车升到合适位置，将转运车前部定位锁板插入柜体中隔板插口并将转运车与柜体锁定之后，打开断路器小车的锁定钩，将小车平稳推入柜体，同时锁定。当确认已将小车与柜体锁定好之后，解除转运车与柜体的锁定，将转运车推开。

（2）小车在柜内操作。小车从转运车装入柜体后，即处于柜内断开位置，若想将小车投入运行，首先使小车处于试验位置，应将二次插头插好，若通电则仪表室面板上试验位置指示灯亮，此时可在主回路未接通的情况下对小车进行电气操作试验。若想继续操作，首先必须把所有柜门关好，用钥匙插入门锁孔，把门锁好，并确认断路器处分闸状态。此时可将手车操作摇把插入中面板上操作孔内，顺时针转动摇把，直到摇把明显受阻并听到清脆的辅助开关切换声，同时仪表室面板上工作位置指示灯亮，然后取下摇把。此时，主回路接通，断路器处于工作位置，可通过控制回路对其进行合、分操作。

若准备将小车从工作位置退出，首先，应确认断路器已处于分闸状态，插入手车操作摇把，逆时针转动直到摇把受阻并听到清脆的辅助开关切换声，小车便回到试验位置。此时，主回路已经完全断开，金属活门关闭。

（3）从柜中取出小车。若准备从柜内取出小车，首先应确定小车已处于试验位置，然后解除辅助回路插头，并将动插头扣锁在手车架上，此时将运转车推到柜前（与把小车装入柜内时相同），然后将手车解锁并向外拉出。当手车完全进入转运车并确认转运车锁定，解除转运车与柜体的锁定，把转运车向后拉出适当距离后，轻轻放下停稳。如小车要用转运车运输较长距离时，在推动转动小车过程中要格外小心，以避免运输过程中发生意外事故。

（4）断路器在柜内分、合闸状态确认。断路器的分合闸状态可由断路的手车面板上分合闸指示牌及仪表室面板上分合闸指示灯两方判定。

若透过柜体中面板观察玻璃看到手车面板上绿色的分闸提示牌，则判定断路器处于分闸状态，此时如果辅助回路插头接通电源，则仪表面板上分闸指示灯亮。

若透过柜体中面板观察玻璃看到手车面板上红色的合闸提示牌，则判定断路器处于合闸状态，此时如果辅助回路插头接通电源，则仪表面板上合闸指示灯亮。

3. 有接地开关的断路器柜的操作

将断路器手车推入柜内和从柜内取出手车程序，与无接地开关的断路器柜的操作程序完全相同。手车在柜内操作过程中和操作接地开关过程中要注意的地方叙述如下：

（1）手车在柜内操作。当准备将手车推入工作位置时，除了要遵守第一条中提醒注意的诸项要求外，还应确认接地开关处于分闸状态，否则一上步操作无法完成。

（2）合、分接地操作。若要合接地开关，首先应确定手车已退到试验位置，并取下推行摇把，然后按下接地开关操作孔处联锁弯板，插入接地开关操作手柄，顺时针转动90°，接地开关处于合闸状态，若再逆时针转动90°，便将接地开关分闸。

4. 一般隔离柜的操作

隔离手车不具备接通和断开负荷电流的能力，因此在带负荷的情况下不允许推拉手车。在进行隔离手车柜内操作时，必须保证首先将与之相配合的断路器分闸，同时断路器分闸后其辅助触点转换解除与配合的隔离手车上的电气联锁，只有这时才能操作隔离手车。具体操作程序同操作断路器手车相同。

三、使用联锁的注意事项

（1）中置柜联锁以机械联锁为主，辅之以电气联锁，功能上能实现开关柜"五防"联锁的要求，但是操作人员不应因此而忽视操作规程的要求，只有规程制度与技术手段相结合才能有效发挥联锁装置的保障作用，防止误操作事故的发生。

（2）中置柜联锁功能的投入与解除，大部分是在正常操作过程中同时实现的，不需要增加额外的操作步骤。如发现操作受阻应首先检查是否有误操作的可能，而不应强行操作以至损坏设备，甚至导致误操作事故的发生。

（3）有些联锁因特殊需要允许紧急解锁（如柜体下面板和接地开关的联锁），但紧急解锁钥匙的使用必须严格按照运行规程的要求执行，处理完毕，应立即恢复联锁原状。

【任务实施】

（1）以小组为单位，对 KYN28A-12 型中置式手车柜进行巡视检查，手车柜的巡视检查项目如表 4-6 所示。

（2）以小组为单位，对 KYN28A-12 型出线柜进行送电操作，送电操作程序如下：

1）关闭所有柜门及后封板，并锁好。

2）将接地开关操作手柄插入中门右下侧六角孔内，逆时针旋转，使接地开关处于分闸位置，取出操作手柄，操作孔处联锁板自动弹回，遮住操作孔，柜下门闭锁。

3）推上转运小车并使其定位，把断路器手车推入柜内并使其在试验位置定位，断路器到达试验位置后，放开推拉把手，把手应自动复位。手动插上航空插，关上手车室门并锁好。观察上柜门各仪表、信号指示是否正常。

4）将断路器手车摇柄插入摇柄插口并用力压下，顺时针转动摇柄，约20圈，在摇柄明显受阻并伴有"咔嗒"声时取下摇柄，此时手车处于工作位置，航空插被锁定，断路器手车主回路接通，查看相关信号。

5）操作仪表门上合、分转换开关使断路器合闸送电，同时仪表门上红色合闸指示灯亮，绿色分闸指示灯灭，查看带电显示及其他相关信号，一切正常，送电成功。

（3）以小组为单位，对KYN28A-12型出线柜进行停电操作，停电操作程序如下：

1）操作仪表门上合、分转换开关使断路器分闸，同时仪表门上红色合闸指示灯灭，绿色分闸指示灯亮，查看其他相关信号，一切正常，停电成功。

2）将断路器手车摇柄插入摇柄插口并用力压下，逆时针转动摇柄，在摇柄明显受阻并伴有"咔嗒"声时取下摇柄，此时手车处于试验位置，航空插锁定解除，打开手车室门，手动脱离航空插。

3）推上转运小车并使其锁定，拉出断路器手车至转运小车，移开转运小车。观察带电显示器，确认不带电方可继续操作。

4）将接地开关操作手柄插入中门右下侧六角孔内，顺时针旋转，使接地开关处于合闸位置，确认接地开关已处于合闸后，打开柜下门，维修人员可进入维护、检修。

5）接地开关和断路器及柜门均有联锁，只有在断路器处于试验位置或抽出柜外才可以分合接地开关，也只有在接地开关分闸后才可把断路器由试验位置摇至工作位置，不可强行操作。接地开关与柜下门联锁可紧急解锁，只有在确认必要时才可紧急解锁，否则有触电危险。

任务4.3　高压开关柜的检修

【教学目标】

1. 知识目标

（1）了解高压开关柜的检修分类；

（2）熟悉高压开关柜检修的工艺流程、要求。

2. 能力目标

根据开关柜检修的一般规定，收集检修所需的资料，确定检修方案，准备检修工具、备件及材料，设置检修安全措施，处理检修环境，进行检修前的检查和试验，确定检修项目，实施开关柜的检修，并做检修记录和总结报告。

3. 态度目标

（1）能做到认真预习和收集上课所需要的资料；

（2）能认真上课，仔细看书，听老师所讲的内容，积极参与讨论并发表意见；

（3）尊重小组的决定，积极配合小组其他成员完成分配的工作任务；

（4）在学习中，学习他人的长处，改正自己的缺点，积极与老师、同学交流和探讨；

（5）能吃苦耐劳，团结互助，具备职业岗位所需的基本素质。

【任务描述】

在对高压开关柜的检修规定有了详细了解之后，根据检修周期和运行工况进行综合分析判断，对 KYN28A-12 型高压开关柜进行检修。

【任务准备】

课前预习相关部分知识，了解高压开关柜检修的工艺流程及要求，并根据设备数量进行分组。

（1）确定分组情况、明确小组成员的分工及职责。

（2）明确危险点，完成危险点的分析工作。

（3）制订检修工作计划、作业方案。

（4）准备检修工器具及材料。

【相关知识】

1. 检修分类

高压开关柜的检修包括指整体性检修、局部性检修以及维护性检修和巡检。整体性检修是对开关柜进行较全面、整体性的解体修理、更换。局部性检修是对开关柜部分功能部件进行局部的分解、检查、修理、更换。维护性检修和巡检是对设备在不停电状态下进行的带电测试和设备外观检查、维护、保养。

高压开关柜检修周期应根据设备运行状况，通过状态评价确定。维护性检修和巡检周期可根据开关柜的重要性适当调整。对于特别重要、重要的设备 1 个月 1 次，其余 3 个月1 次。

2. 手车开关柜维护性检修和巡检项目

（1）目测检查。主要观察开关柜内有无其他杂物；开关柜的间隔密封及内部的清洁状况；绝缘件表面的完好状况；导电体是否有因过热而引起的表面变色或变形；各传动联锁部分是否有变形现象；触头接触状况；静、动触头上是否有烧损，如果有烧损应更换；动触头上的弹簧是否挂紧（检查其间距是否均匀）。

（2）清洁。对绝缘件的清洁一般用干净的布擦拭，必要时可用少量的酒精。对传动结构件先用干布将原有油脂擦拭干净，必要时可用少量的酒精或其他无腐蚀性、不易燃的清洗液清洁。对触头的清洁可用干净的布擦拭，必要时可用少量的酒精。

（3）润滑。可直接用小号漆刷将黄色润滑油脂涂在需润滑的传动结构件上。在触头上用手指涂上少量黑色润滑油脂，涂抹应均匀。

（4）螺栓紧固力矩的检查。对不同规格的螺栓，用力矩扳手检查螺栓是否松动。要求每一个螺栓都必须按照规定的力矩旋紧。

（5）手车的检查。当手车在试验位置时，检查断路器是否能可靠合分闸，接地开关是否能正常操作；在工作位置时，二次插头必须保持良好接触，并且不能被拔出，断路器能可靠电动/手动合分闸，接地开关不能操作。

（6）联锁装置的检查。手车在试验位置和工作位置之间移动时，断路器应处于分闸状态，接地开关不能合闸。

（7）手车触头的检查。检查触头中心距、检查手车触头的啮合深度，其尺寸应满足厂家要求。手车触头的啮合深度测量方法为：在静触头上涂少量黑色润滑油脂，按操作说明将手车推至运行位置，再将手车拉出柜外，然后测量手车动静触头啮合时留在静触头上的压痕。

（8）接地操作杆的检查。将接地刀手柄插入接地刀操作孔，在 90°范围内顺时针和逆时针旋转，各部分应旋转灵活，不得有卡滞现象。接地开关合上时应可靠接触。手柄未转到位时，接地刀操作手柄应无法取出。

（9）活门联锁机构的检查。要求活门机构能够开关自如，活门应左右平衡上下做升降运动。当打开活门时，触头露出；活门复位时，触头盒被遮盖。对活门导杆和轴套等进行清洁和润滑。注意：在断路器推进开关柜前，必须将活门关闭，否则将引起设备损坏，必须在母线侧和馈线侧停电情况下才能检查活门。

（10）行程开关的检查。当断路器在试验位置时，行程开关状态与接线图规定状态相同；当断路器在中间位置时，行程开关所有节点打开；当断路器在工作位置时，行程开关状态翻转。

（11）接地装置的检查。对柜内的接地回路进行检查，保证柜中接地母线可靠接地。

（12）主回路电阻的测量。

（13）收尾工作。检查是否有工具或异物遗留在柜内；按程序盖好母线室释压通道盖板、母线室盖板及电缆室盖板；关上电缆室门（如果有门）或盖板；确认活门已关闭。推入可移开部分，并将开关柜恢复到维护前的状态；清理现场，清点工具。

3. 手车开关柜常见缺陷处理

手车开关柜运行、检修过程中常见缺陷原因及处理方法见表 4 - 7。

表 4 - 7　　　　　　　手车开关柜运行、检修过程中常见缺陷原因及处理方法

序号	缺　陷　描　述	缺　陷　原　因	处　理　方　法
1	断路器不能电动合闸	（1）二次插头未插上	（1）插上二次插头
		（2）二次控制回路接线松动	（2）将有关松动的接头接好
		（3）断路器未储能	（3）手动或电动储能
2	断路器不能合闸	手车未到位，处于试验位置和工作位置之间	把手车摇到试验位置或工作位置
3	手车推不到工作位置	（1）活门未关闭	（1）拉出断路器，关闭活门
		（2）接地开关未分闸	（2）将接地开关分闸
		（3）断路器未分闸	（3）将断路器分闸
4	手车无法从工作位置摇出	断路器未分闸	将断路器分闸
5	手车在试验位置无法拉出柜外	联锁销未打开	将联锁销提起并向外旋出
6	接地开关合不上	（1）手车在工作位置	（1）把手车摇到试验位置
		（2）电缆端带电	（2）检查电缆端带电原因并解除
		（3）接地开关操作手柄未插到底	（3）将接地开关操作手柄插到底

序号	缺 陷 描 述	缺 陷 原 因	处 理 方 法
7	电流、电压互感器击穿	绝缘不良、外壳受损	更换电流、电压互感器
8	带电显示器灯不亮	(1) 传感器击穿	(1) 更换传感器
		(2) 带电显示器故障	(2) 更换带电显示器
9	电磁锁锁不上	电磁锁故障	更换电磁锁
10	电流互感器二次侧无信号	(1) 电流互感器二次短接线未解除	(1) 拆除二次短接线
		(2) 二次接线接触不良	(2) 确保接线接触良好

【任务实施】

（1）以小组为单位，对 KYN28A-12 型高压开关柜进行检修。检修内容和工艺标准可参考表 4-8。

表 4-8　　　　　KYN28A-12 型高压开关柜检修内容和工艺标准

序号	检修内容	工艺标准	安全措施及注意事项
1	工器具及各作业人员准备		
1.1	检修中所需用到的工器具及材料运至检修现场	使用前再次检查安全器具及工器具合格	
1.2	工作负责人对作业人员进行分工，各就各位		
2	手车开关检修维护		
2.1	将手车推出至柜体外		
2.2	检查手车上传动连杆、拉杆、开口销是否变形和有卡涩现象；脚踏板的定位销、联锁板、杠杆是否有变形，动作是否灵活、可靠	无变形，转动灵活可靠，紧固件紧固	
2.3	检查小车定位销及销套有无变形，定位销及摇把挡板是否自动复位	无变形，能自动复位	
2.4	检查小车推进轴上弹簧销是否剪切脱落失灵	无剪切脱落失灵	
3	断路器检修维护		
3.1	检查断路器上绝缘隔板是否松动、破损及变形	隔板无松动、破损及变形	
3.2	检查并清洗支柱绝缘子、绝缘拉杆及一次插头	绝缘子清洁、无损伤，触指无烧伤痕迹，严重应更换	镀银部件用软棉布擦拭

序号	检修内容	工艺标准	安全措施及注意事项
3.3	检查上出线座固定螺栓是否紧固	螺栓紧固	
3.4	检查导电回路	各接头及导电回路均无发热迹象，接头螺母无松动	
3.5	操动机构连板系统检查、清扫、加油：检查各部件应无损坏变形；检查定位止钉有无松动，端部和侧面有无打击变形现象；检查分闸连板中间轴过"死点"的距离	部件无损坏变形，定位止钉无松动	
3.6	辅助开关的检查、调整：用毛刷清扫浮尘，检查动静触头的完好情况及切换可靠性；检查轴销、连杆是否完好	连杆无扭曲、变形，切换正确、到位	
3.7	对二次接线清扫、检查	接线可靠、绝缘良好	在清扫、检查过程中应注意防止低压触电、二次短路、接地
4	手车室的检查与维护		
4.1	检查手车室顶部的百叶窗式泄压活门是否卡涩，开启是否灵活	泄压活门无卡涩，开启灵活	
4.2	检查柜底盘上接地铜母线排是否可靠接地并涂润滑油	母线排可靠接地，并涂润滑油	
4.3	检查供手车进出的导向角板及推进到位的勾板有无变形、移位	勾板无变形、移位，并涂润滑油	
4.4	检查定位槽板上试验位置及工作位置的定位孔有无异物堵塞	无异物堵塞	
4.5	金属活门及提升机构的检查		
4.5.1	检查固定金属活门的四个螺杆是否完好无脱落、紧固	完好无脱落，并紧固	保持与静触头的带电距离
4.5.2	检查提升机构运动是否灵活、有无卡涩，各转动部位及与小车接触部位涂润滑油	运动灵活、无卡涩，涂润滑油	
4.5.3	检查提升机构中带动金属活门运动的连杆是否灵活、有无卡涩，导向弯板螺栓应无松动、脱落并紧固，接触部位涂润滑油	连杆灵活、无卡涩，螺栓无松动、脱落	
4.5.4	检查金属活门能否正常开启	正常开启，无卡涩	

序号	检修内容	工艺标准	安全措施及注意事项
5	联锁装置检查及校对	接地开关在合闸位置，手车不能进入柜内，反之，只有在分闸位置，手车才可抽出或插入； 合上接地开关，电缆室封板才可打开检查，反之，只有电缆室封板封上后，接地开关才能分闸； 断路器在分闸状态，手车在试验位置和工作位置之间移动时，接地开关不能合闸； 手车在试验位置，断路器合闸，手车不能推进入柜内； 手车在工作位置，断路器合闸，手车不能摇出，地刀不能合闸	
6	自验收		
6.1	对检修工作全面自验收	逐项检查，无漏项，做到修必修好	
6.2	现场安全措施检查	现场安全措施已恢复到工作许可时状态	
6.3	对设备状态恢复	断路器、接地开关、操作电源、防误电源等均要求恢复到工作许可时状态	

（2）填写检修报告，并分析实训现场高压开关柜的状态。

任务 4.4　高压开关柜的事故预防

【教学目标】

1. 知识目标
（1）了解高压开关柜的管理、运行及技术措施内容；
（2）了解常见的高压开关柜事故，并熟悉其预防措施。
2. 能力目标
（1）掌握在开关柜运行和检修当中采取的管理、运行及技术措施；
（2）能够对开关柜的运行和检修进行监督，预防和处理开关柜各个元件容易出现的事故。
3. 态度目标
（1）能做到认真预习和收集上课所需要的资料；
（2）能认真上课，仔细看书，听老师所讲的内容，积极参与讨论并发表意见；

（3）尊重小组的决定，积极配合小组其他成员完成分配的工作任务；

（4）在学习中，学习他人的长处，改正自己的缺点，积极与老师、同学交流和探讨；

（5）能吃苦耐劳，团结互助，具备职业岗位所需要的基本素质。

【任务描述】

为了防止高压开关柜发生事故，根据预防开关柜事故的技术措施，对高压开关柜（KYN28A-12 型）进行运行监督。

【任务准备】

课前预习相关部分知识，经讨论后能独立回答下列问题：

（1）高压开关柜常见故障有哪些？

（2）预防高压开关柜事故的技术措施有哪些？

【相关知识】

一、高压开关柜的常见故障

1. 绝缘故障

绝缘故障主要表现形式为外绝缘对地闪络击穿，内绝缘对地闪络击穿，相间绝缘闪络击穿，雷电过电压闪络击穿（包括套管闪络、击穿、爆炸，提升杆闪络，电流互感器闪络、击穿、爆炸，绝缘子断裂等）。造成绝缘故障的主要原因是外绝缘水平低，如相间、对地绝缘距离不够、绝缘子爬距不够、主要元器件的绝缘水平低等。

2. 拒分、拒合故障

造成断路器拒分、拒合故障的原因可分为两类。一类是因操动机构及传动系统的机械故障造成，具体表现为机构卡涩，部件变形、位移或损坏，分合闸铁芯松动、卡涩，轴销松断，脱扣失灵等。另一类是因电气控制和辅助回路造成，表现为二次接线接触不良，端子松动，接线错误，分合闸线圈因机构卡涩或转换开关不良而烧损，辅助开关切换不灵，以及操作电源、合闸接触器、微动开关等故障。

3. 载流故障

载流故障的主要原因是手车柜触头接触不良、载流触头接触不良等。造成手车柜触头接触不良的原因有隔离触头弹簧疲劳变形、触指错位、接触不正或错位等。载流触头接触不良大多是安装、检修时不严格执行工艺标准引起的。

4. 开断与关合故障

开断与关合故障是由断路器本身造成的。对于真空断路器而言，表现为灭弧室漏气、真空度降低、切电容器组重燃等。

5. 外力及其他故障

包括异物撞击、自然灾害、小动物引起的短路等不可知的其他外力及意外导致的故障。

二、高压开关柜反事故技术措施

1. 设计、施工的有关要求

（1）高压开关柜应优先选择 LSC2 类（具备运行连续性功能）、"五防"功能完备的产品，其外绝缘应满足以下条件：①空气绝缘净距离：≥125mm（对 12kV），≥300mm（对

40.5kV）。②爬电比距：≥18mm/kV（对瓷质绝缘），≥20mm/kV（对有机绝缘）。如采用热缩套包裹导体结构，则该部位必须满足上述空气绝缘净距离要求；如开关柜采用复合绝缘或固体绝缘封装等可靠技术，可适当降低其绝缘距离的要求。

（2）开关柜应选用 IAC 级（内部故障级别）产品，制造厂应提供相应型式试验报告（报告中附试验试品照片）。选用开关柜时应确认其母线室、断路器室、电缆室相互独立，且均通过相应内部燃弧试验，燃弧时间为 0.5s 及以上，内部故障电弧允许持续时间应不小于 0.5s，试验电流为额定短时耐受电流，对于额定短路开断电流 31.5kA 以上产品可按照 31.5kA 进行内部故障电弧试验。封闭式开关柜必须设置压力释放通道。

（3）用于电容器投切的开关柜必须有其所配断路器投切电容器的试验报告，且断路器必须选用 C2 级断路器。用于电容器投切的断路器出厂时必须提供本台断路器分、合闸行程特性曲线，并提供本型断路器的标准分、合闸行程特性曲线。条件允许时，可在现场进行断路器投切电容器的大电流老炼试验。

（4）高压开关柜内一次接线应符合设计要求，避雷器、电压互感器等柜内设备应经隔离开关（或隔离手车）与母线相连，严禁与母线直接连接。其前面板模拟显示图必须与其内部接线一致，开关柜可触及隔室、不可触及隔室、活门和机构等关键部位在出厂时应设置明显的安全警告、警示标识。柜内隔离金属活门应可靠接地，门机构应选用可独立锁止的结构，可靠防止检修时人员失误打开活门。

（5）高压开关柜内的绝缘件（如绝缘子、套管、隔板和触头罩等）应采用阻燃绝缘材料。

（6）应在开关柜配电室配置通风、除湿防潮设备，防止凝露导致绝缘事故。

（7）开关柜设备在扩建时，必须考虑与原有开关柜的一致性。

（8）开关柜中所有绝缘件装配前均应进行局放检测，单个绝缘件局部放电量不大于 3pC。

2. 基建阶段应注意的问题

（1）基建中高压开关柜在安装后应对其一、二次电缆进线处采取有效封堵措施。

（2）为防止开关柜火灾蔓延，在开关柜的柜间、母线室之间及与本柜其他功能隔室之间应采取有效的封堵隔离措施。

（3）高压开关柜应检查泄压通道或压力释放装置，确保与设计图纸保持一致。

3. 运行中应注意的问题

（1）手车开关每次推入柜内后，应保证手车到位和隔离插头接触良好。

（2）每年迎峰度夏（冬）前应开展超声波局部放电检测、暂态地电压检测，及早发现开关柜内绝缘缺陷，防止由开关柜内部局部放电演变成短路故障。

（3）加强开展开关柜温度检测，对温度异常的开关柜强化监测、分析和处理，防止导电回路过热引发的柜内短路故障。

（4）加强带电显示闭锁装置的运行维护，保证其与柜门间强制闭锁的运行可靠性。防误操作闭锁装置或带电显示装置失灵应作为严重缺陷尽快予以消除。

（5）加强高压开关柜巡视检查和状态评估，对用于投切电容器组等操作频繁的开关柜要适当缩短巡检和维护周期。当无功补偿装置容量增大时，应进行断路器容性电流开合能力校核试验。

三、防止交流高压开关柜人身伤害事故措施

1. 防止交流高压开关柜运行中发生人身伤害事故

（1）交流高压金属封闭开关柜除仪表室外，断路器室、母线室和电缆室等均应设有泄压通道或压力释放装置。泄压通道或压力释放装置的位置应设计合理。当产生内部故障电弧时，压力释放装置应能可靠打开，压力释放方向应可靠避开人员和其他设备。

（2）交流高压金属封闭开关柜的观察窗应使用机械强度与外壳相当的遮板。

（3）交流高压金属封闭开关柜柜门应采用"四点式"锁定机构，前柜门不能设置散热孔。原则上不能设置紧急分闸孔。

（4）变电站内的金属封闭固定式和金属封闭铠装移开式开关柜，当断路器在工作位置时，严禁就地进行分合闸操作。远方操作时，开关室内不能留人。

（5）交流高压金属封闭开关柜面板开有散热孔部位应设置明显的警示标识。

（6）对新投运的交流高压金属封闭开关柜，柜体前后金属面板板材厚度应大于或等于 2.5mm。

2. 防止交流高压开关柜检修中发生人身伤害事故

（1）总体要求：

1）所有交流高压开关柜体前后门必须设置统一、醒目的双重编号，并确保开关"五防"闭锁装置功能可靠、完善，锁具处于良好、闭锁状态。

2）金属封闭固定式和金属封闭铠装移开式开关柜应装设带验电功能的高压带电显示装置，宜带强制闭锁功能。

3）所有柜体、柜门必须确保使用专用工具进行开启、关闭。

4）避雷器、电压互感器等柜内设备应经隔离开关（或隔离手车）与母线相连。

（2）GG-1A 型开关柜检修作业要求：

1）在母线带电情况下进行开关柜内作业时，应在母线侧隔离开关的动触头加设绝缘罩或在动静触头间加设绝缘挡板。

2）在母线带电情况下，严禁对处于分闸状态的母线侧隔离开关的连杆或操动机构上的销子进行检修、调试。

3）开关柜检修时，必须确保隔离开关操作把手可靠锁住，防止刀闸误动引起人员触电。

4）旁路刀闸检修时，需将旁母与运行母线之间的联络刀闸或联络开关可靠分离并闭锁。

（3）XGN 箱型固定式金属封闭开关柜作业要求：

1）在母线带电情况下，严禁对处于分闸状态的母线侧隔离开关的连杆或操作盘进行检修、调试。

2）母线带电时，严禁打开后上封板。

3）出线避雷器、电流互感器检修时，需在线路同时转检修状态下，才能打开线路侧刀闸柜门。

（4）HXGN 箱型固定式金属封闭开关柜作业要求：

1）母线带电时，严禁打开后上封板。

2）开关柜检修时　应检查电缆头处是否挂好接地线。

（5）KYN 型铠装移开式金属封闭开关柜作业要求：

1）当母线处于运行状态，断路器拉出柜外时，应及时关闭柜门。母线和出线没有转检

修状态前，严禁工作人员进入断路器室从事检修活门等工作。

2）进线柜后柜门应有完善的防误装置，防止工作人员误入带电间隔。工作人员需进入后柜门工作，应先检查母线及线路确处于检修状态，进线开关柜除外。

3）在检修开关柜内部时，隔板应能可靠关闭，与手车机构联锁并外加挂钩检修闭锁。如需要开启隔板，应先取下挂钩解除闭锁，再采用专用工器具开启，严禁采用非专用工器具开启隔板。

4）手车拉出柜体后，工作人员容易触碰带电部位，严禁在柜体带电时进入柜体。断路器手车做传动试验时，应将断路器手车拉至试验位置并挂上挂钩，防止手车试验时推入工作位置。

【任务实施】

结合本地区高压开关柜典型事故案例，分析高压开关柜反事故措施以及防止高压开关柜发生人身伤害事故措施。

【项目总结】

通过本项目的学习，学生能独立完成如下任务：

1. 对高压开关柜的类型、基本技术参数、结构及"五防"功能能够进行正确阐述。
2. 能够完成高压开关柜的正常巡视。
3. 能够完成高压开关柜的检修及故障处理工作。

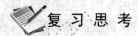 复 习 思 考

1. 高压开关柜按元件的安装方式是怎样分类的？各有何特点？
2. 简述固定式高压开关柜的基本结构。
3. 简述移开式高压开关柜的基本结构。
4. 高压开关柜一般巡视项目有哪些？
5. 高压开关柜运行在什么情况下应做特殊巡视检查？检查项目有哪些？
6. 高压开关柜在什么情况下需做定期检修？如何检修？
7. 高压开关柜运行中常见的故障有哪些？如何处理？
8. 简述防止交流高压开关柜人身伤害事故的措施。

项目五

SF$_6$ 组合电器的运行与检修

【项目描述】

本项目介绍 SF$_6$ 组合电器的整体结构、结构形式、特点等相关知识，了解 SF$_6$ 组合电器的运行规程和检修规范，了解 SF$_6$ 组合电器的常见事故类型，熟悉其预防措施。通过本项目的学习与训练，学生能够完成 SF$_6$ 组合电器的巡视、维护工作，能够根据异常现象分析故障原因并完成故障处理等方面的工作。

【教学目标】

（1）掌握 SF$_6$ 组合电器的整体结构、结构形式和特点。

（2）了解 SF$_6$ 组合电器的运行规程和检修规范，掌握 SF$_6$ 组合电器的巡视、维护内容，掌握 SF$_6$ 组合电器的操作方法。

（3）能够读懂 SF$_6$ 组合电器的产品技术说明书，根据其运行管理规范，能对设备进行验收、安装和投运。

（4）能够对 SF$_6$ 组合电器进行正常巡视、特殊巡视工作。

（5）根据 SF$_6$ 组合电器的运行维护情况，能对其进行缺陷管理、事故处理，并做事故处理预案及方案。

（6）根据 SF$_6$ 组合电器检修的一般规定，能收集检修所需的资料，确定检修方案，准备检修工具、备件及材料，设置检修安全措施，处理检修环境，进行检修前的检查和试验，确定检修项目，实施 SF$_6$ 组合电器的检修，能做检修记录和总结报告。

（7）根据 SF$_6$ 组合电器在运行中频繁出现的、典型的事故（故障），能进行预防和处理。

【教学环境】

教学场所：多媒体教室、实训基地。

教学设备：电脑、投影仪、展台、扩音设备、纸质及电子资料。

教学资源：实训场地符合安全要求，实训设备充足可靠。

任务 5.1　SF$_6$ 组合电器的认识

【教学目标】

1. 知识目标

（1）掌握 SF$_6$ 组合电器的类型及型号、技术参数；

（2）熟悉 SF_6 组合电器的结构。

2. 能力目标

（1）根据 SF_6 组合电器的使用条件和 SF_6 组合电器的基本技术参数，掌握 SF_6 组合电器的类型；

（2）了解 SF_6 组合电器的设计和结构要求；

（3）能够对各种 SF_6 组合电器的参数进行分析。

3. 态度目标

（1）能做到认真预习和收集上课所需要的资料；

（2）能认真上课，仔细看书，听老师所讲的内容，积极参与讨论并发表意见；

（3）尊重小组的决定，积极配合小组其他成员完成分配的工作任务；

（4）在学习中，学习他人的长处，改正自己的缺点，积极与老师、同学交流和探讨；

（5）能吃苦耐劳，团结互助，具备职业岗位所需要的基本素质。

【任务描述】

在对 SF_6 组合电器的整体结构、形式、特点等知识有了深入了解之后，能够对实训室现有 SF_6 组合电器实物，认识其主要组成部分，并准确说明各部分的作用与特点。

【任务准备】

课前预习相关部分知识，通过观看实训基地现有 SF_6 组合电器的实物、图片、动画、视频，经讨论后能独立回答下列问题：

（1）什么是 SF_6 组合电器？

（2）SF_6 组合电器有何优缺点？

【相关知识】

一、概述

SF_6 全封闭组合电器俗称 GIS，它是以 SF_6 气体作为绝缘和灭弧介质，以优质环氧树脂绝缘子作支撑的一种新型成套高压电器。其主要应用于 72.5kV 及以上的电压等级，由于内部气体压力较高，为提高机械强度多采用圆筒式结构，即所有电气元件（如断路器、互感器、隔离开关、接地开关和避雷器）都放置在接地的金属材料（钢、铝等）制成的圆筒形外壳中。SF_6 组合电器一般用于户内，也可户外使用。

从 1965 年世界上第一台 SF_6 组合电器投运以来，SF_6 组合电器已广泛应用到 72.5～800kV 电压等级的电力系统中。我国自行研制的第一套 126kV SF_6 组合电器于 1973 投入运行。特别是最近一二十年来，SF_6 组合电器在电力系统中的应用越来越广泛。目前，我国新建的 500kV 变电站及不少新建的 110～220kV 变电站都采用 SF_6 组合电器。

二、SF_6 组合电器的整体结构

SF_6 组合电器是把各种独立机构的元件，如母线、断路器、隔离开关、接地开关、电压互感器及电流互感器、避雷器、电缆终端盒等，按电气主接线的要求依次连接，组合成一个整体，并且全部元件封闭在接地的金属（钢或铝）外壳中。壳体内充以 SF_6 气体，作为绝缘和灭弧介质。元件的外壳在互相连接时再辅以一些过渡元件，如三通、弯头、伸缩节等，组

成成套配电装置。

　　图 5-1 所示为 126kV 单母线 SF₆ 组合电器。它采用三相共筒式布置方式，即三相设备封闭在公共外壳内。其主要设备（如母线、高压断路器）布置在下层或靠外侧，电流互感器、电压互感器、接地开关等轻型设备布置在上层。这样，整个电气设备的布置比较紧凑，并且对主要设备的支撑和检修也较方便。母线和断路器通过伸缩节头波纹管连接，以减少温度和安装误差所引起的附加应力。SF₆ 组合电器外壳设有检查孔、窥测孔和其他辅助设备。根据图 5-1（a）所示接线图要求，将电气元件依次连接，构成图 5-1（b）所示的整体布置形式。

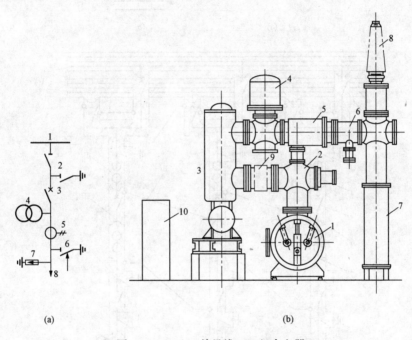

图 5-1　126kV 单母线 SF₆ 组合电器

（a）接线图；（b）整体布置图

1—母线；2—隔离开关/接地开关；3—断路器；4—电压互感器；5—电流互感器；
6—快速接地开关；7—避雷器；8—引线套管；9—波纹管；10—操动机构

　　图 5-2 所示为 220kV 双母线 SF₆ 组合电器。为了便于支撑和检修，母线布置在下部；断路器下部为液压或气压操动机构，断路器为单压式灭弧室，整个装置结构紧凑。母线采用三相共筒式，即三相母线封闭在公共外壳内，其余元件采用单相单筒式。SF₆ 组合电器的每一个回路并不是运行在一个气压系统中。如断路器因需灭弧要求气压较高，SF₆ 气体压力为 0.5MPa；其他如母线、隔离开关等只需绝缘，要求气压较低，SF₆ 气体压力为 0.4MPa。所以它的每一个回路分为数个独立的气体系统，用盒式绝缘子隔开，成为若干气隔，如图 5-2（c）所示。分成气隔后还可以防止事故范围扩大，且便于各元件分别检修，也便于更换设备。

三、SF₆ 组合电器的结构形式

　　（1）分相式。早期的 SF₆ 组合电器是三相分筒式结构，各种高压电器的每一相放在各自独立的接地圆筒形外壳中。其最大的优点是相间影响小，运行时不会出现相间短路故障，而

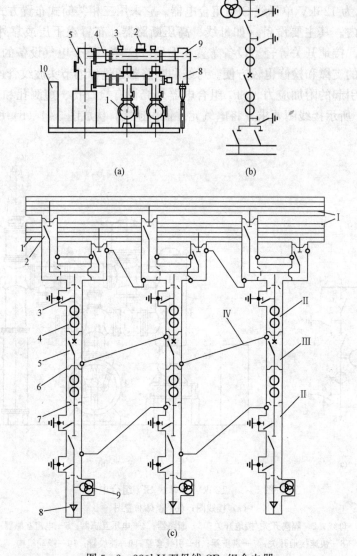

图 5 - 2   220kV 双母线 SF$_6$ 组合电器

(a) 总体布置图；(b) 接线图；(c) SF$_6$ 气隔划分示意图

1—母线；2—隔离开关；3—接地开关；4—电流互感器；5—断路器；

6—无孔盒式绝缘子；7—有孔盒式绝缘子；8—电缆终端盒；9—电压互感器；10—配电柜；

I—母线气隔单元；II—隔离开关、电流互感器等气隔单元；III—断路器气隔单元；IV—连通管

且带电部分采用同轴结构，电场均匀，问题容易解决，制造也较为方便。其缺点是钢外壳中感应电流引起的损耗大，采用分筒式结构后，外壳数量及密封面也随之增加，增加了漏气的可能；另外，SF$_6$ 组合电器的占地面积和体积也会增加。图 5 - 3 所示的 SF$_6$ 组合电器就是采用这种结构。

（2）三相母线共体式。为了解决金属外壳中的损耗，可将三相母线放在同一个圆筒中，三相母线通过绝缘件固定在筒内，呈三角形排列，如图 5 - 4 所示。而断路器、互感器、隔离开关和接地开关仍采用分筒式结构。图 5 - 5 就是 252kV 双母线三相母线共体式 SF$_6$ 组合

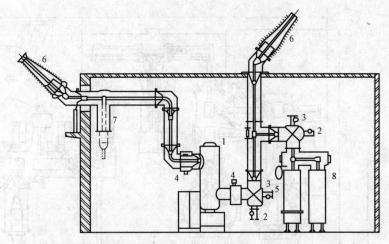

图 5-3　分相式 SF₆ 组合电器整体布置图

1—断路器；2—隔离开关；3—接地开关；4—电流互感器；5—电压互感器；

6—充气套管；7—电缆终端；8—避雷器

电器整体布置图。

　　变电站中的母线较长时，将三相母线一体化，可以大大简化站内总体布置，节省投资，比分相式可减少占地面积和占用空间 10%～30%。目前，除 800kV 及以上电压等级外，三相母线共筒式结构在各个等级的 SF₆ 组合电器中都得到应用。

　　（3）三相共体式。三相共体式是将三相组成元件都集中安装在一个公共的外壳内，用浇注绝缘子支撑和定位。图 5-6 所示是三相共体式 SF₆ 组合电器的整体布置图。这种结构十分紧凑，外壳数量减少，外形尺寸和外壳损耗均小，节省材料，运输和安装方便；缺点是内部电场不均匀，相间影响大，容易出现相间短路，复杂的电场结构使设计、制造和试验都比较困难。这种结构目前仅用于 126kV 和 72.5kV 电压等级的 SF₆ 组合电器。

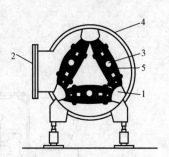

图 5-4　三相母线排列

1—屏蔽罩；2—盖；3—母线；

4—外壳；5—绝缘体

四、SF₆ 组合电器的特点

SF₆ 组合电器与一般配电装置相比，具有下列特点：

　　（1）缩小了配电装置的尺寸，减少了变配电站的占地面积和空间。由 SF₆ 组合电器组成的变电站的占地面积和空间体积远比由常规电气设备组成的变电站小，电压等级愈高，效果愈显著。

　　由 SF₆ 组合电器组成的变电站户内布置所占面积和体积，较常规电气设备组成的变电站户内布置所占面积和体积，60kV 只有 22% 和 25.4%，110kV 只有 7.6% 和 6.1%，220kV 只有 3.7%～4% 和 1.8%～2.1%，500kV 变电站占地面积仅为常规变电站的 1.2%～2%。因此，SF₆ 组合电器特别适合于变电站征地特别困难的场所，如水电站、大城市地下变电站等。

　　（2）运行可靠性高。SF₆ 组合电器由于带电部分封闭在金属筒外壳内，故不会因污秽、潮湿、各种恶劣天气和小动物等造成接地和短路事故，SF₆ 气体为不燃的惰性气体，不致发

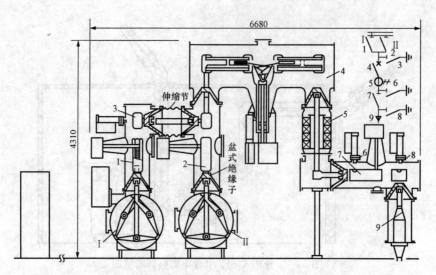

图 5-5 252kV 双母线三相母线共体式 SF₆ 组合电器整体布置图

Ⅰ、Ⅱ—母线；1、2、7—隔离开关；3、6、8—接地开关；4—断路器；
5—电流互感器；9—电缆头

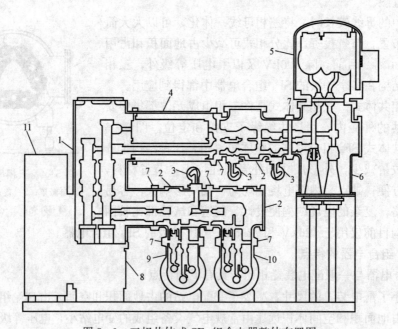

图 5-6 三相共体式 SF₆ 组合电器整体布置图

1—断路器；2—隔离开关；3—接地开关；4—电流互感器；5—电压互感器；6—电缆终端；
7—盆式绝缘子；8—支持绝缘子；9—主母线；10—备用母线；11—弹簧操动机构

生火灾，一般不会发生爆炸事故。因此，SF₆ 组合电器适用于污染严重的重工业区域和沿海盐污区域，如钢铁厂、水泥厂、炼油厂、化工厂等。

（3）维护工作量小，检修周期长，普通定为 10～20 年，安装工期短。

（4）由于封闭金属筒外壳的屏蔽作用，消除了无线电干扰、静电感应和噪声。

（5）抗震性能好，所以也适宜使用在高地震烈度地区。

但是，SF₆组合电器金属消耗量较多，对采用的材料性能、加工和装配工艺及环境要求高，因此造价也昂贵。

【任务实施】

以小组为单位，根据任务要求，规划工作步骤，根据 SF₆组合电器的结构，对照 SF₆组合电器实物进行拆装，深入了解和掌握 SF₆组合电器的基本结构。

任务 5.2　SF₆组合电器的运行

【教学目标】

1. 知识目标
(1) 熟悉高压 SF₆组合电器验收和投运步骤；
(2) 掌握 SF₆组合电器巡视要点；
(3) 掌握 SF₆组合电器的操作方法。

2. 能力目标
能够对 SF₆组合电器进行投产验收、运行维护、操作，并做工作记录。

3. 态度目标
(1) 能做到认真预习和收集上课所需要的资料；
(2) 能认真上课，仔细看书，听老师所讲的内容，积极参与讨论并发表意见；
(3) 尊重小组的决定，积极配合小组其他成员完成分配的工作任务；
(4) 在学习中，学习他人的长处，改正自己的缺点，积极与老师、同学交流和探讨；
(5) 能吃苦耐劳，团结互助，具备职业岗位所需要的基本素质。

【任务描述】

根据 SF₆组合电器的巡视要点，对其进行正常巡视，巡视过程中若发现缺陷和隐患要及时做工作记录。按照 SF₆组合电器的操作规范对其进行操作，操作时要进行危险点的分析与控制，并布置好安全措施。

【任务准备】

课前预习相关部分知识，经讨论后能独立回答下列问题：
(1) SF₆组合电器的正常巡视项目有哪些？
(2) SF₆组合电器在巡视过程中需要准备哪些工具及器材？

【相关知识】

一、SF₆组合电器的正常运行条件

在电力系统运行中，为使 SF₆组合电器能安全可靠运行，正确动作，保证其性能，必须做到以下几点：
(1) SF₆组合电器工作条件必须符合制造厂规定的使用条件，如户内或户外、海拔、环

境温度、相对湿度等。

（2）SF₆组合电器的性能必须符合国家标准的要求及有关技术条件规定。

（3）SF₆组合电器在电力系统中的装设位置必须符合SF₆组合电器技术参数的要求，如额定电压、额定电流等。

（4）SF₆组合电器各参数调整值必须符合制造规定的要求。

（5）SF₆组合电器本体、机构的接地应可靠，接触必须良好可靠，防止因接触部位过热而引起事故。

（6）SF₆组合电器本体、相位油漆及分合闸机械指示等应完好无缺，机构箱及电缆孔洞使用耐火材料封堵，场地周围应清洁。

（7）在满足上述要求的情况下，SF₆组合电器的绝缘、机构等部分应处于良好状态。

二、SF₆组合电器的正常巡视

SF₆组合电器巡视检查应按表5-1的项目、标准要求进行。

表5-1   SF₆组合电器的巡视检查

序号	检查项目	标　　　　准
1	标志牌	名称、编号齐全、完好
2	外观检查	无变形、无锈蚀、连接无松动；传动元件的轴、销齐全无脱落、无卡涩；箱门关闭严密；无异常声音、气味等
3	气室压力	在正常范围内，并记录压力值
4	闭锁	完好、齐全、无锈蚀
5	位置指示器	与实际运行方式相符
6	套管	完好、无裂纹、无损伤、无放电现象
7	避雷器	在线监测仪指示正确，并记录泄漏电流值和动作次数
8	带电显示器	指示正确
9	防爆装置	防护罩无异样，其释放出口无障碍物，防爆膜无破裂
10	汇控柜	指示正常，无异常信号发出；操动切换把手与实际运行位置相符；控制、电源开关位置正常；联锁位置指示正常；柜内运行设备正常；封堵严密、良好；加热器及驱潮电阻正常
11	接地	接地线、接地螺栓表面无锈蚀，压接牢固
12	设备室	通风系统运转正常，氧量仪指示大于18%，SF₆气体含量不大于1000mL/L。无异常声音、异常气味等
13	基础	无下沉、倾斜

三、SF₆组合电器的特殊巡视

（1）设备新投运及大修后，巡视周期相应缩短，72h以后转入正常巡视。

（2）遇有下列情况，应对设备进行特殊巡视：

1）设备负荷有显著增加；

2）设备经过检修、改造或长期停用后重新投入系统运行；

3) 设备缺陷近期有发展；

4) 恶劣天气下、事故跳闸和设备运行中发现可疑现象；

5) 法定节假日和上级通知有重要供电任务期间。

（3）特殊巡视项目：

1) 大风天气：引线摆动情况及有无搭挂杂物；

2) 雷雨天气：瓷套管有无放电闪络现象；

3) 大雾天气：瓷套管有无放电，打火现象，重点监视污秽瓷质部分；

4) 大雪天气：根据积雪融化情况，检查接头发热部位，及时处理悬冰；

5) 节假日时：监视负荷及增加巡视次数；

6) 高峰负荷期间：增加巡视次数，监视设备温度，触头、引线接头，特别是限流元件接头有无过热现象，设备有无异常声音；

7) 短路故障跳闸后：检查 SF₆ 组合电器开关元件的位置是否正确，各附件有无变形，触头、引线接头有无过热、松动现象；

8) 严重污秽地区：瓷质绝缘的积污程度，有无放电、爬电、电晕等异常现象。

四、SF₆ 组合电器的巡视周期

（1）投入电力系统运行和处于备用状态的 SF₆ 组合电器必须定期进行巡视检查，对各种值班方式下的巡视时间、次数、内容，应做出明确的规定。

（2）有人值班的变电站每次交接班前巡视 1 次，正常巡视不少于 2 次，每周应进行夜间闭灯巡视 1 次，站长每月进行 1 次监视性巡视。

（3）无人值班的变电站每 2 天至少巡视 1 次，每月不得少于 2 次夜间闭灯巡视。

（4）根据天气、负荷情况及设备健康状况和其他用电要求进行特殊巡视。

五、SF₆ 组合电器的操作

（1）进入室内 SF₆ 开关设备区，需先通风 15min，并检测室内氧气密度是否正常（氧量仪指示大于 18%），SF₆ 气体含量小于 1000mL/L。处理 SF₆ 设备泄漏故障时必须戴防毒面具，穿防护服。

（2）SF₆ 组合电器电气闭锁不得随意停用。

（3）正常运行时，组合电器汇控柜闭锁控制钥匙按规定使用。

【任务实施】

以小组为单位，对 SF₆ 组合电器进行正常巡视，具体巡视要求参考表 5 - 2。

表 5 - 2　　　　　　　　**SF₆ 全封闭组合电器（GIS）巡视作业指导书**

基 本 条 件

工作任务	SF₆ 全封闭组合电器（GIS）巡视作业	作业指导书编号	
工作条件	设备不停电	工种	变电运行
设备类型	SF₆ 全封闭组合电器（GIS）		
工作组成员及分工	正值/副值，正值巡视主要部件，并指导副值巡视，副值做记录		
标准作业时间	定期巡视时间		

其他所需工具、器材

专用工具
SF₆ 泄漏报警仪器
含氧量报警表

作 业 要 求

序号	作业要求	质量要求及其监督检查	危险点分析及控制措施
1	巡视人员具备技能	(1) 知道 SF₆ 额定密度范围 (2) 懂得 SF₆ 泄漏人员中毒后的正确处理方法	
2	巡视要求	(1) SF₆ 断路器的高压室巡视前至少通风 15min (2) 值班人应按规定进行巡视检查，开关应无漏气，压力正常 (3) 当 SF₆ 断路器内气体压力在一年之内下降超过 0.04MPa（0.4 表压），应通知主管部门并将断路器退出运行检查漏点 (4) 当发生气体外逸时，周围人员应迅速撤离现场并立即投入全部通风装置。在事故发生 20min 内人员不准进入现场，20min 后，4h 内进入室内必须穿防护衣戴防毒面具	(1) 巡视人员选派不当，导致安全事故发生，巡视质量没保证 控制措施：所选派人员精神状态良好，工作前 4h 不得喝酒，必须为经过企业领导批准的允许单独巡视人员 (2) 巡视不到位，没有发现断路器压力异常 控制措施：巡视要认真全面、把握巡视要点 (3) 进入 SF₆ 设备区内，没有通风，造成人员中毒 控制措施：进入 SF₆ 设备区内，进行通风
3	作业程序： （1）检查断路器、隔离开关位置 （2）检查汇控柜指示灯，信号灯状况 （3）检查避雷器动作计数器 （4）检查密度表、压力表 （5）检查无异音或异臭 （6）检查机构储能状况 （7）检查端子箱有无蜘蛛网、灰尘	(1) 检查断路器、隔离开关及接地开关的位置指示器是否正确 (2) 各种指示灯及加热装置是否正确 (3) 各种压力表指示值良好 (4) 断路器及避雷器动作计数器指示值是否正确 (5) 有无异音或异臭 (6) 有无漏气、漏油 (7) 检查瓷套管应清洁，无破损裂纹和放电痕迹 (8) 各部螺栓无松动，外壳接地良好 (9) 组合电器的所有部件、瓷件、绝缘件应完好无损，接线端子、插件及载流部分无锈蚀现象 (10) 各气室压力值及含水量应符合产品技术规定	(1) SF₆ 气体压力异常，巡视没有发现，造成设备爆炸伤人 控制措施：每周记录 SF₆ 气体压力 1 次 (2) 没有发现各种异常的指示灯信号，造成发展为一类障碍和缺陷，影响设备运行；巡视不到位，没有发现断路器发热，绝缘子破裂放电、异音状况 控制措施：巡视要认真、全面，把握巡视要点，采用耳听、目视、鼻子闻等方法

任务 5.3　SF₆ 组合电器的检修

【教学目标】

1. 知识目标

（1）了解高压 SF₆ 组合电器的检修规定；

（2）熟悉检修前的准备工作内容；

（3）熟悉检修前的检查和试验项目，熟悉检修和试验项目。

2. 能力目标

根据 SF₆ 组合电器检修的一般规定，收集检修所需的资料，确定检修方案，准备检修工具、备件及材料，设置检修安全措施，处理检修环境，进行检修前的检查和试验，确定检修项目，实施 SF₆ 组合电器的检修，并做检修记录和总结报告。

3. 态度目标

（1）能做到认真预习和收集上课所需要的资料；

（2）能认真上课，仔细看书，听老师所讲的内容，积极参与讨论并发表意见；

（3）尊重小组的决定，积极配合小组其他成员完成分配的工作任务；

（4）在学习中，学习他人的长处，改正自己的缺点，积极与老师、同学交流和探讨；

（5）能吃苦耐劳，团结互助，具备职业岗位所需要的基本素质。

【任务描述】

在对 SF₆ 组合电器的检修规定有了详细了解之后，根据检修周期和运行工况进行综合分析判断，对 SF₆ 组合电器进行检修。

【任务准备】

课前预习相关部分知识，了解 SF₆ 组合电器检修的工艺流程及要求，并根据设备数量进行分组。

（1）确定分组情况、明确小组成员的分工及职责。

（2）明确危险点，完成危险点的分析工作。

（3）制订检修工作计划、作业方案。

（4）准备检修工器具及材料。

【相关知识】

一、检修的分类

（1）大修：对设备的关键零部件进行全面解体的检查、修理或更换，使之重新恢复到技术标准要求的正常功能。

（2）小修：对设备不解体进行的检查与修理。

（3）临时性检修：针对设备在运行中突发的故障或缺陷而进行的检查与修理。

二、检修的依据

应根据 SF_6 组合电器的状况、运行时间等因素来决定是否应该对设备进行检修：

（1） SF_6 组合电器在达到规定的大修年限后，应进行有关大修工作。大修年限可以根据实际使用情况适当延长。

（2） SF_6 组合电器因内部异常或故障引起的解体检修可以参照本任务的有关内容进行。

三、检修前的准备工作

（一）检修前的资料准备

检修前应对拟检修的 SF_6 组合电器的安装情况、运行情况、故障情况、缺陷情况及近期的试验检测等方面情况进行详细、全面的调查分析，以判定其综合状况，为现场具体的检修方案的制订打好基础。需准备的资料包括：

（1）设备使用说明书。

（2）设备图纸。

（3）设备安装记录。

（4）设备运行记录。

（5）故障情况记录。

（6）缺陷情况记录。

（7）检测、试验记录。

（8）其他资料。

（二）检修项目的确定

大修项目的确定应根据实际使用状况并与制造厂协商后确定。大修项目可依据以下因素确定：

（1）密封圈的使用年限、 SF_6 泄漏情况。

（2）断路器的开断次数、累计开断电流、断路器的操作次数、断路器机构的实际运行状况。

（3）隔离开关的操作次数、其他部件的实际运行状况。

（4） SF_6 表计、压力开关、二次元器件的实际运行使用状况。

（三）检修工器具、备件及材料准备

应根据 SF_6 组合电器的检修方案及内容，准备必要的检修工器具、备件及材料，如检修专用支架、起重设备、试验检测仪器等，还应按制造厂说明准备相应的辅消材料，另外，还应准备专用工具，如手力操作杆、专用拆装扳手等。

（四）检修安全措施的准备

（1）所有进入施工现场工作人员必须严格执行《国家电网公司电力安全工作规程（变电部分）》，明确停电范围、工作内容、停电时间，核实站内所做安全措施是否与工作内容相符。

（2）现场如需进行电气焊工作，要开动火工作票，应有专业人员操作，严禁无证人员进行操作，同时要做好防火措施。

（3）向设备制造厂人员提供《国家电网公司电力安全工作规程（变电部分）》，并让其学习有关部分；应向制造厂人员介绍变电站的接线情况、工作范围、安全措施。

（4）当需接触润滑脂或润滑油时，需准备防护手套。

（5）SF₆组合电器检修前必须对检修工作危险点进行分析。每次检修工作前，应针对被检修 SF₆ 组合电器的具体情况，对危险点进行详细分析，做好充分的预防措施，并组织所有检修人员共同学习。

（五）检修人员要求

（1）检修人员必须了解熟悉 SF₆ 组合电器的结构、动作原理及操作方法，并经过专业培训合格。

（2）现场解体大修需要时，应有制造厂的专业人员指导。

（3）对各检修项目的责任人进行明确分工，使负责人明确各自的职责内容。

（六）检修环境的要求

对 SF₆ 组合电器进行解体检修，对检修现场的环境条件进行必要的准备，现场环境湿度、灰尘、水分会影响 SF₆ 组合电器的性能。对现场环境等的要求如下：

（1）大气条件：温度在 5℃以上，相对湿度小于 80%。

（2）现场应考虑进行防尘保护措施。避免在有风沙的天气条件下进行检修工作，重要部件分解检修工作尽量在检修车间进行。

（3）大修施工前应制定详细的施工方案。在确定检修范围时，应详细核对图纸，弄清 SF₆ 气室分隔情况、应回收气体或减压的范围及部位、停电的范围等，特别注意气体回收或减压的隔室内不能有带电部件存在，工作范围内应有可靠接地。有起重作业的还应编制起重方案。

（4）有充足的施工电源和照明措施。

（5）有足够宽敞的场地摆放机具、设备和已拆部件。

四、大修前准备

（1）应设现场指挥一人，配工作人员若干。施工人员应按有关检修规程或现场检修方案先熟悉施工的基本方法与技术要求。

（2）开罐解体大修工作应做好防尘、防潮的措施，务必做到内部清洗不起尘。工作人员进出大修场地要换鞋，穿防护衣，戴防护帽，戴口罩，不准戴纱布手套工作，禁止非工作人员入内。

（3）每日工作结束后要作临时封盖，工作前后要清扫现场。如有条件，工作时可用热风器向 SF₆ 组合电器内通风，以保持内部干燥。零部件来不及安装时，应用干净干燥的塑料布包好，放在烘房内保管。

五、检修项目及技术要求

（一）断路器部分

1. 灭弧室部分

（1）检查引弧触头磨损情况，并根据实际情况调换。

（2）检查喷口磨损情况，并根据实际情况调换。

（3）检查并清洁灭弧室。

（4）调换吸附剂及密封圈。

2. 操动机构部分

（1）弹簧机构操动机构：

1）检查分合闸线圈、脱扣打开尺寸及磨损情况，必要时应调换；

2）检查辅助开关切换情况，必要时应调换；

3）检查轴、销、锁扣等易损部位，复核机构相关尺寸，必要时更换磨损部件；

4）检查缓冲器，更换缓冲器油及密封件。

（2）气动操动机构：

1）检查分合闸线圈，必要时应调换；

2）检查辅助开关切换情况，必要时应调换；

3）清洗并检查操作阀，调换密封圈，必要时更换损坏部件；

4）校核各级压力触点设定值并检查压力开关，必要时应调换；

5）检查缓冲器，更换缓冲器油及密封件；

6）检查管道密封情况；

7）气动弹簧操动机构应检查轴、销、锁扣等易损部位，复核机构相关尺寸，必要时更换磨损部件。

（3）液压操动机构：

1）检查分合闸线圈，必要时应调换；

2）检查辅助开关切换情况，必要时应调换；

3）清洗并检查操作阀，调换密封圈，必要时更换损坏部件；

4）检查油泵、安全阀是否工作正常，必要时调换损坏部件；

5）检查各级压力触点设定值并检查压力开关，必要时应调换；

6）检查预充氮压力，对活塞杆结构储压器应检查微动开关，若有漏氮及微动开关损坏应及时处理；

7）液压弹簧机构应检查弹簧储能前后尺寸；

8）清洗油箱、更换液压油后放气。

（二）SF_6 气体系统

（1）校验 SF_6 密度继电器、压力表或密度表，必要时应更换。

（2）检测 SF_6 组合电器及 SF_6 管道的 SF_6 泄漏情况，根据密封件寿命及使用情况调换密封件。

（3）测量 SF_6 微水含量。

（三）隔离开关、接地开关、快速接地开关

（1）检查实际分合闸位置和触头磨损情况，必要时应调换刀头；调换吸附剂及密封件。

（2）操动机构：

1）检查分合闸线圈，必要时应调换；

2）检查辅助开关、微动开关切换情况，必要时应调换；

3）气动操动机构检查清洗电磁阀，必要时应调换损坏部件；

4）电动机构或快速接地开关的弹簧机构应检查轴、销、锁扣等易损部位，复核机构相关尺寸，必要时更换磨损部件。

（3）隔离开关、接地开关、快速接地开关间的联锁、闭锁功能试验。

（四）其他部件

电流互感器、电压互感器、避雷器、带电显示器等其他部件，可根据相关规程要求进行试验，并根据实际运行情况或制造厂要求进行检修。

（五）二次元器件

应对切换开关、继电器、接触器、小开关、限位开关、端子排、信号指示灯等二次元器件进行检查，对 20 年以上的设备应考虑对上述端子排外的二次元器件进行更换。

（六）辅助系统

（1）检查空压机阀板、活塞环、曲轴箱，调换密封件及易损件，清洗气滤网；有油压缩机的应调换压缩机油，压缩机运转时间较长的建议调换整台压缩机。

（2）检查电机及调换传动皮带。

（3）检查安全阀开启/关闭压力，检查减压阀、止回阀和其他阀门，必要时应调换损坏部件。

（4）测量打压时间，检查气体管道泄漏情况，有减压装置的应检查一/二级压力；校验各级压力触点设定值。

六、检修过程其他要注意的问题

1. 气体回收装置保管使用

气体回收装置应由经过专门训练、熟悉操作方法的人员保管使用。使用前确认回收装置各部分均处于良好状态，若要重复使用储气罐内气体，应保证罐内气体质量符合标准。使用中要绝对防止误操作，以防造成对 SF_6 气体的污染或 SF_6 气体外逸造成环境的污染。回收装置应使用专用金属软管，并保持清洁干燥。

2. SF_6 气瓶存放

SF_6 气瓶应带有安全和防振胶圈，存放时要竖放，运输时可卧放，搬运时轻装轻卸，严禁抛掷溜放。SF_6 气瓶要存放在防晒、防潮和通风良好的地方，不得靠近热源和油污，并且不得与其他气瓶混放。

3. 吸附剂烘燥

散装或桶装吸附剂应根据各种不同牌号，用不同的温度烘燥处理，真空包装的吸附剂可直接装入气室。发生内部故障的气室和断路器气室用的吸附剂不许烘燥再生，应按国家标准规定进行专门处理。

4. 润滑脂及密封脂选择和使用

（1）SF_6 组合电器内部机械可动部分的润滑及电接触的润滑，应选用不与 SF_6 分解气体反应、性能稳定、润滑良好的润滑脂。

（2）润滑脂涂层不宜太厚。

（3）所有"O"形密封圈及法兰面均应涂密封脂；若使用真空硅脂，应避免涂到"O"形密封圈内侧与 SF_6 气体接触的部位。

5. 密封面拆装技术要求

（1）法兰螺栓必须沿圆周方向对角松动。拆卸过程中相连法兰面均应做好记号，在组装时保持原来位置。

（2）密封槽面不能有划伤痕迹，密封槽及法兰平面不能生锈。

（3）密封槽面损伤后的修磨应符合制造厂要求。

（4）密封面组装顺序：

1）用丙酮或无水乙醇清洗密封槽。

2）用无毛纸反复擦几遍，直到确认清洁为止。

3）专人检查，确认密封面及槽内无任何纤维异物。

4）用无毛纸擦"O"形密封圈，并对"O"形密封圈检查试放，并确认良好，密封圈可用无水乙醇擦洗。

5）必要时，在密封面及槽内涂适当的密封脂，在"O"形密封圈上也涂适量的密封脂，然后放入槽内，密封脂不能进入 SF$_6$ 组合电器内与 SF$_6$ 气体接触的部位。

6）应有专人检查"O"形密封圈放置位置。

7）盖封板时，应慢慢将封板盖上，并注意检查密封圈是否在槽内，螺栓紧固的力矩值应符合制造厂要求。

（5）使用过的"O"形密封圈应当予以更换。

6. 抽真空技术要求

（1）装吸附剂速度越快越好，若气室内有几处装吸附剂的地方，应分别同时进行。应选择晴天且相对湿度较小的条件下装吸附剂，装入吸附剂至抽真空的时间要控制在 1h 内。较长的母线筒可适当延长，但不得超过 5h。装吸附剂后应立即抽真空。

（2）抽真空的顺序及技术要求：

1）真空度达到 133Pa 开始计算时间，维持真空泵运转至少在 30min 以上。

2）停泵并与泵隔离，静观 30min 后读取真空度 A。再静观 5h 以上，读取真空度 B。当 $B-A\leqslant67$Pa（极限允许值 133Pa）时抽真空合格，否则先检查泄漏点。

3）抽真空要有专人负责，要绝对防止因误操作而引起的真空泵油倒灌事故。

4）附近有高压带电体时，应注意回路可靠接地，以防止因感应电压引起的 SF$_6$ 组合电器内部元件损坏。

（3）对真空设备的要求：

1）必须选择合适的、能到达 133Pa 以下真空度的真空泵，控制抽真空管道的长度，其口径要足够大，以免影响真空度。

2）真空度测量表计不准用一般的精度、等级不高的真空表来测量。

3）真空泵应设置电磁阀和相序指示灯。

7. 充 SF$_6$ 气体技术要求

（1）向设备充气前，每瓶 SF$_6$ 气体都要做微水含量测定。

（2）充气前，充气设备和管路应洁净，无水分及油污，管路连接处无漏气。

（3）充气应使用减压阀，充气时应先关闭减压阀，打开气瓶阀门，再慢慢打开减压阀充气。

（4）充气时应将气瓶放倒并将底部抬高约 30°，环境温度较低时可使用加热设备加快充气速度。

七、解体大修后组装

解体大修后的组装应按制造厂有关技术条件执行，并应特别注意以下几点：

（1）零部件拆卸前应对连接部分做标记，在组装时恢复到原来位置。

（2）仔细清洗，要防止灰尘、水分、纤维侵入及防止异物留在内部，换吸附剂封盖之前一定要有专人负责最后的清洗工作。

（3）每件工作要有复查，复查工作应指定专人负责，特别要复查内部螺栓的紧固情况；

必要时应在每个螺栓上做复查记号，再由负责人进行最终检查。

（4）螺栓紧固的力矩值要符合制造厂的要求。

【任务实施】

以小组为单位，根据任务要求，规划工作步骤，首先对 SF₆ 组合电器检修工作做充分的准备，如整理资料、准备工器具和备件材料、确定检修方案、做好安全措施等，接着确定检修项目，进行设备检修工作，最后做调整和试验，并做好检修记录，写出检修报告。

任务 5.4　SF₆ 组合电器的事故预防

【教学目标】

1. 知识目标

（1）了解高压 SF₆ 组合电器的管理、运行及技术措施内容；

（2）了解常见的高压 SF₆ 组合电器事故，并熟悉其预防措施。

2. 能力目标

（1）掌握在 SF₆ 组合电器运行和检修当中采取的管理、运行及技术措施；

（2）能够对 SF₆ 组合电器的运行和检修进行监督，预防和处理 SF₆ 组合电器各个元件容易出现的事故。

3. 态度目标

（1）能做到认真预习和收集上课所需要的资料；

（2）能认真上课，仔细看书，听老师所讲的内容，积极参与讨论并发表意见；

（3）尊重小组的决定，积极配合小组其他成员完成分配的工作任务；

（4）在学习中，学习他人的长处，改正自己的缺点，积极与老师、同学交流和探讨；

（5）能吃苦耐劳，团结互助，具备职业岗位所需要的基本素质。

【任务描述】

为了防止 SF₆ 组合电器发生事故，根据预防 SF₆ 组合电器事故的技术措施，对 SF₆ 组合电器进行运行监督。

【任务准备】

课前预习相关部分知识，经讨论后能独立回答下列问题：

（1）SF₆ 组合电器的特有故障类型都有哪些？

（2）如何预防 SF₆ 组合电器出现的故障？

【相关知识】

一、SF₆ 组合电器的运行监督

SF₆ 组合电器的运行监督内容如表 5 - 3 所示。

表 5 - 3 SF₆ 组合电器的运行监督内容

项目名称	监督方法	标准或要求
绝缘瓷套表面	现场检查	不得有严重积污，运行中不应出现放电现象；瓷套、法兰不应出现裂纹、破损或放电烧伤痕迹；涂敷 RTV 涂料的瓷外套憎水性良好，涂层不应有缺损、起皮、龟裂
导电回路	测温记录	刀闸触头应闭合到位，无接触不良情况，应定期测温，不应有过热情况
预试项目及周期	检查试验报告	应按照 DL/T 596—2005《电力设备预防性试验规程》的要求做好 SF₆ 组合电器的各项预试项目，预试不超期，试验结果应符合规程要求
操动机构	现场检查	各连接拉杆无变形；轴销无变位、脱落；金属部件无锈蚀
设备缺陷消除情况	检查消缺记录	对运行中设备出现缺陷，要根据缺陷管理要求及时消除，开关专责人应做好缺陷的统计、分析、上报工作
事故分析情况和反措制定	检查事故分析记录	对运行中设备发生的事故，开关专责人应组织、参与事故分析工作，制订反事故技术措施，并做好事故统计上报工作

二、SF₆ 组合电器的检修监督

SF₆ 组合电器事故的检修监督内容如表 5 - 4 所示。

表 5 - 4 SF₆ 组合电器的检修监督内容

项目名称	监督方法	标准或要求
检修周期	检查检修计划	应按有关规程规定的检修周期制订检修计划，检修部门根据检修计划进行检修，不超期
检修方案的确定	检查检修方案	检修项目应齐全，不应缺项、漏项，检修工作安全措施、技术措施、组织措施齐全
施工条件与要求	现场检查	检修现场应有防雨、防潮、防尘、防火等措施
外绝缘瓷套表面	现场检查	绝缘子表面应清洁；瓷套、法兰不应出现裂纹、破损或放电烧伤痕迹；涂敷 RTV 涂料的瓷外套憎水性良好，涂层不应有缺损、起皮、龟裂
液压操动机构的检修	检查检修记录	严格按照检修工艺进行操动机构的检修，对储压筒、阀系统、工作缸、油泵及电动机、微动开关、辅助开关、电接点压力表、接触器、加热器等部件进行检修
气动操动机构的检修	检查检修记录	检查管路及阀系统、压缩机、储气罐、加热器、温控器、微动开关、二次回路等部件，应符合有关检修工艺标准
弹簧操动机构的检修	检查检修记录及现场查看	外观应无锈蚀、腐蚀情况，机械特性符合要求
断口并联电容器的检修	现场检查及检查试验记录	应无渗漏油，电容值和介质损耗应符合规程要求
密封检查	检查检修试验记录	SF₆ 气体年泄漏率小于 1%
SF₆ 气体	检查检验报告	SF₆ 新气应经过检测，充入设备的 SF₆ 气体湿度应符合标准要求

项目名称	监督方法	标准或要求
大修后的调整与测量	检查工艺卡	应严格按照有关检修工艺进行调整与测量,机械特性等参数符合技术要求
检修后的试验	检查试验记录	试验项目齐全,试验结果应符合有关标准、规程要求
大修总结	检查大修总结报告	检修人员应认真编写检修工作报告,并将有关检修资料归档。开关监督专责人应对检修报告进行审核,并检查有关记录

三、预防 SF₆ 组合电器事故的技术措施

(1) 应按有关规定进行 SF₆ 气体微水含量和泄漏的检测,发现不合格时,应及时处理。处理时 SF₆ 气体应予以回收,不得随意向大气排放,以免污染环境或造成人员中毒事故。

(2) 安装运行 SF₆ 组合电器的房间,应设置一定数量的氧量仪和 SF₆ 浓度报警仪。

(3) 应充分发挥 SF₆ 气体质量监督管理中心的作用,做好新气管理、运行设备的气体监测和异常情况分析,基建、生产用 SF₆ 气体必须按照有关规定检测,并出具检测报告,方可使用。

(4) SF₆ 压力表和密度继电器应定期校验。密度继电器所用的温度传感器应与断路器本体处于同样温度环境。

(5) 对早期投运的 SF₆ 断路器应加强运行维护,并按生产厂家规定的周期进行检修,预防事故的发生。

四、SF₆ 组合电器常见故障及处理

(一) 故障分类

SF₆ 组合电器的常见故障可分为以下两大类:

(1) 与常规设备性质相同的故障,如断路器操动机构的故障等。

(2) SF₆ 组合电器特有的故障,如 SF₆ 组合电器绝缘系统的故障等。这类故障的重大故障率为 0.1~0.2 次/(站·年)。一般认为,SF₆ 组合电器的故障率比常规电气设备低一个数量级,但 SF₆ 组合电器事故后的平均停电检修时间则比常规电气设备长。

运行经验表明,SF₆ 组合电器的故障多发生在新设备投入运行的一年之内,以后趋于平稳。

(二) 常见特有故障

(1) 气体泄漏。气体泄漏是较为常见的故障,严重者将造成 SF₆ 组合电器被迫停运,因而 SF₆ 组合电器需要经常补气。

(2) 水分含量高。SF₆ 气体水分含量增高通常与 SF₆ 气体泄漏相联系。因为泄漏的同时,外部的水汽也向 SF₆ 组合电器气室内渗透,致使 SF₆ 气体的含水量增高。SF₆ 气体水分含量高是引起绝缘子或其他绝缘件内闪络的主要原因。

(3) 内部放电。运行经验表明,SF₆ 组合电器内部不清洁、运输中的意外碰撞和绝缘件质量低劣等都可能引起 SF₆ 组合电器内部发生放电现象。

(4) 内部元件故障。SF₆ 组合电器内部元件包括断路器、隔离开关、接地开关、避雷器、互感器、套管、母线等。运行经验表明,其内部元件故障时有发生。根据运行经验,各

种元件的故障如表 5-5 所示。

表 5-5　　　　　　　　　　SF₆ 组合电器各种元件故障率（%）

元件名称	隔离开关、接地开关	盆式绝缘子	母线	电压互感器	断路器	其他
故障率	30	26.6	15	11.66	10	6.7

（三）产生故障原因分析

（1）源于制造厂。

1）车间清洁度差。SF₆ 组合电器制造厂的制造车间清洁度差，特别是总装配车间，将使金属微粒、粉末和其他杂物残留在 SF₆ 组合电器内部，留下隐患，导致故障。

2）装配误差大。在装配过程中，可动元件与固定元件发生摩擦，从而产生金属粉末和残屑并遗留在零件的隐蔽地方，在出厂前没有清理干净。

3）不遵守工艺规程。在 SF₆ 组合电器零件的装配过程中，不遵守工艺规程，存在把零件装错、漏装及装不到位的现象。

4）制造厂选用的材料质量不合格。

当 SF₆ 组合电器存在上述缺陷时，在投入运行后，都可能导致 SF₆ 组合电器内部闪络、绝缘击穿、内部接地短路和导体过热等故障。

（2）源于安装。

1）不遵守工艺规程。安装人员在安装过程中不遵守工艺规程，金属件有划痕，凸凹不平处未得到处理。

2）现场清洁度差。安装现场清洁度差，导致绝缘件受潮，被腐蚀；外部的尘埃、杂物等侵入 SF₆ 组合电器内部。

3）装错、漏装。安装人员在安装过程中有时会出现装错、漏装的现象。例如屏蔽罩内部与导体之间的间隙不均匀，或没有装上去，即漏装；螺栓、垫圈没有装或紧固不紧。

4）异物没有处理。安装工作有时与其他工程交叉进行，如土建工程、照明工程、通风工程没有结束，为了赶工期，强行进行 SF₆ 组合电器的安装工作，可能造成异物存在于 SF₆ 组合电器中而没有处理，有时甚至将工具遗留在 SF₆ 组合电器内部，留下隐患。

上述缺陷都可能导致 SF₆ 组合电器内部闪络、绝缘击穿、导体过热等故障。

（3）源于设计。设计不合理或绝缘裕度较小，也是造成故障的原因之一。例如 SF₆ 组合电器中支撑绝缘子的使用场强是一个重要的设计参数。目前，环氧树脂浇注绝缘子的使用场强可高达 6kV/mm，如果现场使用场强高达 10kV/mm，起初可能没有局部放电现象，但运行几年后就可能会击穿。

（4）源于运行。在 SF₆ 组合电器运行中，由于操作不当也会引起故障。例如将接地开关合到带电相上，如果故障电流很大，即使快速接地开关也会损坏。

（5）源于过电压。在运行中，SF₆ 组合电器可能会受到雷电过电压、操作过电压等的作用。雷电过电压往往使绝缘水平较低的元件内部发生闪络或放电。隔离开关切合小电容电流引起的高频暂态过电压可能导致 SF₆ 组合电器对地（外壳）闪络。

（四）处理对策

（1）选择质量好的产品。应选用质量好的制造厂的产品，并进行严格检测。

（2）选择素质好的施工单位。为减少故障率，应当选用管理水平高、工艺优秀的施工单位进行安装。

（3）改进设计。在设计盆型绝缘子时，应尽量垂直安装，若平放时凸面应向上。这样可以避免 SF₆ 组合电器元件里的金属微粒、粉末聚集在盆型绝缘子底部。

（4）严格进行出厂试验，包括试验时间和试验项目。如盆型绝缘子的故障率高，制造厂应对其进行长时间耐压试验，在额定电压下持续加压 1000h 以上。另外，对每个盆型绝缘子都要进行局部放电试验。

（5）严格进行现场试验。现场试验包括交接试验和预防性试验。SF₆ 组合电器交接试验项目要求如下：

1）测量主回路的导电电阻。测量值不应超过产品技术条件规定值的 1.2 倍。

2）主回路的耐压试验。主回路的耐压试验程序和方法，应按产品技术条件的规定进行，试验电压为出厂试验电压的 80%。

3）密封性试验。

a）采用灵敏度不低于 1×10^{-6}（体积比）的检漏仪对各气室密封部位、管道接头等处进行检测时，检漏仪不应报警。

b）采用收集法进行气体泄漏测量时，以 24h 的漏气量换算，每一气室年漏气率不应大于 1%。

值得注意的是测量应在 SF₆ 组合电器充气 24h 后进行。

4）测量 SF₆ 气体微水含量。微水含量的测量也应在 SF₆ 组合电器充气 24h 后进行，测量结果应符合如下规定：①有电弧分解的隔室，应小于 150μL/L；②无电弧分解的隔室，应小于 250μL/L。

5）SF₆ 组合电器内部各元件的试验。对能分开的元件，应按标准进行相应试验，试验结果应符合规定的要求。

6）SF₆ 组合电器的操动试验。当进行 SF₆ 组合电器的操动试验时，联锁与闭锁装置动作应准确可靠。电动、气动或液压装置的操动试验，应按产品技术条件的规定进行。

7）气体密度继电器、压力表和压力动作阀的校验。气体密度继电器及压力动作阀的动作值，应符合产品技术条件的规定。压力表指示值的误差及其变差，均应在产品相应等级的允许误差范围内。

（6）认真进行日常巡视。日常巡视项目见本项目任务 5.2。

（7）加强在线监测的研究。

（8）认真做好检修工作。SF₆ 组合电器的小修周期一般为 3～5 年，大修周期一般在 8～10 年。检修人员应熟悉检修项目、技术项目、技术规程和检修工艺等。检修的工艺流程见本项目任务 5.3。

【任务实施】

根据设备数量进行分组，对 SF₆ 组合电器各个元件，做好事故预防的技术措施，总结发现、判断和处理缺陷的经验，同时做好记录并写出总结报告。

【项目总结】

通过本项目的学习，学生能独立完成如下任务：

1. 能够对 SF$_6$ 组合电器的结构形式、特点正确阐述。

2. 能够完成 SF$_6$ 组合电器的正常巡视。

3. 能够完成 SF$_6$ 组合电器的检修及故障处理工作。

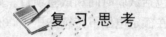

复 习 思 考

1. SF$_6$ 组合电器有何特点？

2. 什么是气隔图？举例说明。

3. SF$_6$ 组合电器由哪些基本部件组成？

4. SF$_6$ 组合电器日常维护的主要内容有哪些？

5. 在巡视中若发现问题，如何处理？

6. 简述 SF$_6$ 组合电器操作时的注意事项。

7. SF$_6$ 组合电器检修如何分类？

8. 简述 SF$_6$ 组合电器检修的主要内容。

9. SF$_6$ 组合电器检修时，有哪些注意事项？

10. 简述 SF$_6$ 组合电器异常现象及处理。

11. 简述 SF$_6$ 组合电器特有故障及处理。

项目六

电气主接线及倒闸操作

【项目描述】

本项目介绍常用电气主接线的形式、特点以及各类接线的倒闸操作方法和要求。通过学习与训练，能够根据主接线特点及运行方式，结合倒闸操作的基本要求进行正确的倒闸操作。

【教学目标】

（1）掌握常用电气主接线的画法、特点、运行方式。

（2）掌握倒闸操作的要求及步骤。

（3）了解不同主接线形式的适用范围。

（4）能够根据工程的实际条件选择主接线形式，进行典型主接线的倒闸操作，并做工作记录。

【教学环境】

教学场所：多媒体教室、实训基地。

教学设备：电脑、投影仪、展台、扩音设备、纸质及电子资料。

教学资源：实训场地符合安全要求，实训设备充足可靠。

任务 6.1　电气主接线的形式及特点

【教学目标】

1. 知识目标

（1）掌握电气主接线的常用形式；

（2）掌握常用电气主接线的运行方式及特点；

（3）了解电气主接线应满足的基本要求。

2. 能力目标

（1）能说出常用电气主接线的运行方式及特点；

（2）能够根据工程的实际条件选择主接线形式。

3. 态度目标

（1）能做到认真预习和收集上课所需要的资料；

（2）能认真上课，仔细看书，听老师所讲的内容，积极参与讨论并发表意见；

（3）尊重小组的决定，积极配合小组其他成员完成分配的工作任务；

（4）在学习中，学习他人的长处，改正自己的缺点，积极与老师、同学交流和探讨；

（5）能吃苦耐劳，团结互助，具备职业岗位所需要的基本素质。

【任务描述】

在对电气主接线的基本要求，有汇流母线类和无汇流母线类主接线的特点及选择了解之后，通过讲解发电厂和变电站主接线实例，掌握常用电气主接线的运行方式、特点及主接线形式的选择。

【任务准备】

课前预习相关部分知识，根据各电气主接线的运行特点，能够根据工程的实际条件选择电气主接线的形式，并独立回答下列问题：

（1）什么是电气主接线？电气主接线的作用是什么？电气主接线有哪些基本类型？

（2）母线的分段和旁路母线各有哪些作用？

（3）对大型区域性电厂的主接线，应注意哪些问题？

【相关知识】

发电厂、变电站的一次接线是由直接用来生产、汇集、变换、传输和分配电能的一次设备构成的，通常又称为电气主接线。电气主接线图，就是用规定的图形符号和文字符号来描绘电气主接线的专用图。电气主接线表明了各种一次设备的数量、作用和相互间的连接方式，以及与电力系统的连接情况。电气主接线图一般绘制成单线图（即用单相接线表示三相系统），但在三相接线不完全相同的局部（如各相中电流互感器的配备情况不同）则绘制成三线图。在电气主接线图中，除了上述主要电气设备外，还应将互感器、避雷器、中性点设备等也表示出来，并注明各设备的型号和参数。

一、对电气主接线的基本要求

（1）必须满足电力系统和电力用户对供电可靠性和电能质量的要求。发、供电的安全可靠，是对电力系统的第一要求。因此，电气主接线应首先满足此要求。但是，电气主接线的可靠性不是绝对的。同样的主接线对某些发电厂和变电站来说是可靠的，但对另一些发电厂和变电站就不一定能满足对可靠性的要求。

一般可以从以下几个方面来衡量电气主接线的可靠性：

1）断路器检修时是否会影响对用户的供电；

2）设备和线路故障或检修时，停电线路的多少（停电范围的大小）和停电时间的长短，以及能否保证对重要用户的供电；

3）存不存在发电厂、变电站全部停止工作的可能性等。

不仅可以定性分析电气主接线的可靠性，而且还可以对电气主接线进行定量的可靠性计算。

（2）应具有一定的灵活性。主接线不仅要在正常情况下能够按调度的要求灵活地改变运行方式，而且要求在各种不正常或故障状态下和设备检修时，能够尽快地切除故障或退出设备，使停电的时间最短、影响的范围最小，并且还要保证工作人员的安全。

（3）操作要力求简单、方便。电气主接线应该简单、清晰、明了，操作方便。复杂的电气主接线不仅不利于操作，还容易造成误操作而发生事故。但主接线过于简单，又可能给运行带来不便，或者造成不必要的停电。

（4）经济合理。在保证安全可靠、操作灵活方便的前提下，电气主接线还应尽可能地减少占地面积，以节省基建投资和减少年运行费用，让发电厂、变电站尽快地发挥社会和经济效益。

（5）具有发展和扩建的可能性。除了满足前述技术经济条件的要求外，发电厂、变电站的电气主接线还应具有发展和扩建的可能，以适应电力工业的不断发展，满足社会各方面高速发展对电力的需求。

二、电气主接线的作用及基本类型

1. 电气主接线的作用

电气主接线是整个发电厂、变电站电气部分的主干接线，它将各个电源点送来的电能汇聚并分配给广大的电力用户。

电气主接线方案的确定，对发电厂、变电站电气设备的选择，配电装置的布置，二次接线、继电保护及自动装置的配置，运行的安全性、可靠性、灵活性、经济性等都有着重大的影响，而且也直接关系到电力系统的安全、稳定和经济运行。

电气主接线是电气运行人员进行各种操作和事故处理的重要依据之一。在发电厂、变电站的主控制室内，通常设有电气主接线的模拟图板，以表明主接线的实际运行状况。运行时，模拟图板中各种电气设备所显示的工作状态必须与实际运行状态相一致。每次操作完成后，都必须立即将模拟图板上的有关部分相应地更改成与操作后的运行情况相符合的状态，以便运行人员随时了解设备的运行状态。

2. 电气主接线的基本类型

母线是电气主接线的最重要的设备之一。同一电压等级配电装置中的进出线回路数较多时，通常需要设置母线，以便进行电能的汇集和分配。所以，典型的电气主接线，可分为有汇流母线和无汇流母线两大类。有汇流母线类的主接线包括单母线、双母线和一个半断路器接线；无汇流母线类的主接线主要包括桥形、多角形和单元接线。

三、有汇流母线类接线的特点及选择

（一）单母线接线和单母线分段接线

1. 单母线接线

单母线接线如图 6-1 所示。发电厂和变电站电气主接线的基本回路是引出线（简称出线）和电源（也称进线）。其中电源在发电厂是发电机或变压器，在变电站是变压器或高压进线。母线 WB 是出线和电源间的中间环节，它把每一出线和每一电源纵向连接起来，使每一出线都能从每一电源得到电能。各出线在母线上的布置应尽可能使负荷均衡分配于母线上，以减小母线中的功率传输。所以，母线的作用是汇集和分配电能，故母线又称汇流排。

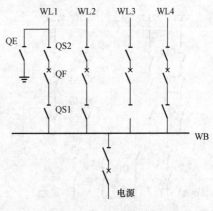

图 6-1　单母线接线

每一电源和出线回路都装有断路器 QF，用于在正常运行情况下接通或断开电路，故障情况下自动切断故障电流。为了检修断路器，断路器两侧装有隔离开关 QS，靠近母线侧的为母线隔离开关 QS1，出线回路中靠近线路侧的为线路隔离开关 QS2。当用户侧没有其他电源，且线路较短时，线路隔离开关 QS2 可以不装，但如果线路较长，为防止雷电产生的过电压或用户侧加接临时电源，危及设备或检修人员的安全时，也可装设。当进线回路中只要断路器断开，电源不可能再送电时，断路器与电源之间也可以不装设隔离开关。

接地开关 QE 在检修线路时闭合，以代替安全接地线的作用。当电压在 110kV 及以上时，断路器两侧的隔离开关或线路隔离开关的线路侧均应配置接地开关。此外，对 35kV 及以上的母线，在每段母线上应设置 1～2 组接地开关或接地器，以保证电气设备和母线检修时的安全。

根据断路器和隔离开关的性能，电路的操作顺序为：接通电路时应先合断路器两侧的隔离开关，再合断路器。如对线路 WL1 送电时，应先合上母线隔离开关 QS1，再合上线路隔离开关 QS2，然后再合上断路器 QF。切断电路时，应先断开断路器 QF，再依次断开隔离开关 QS2、QS1。该操作顺序必须严格遵守，否则将造成误操作而发生事故。为了防止误操作，除严格按照操作规程实行操作票制度外，还应在断路器与隔离开关之间加装闭锁装置。

单母线接线的优点是简单清晰，设备少，投资小，运行操作方便且有利于扩建，但可靠性和灵活性较差；主要缺点有：①当母线或任一母线隔离开关检修或发生短路故障时，各回路必须在检修和短路事故消除之前的全部时间内停止工作；②任一回路断路器检修，回路要停止供电。

因此，单母线接线一般只用在 6～220kV 系统中只有一台发电机或一台主变压器，且出线回路数又不多的中、小型发电厂和变电站。具体适用范围如下：

(1) 6～10kV 配电装置，出线回路数不超过 5 回。

(2) 35～63kV 配电装置，出线回路数不超过 3 回。

(3) 110～220kV 配电装置，出线回路数不超过 2 回。

为了克服母线或母线隔离开关检修或故障需全部停电的缺点，提高供电可靠性，可以采取将母线分段的措施。

2. 单母线分段接线

单母线分段接线如图 6-2 所示。根据电源的容量和数目，用分段断路器将母线分为几段，一般为 2～3 段。单母线分段后，可提高供电的可靠性和灵活性。

在正常运行时，分段断路器 QFd 可以接通也可以断开运行。重要用户可以从不同母线段上引出双回线路，由两个电源供电。当任一段母线发生短路故障时，在继电保护的作用下，分段断路器和接在故障段上的电源回路的断路器自动分闸，将故障段隔离，保证非故障段母线继续工作。为了防止因电源断开而引起的停电，分段断路器除装设继电保护装置外，还应装设备用电源自动投入装置，即任一电源故障，电源回路断路器自动断开，分段断路器都可以自动投入，

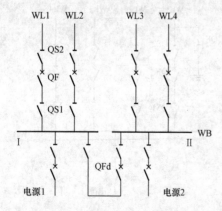

图 6-2　单母线分段接线

保证给全部出线供电。分段断路器断开运行时还可以起到限制短路电流的作用。

单母线分段接线的优缺点：

（1）母线发生故障，仅故障段母线停止工作，非故障段母线可以继续工作，缩小了母线故障的影响范围。

（2）双回路供电的重要用户，可将双回路接在不同母线分段上，保证对重要用户的供电。

（3）任一段母线或母线隔离开关检修，只停该段，其他段可继续供电，缩小了停电范围。

（4）当一段母线故障或检修时，虽然缩小了停电范围，但仍有停电问题。

（5）任一出线的断路器检修时，该回路必须停止工作。

（6）扩建时，需向两端均衡扩建。

单母线分段接线广泛应用于中、小容量发电厂和变电站的 6～110kV 配电装置中。由于这种接线对重要用户必须采用双回路供电，大大增加了出线数目，使整个母线系统可靠性受到限制。所以，单母线分段接线在重要负荷的出线回路数较多、供电容量较大时，一般不采用，具体使用范围如下：

（1）6～10kV 配电装置，出线回路数为 6 回及以上时，每段所接容量不宜超过 25MW。

（2）35～63kV 配电装置，出线回路数不宜超过 8 回。

（3）110～220kV 配电装置，出线回路数不宜超过 4 回。

（二）双母线接线和双母线分段接线

1. 双母线接线

双母线接线如图 6-3 所示。双母线接线中有两组母线，并且可以互为备用。每一电源和每一出线回路都经一台断路器和两组母线隔离开关分别与两组母线连接，这是与单母线接线的根本区别。有两组母线后，两组母线之间通过母线联络断路器 QFc 连接，使运行的可靠性和灵活性大为提高。其特点如下：

（1）供电可靠性高。检修任一母线时，通过两组母线的隔离开关倒换操作，可使电源和出线继续工作，不会中断对用户的供电。任一母线故障后，能迅速恢复供

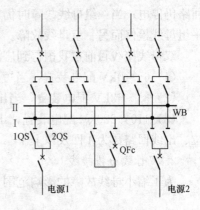

图 6-3 双母线接线

电。例如需检修工作母线，可将所有回路转移到备用母线上工作，此种操作称为倒母线。倒母线的具体步骤如下：首先，检查备用母线是否完好，能否使用。为此，先接通母联断路器 QFc 两侧的隔离开关，然后接通母联断路器 QFc。如备用母线有短路故障存在，在继电保护作用下，母联断路器 QFc 立即分闸；如备用母线是完好的，则母联断路器 QFc 接通后不再分闸。然后依次将备用母线侧的隔离开关合上，工作母线侧的隔离开关断开。因两组母线此时电位相等，所以隔离开关可以分、合而不会产生电弧。最后，断开母联断路器及两侧的隔离开关，所有回路即在备用母线上工作，原工作母线即可检修。由操作过程可见，任一回路均未停止工作。

检修任一母线隔离开关时，只需断开这一回路。例如需检修图 6-3 所示接线中的母线隔离开关 1QS。首先，断开电源 1 回路中的断路器，将电源 2 和全部出线转移到第Ⅱ组母线

上工作。倒母线的操作步骤同上。然后断开母联断路器 QFc 及其两侧的隔离开关，第Ⅰ组母线即不带电压，原来 2QS 为断开位置，此时 1QS 即完全脱离电压，便可检修。

（2）运行方式灵活。母联断路器可以断开运行，一组母线工作，一组母线备用，此时的运行情况相当于单母线接线。此外母联断路器也可以闭合运行，双母线同时工作。一部分电源和出线在第Ⅰ组母线上工作，另一部分电源和出线在第Ⅱ组母线上工作，两组母线的功率分配均匀，此时的运行情况相当于单母线分段接线；当一组母线故障时，只是部分电源和出线短时停电，然后迅速将这部分电源和出线转移到另一组母线上工作。

根据系统调度的需要，双母线接线还可以完成一些特殊功能。例如：用母联断路器与系统并列或解列；当某个回路需要独立工作或进行试验时，可将该回路单独接到备用母线上运行；当线路需要利用短路方式融冰时，亦可腾出一组母线作为融冰母线，不致影响其他回路工作；当任一断路器因故障而拒绝动作（如触头熔焊、机构失灵等）或不允许操作（如严重漏气）时，可将该回路单独接到一组母线上，然后用母联断路器代替该断路器将其回路断开。

（3）便于扩建。双母线接线可以任意向两侧延伸扩建，不影响两组母线的电源和负荷均匀分配，扩建施工时不会引起原有回路停电。

以上均为双母线接线与单母线分段接线相比时的优点，但与单母线分段接线比较，有以下特点：双母线的设备增多，配电装置布置复杂，投资和占地面积增大；而且，当母线故障或检修时，隔离开关作为倒换操作电器使用，容易发生误操作；检修任一回路断路器时，该回路仍停电；当一组母线故障时仍短时停电；双母线存在全停的可能，如母联断路器故障或一组母线检修而另一组母线故障。

双母线接线目前在我国得到广泛应用，适用范围如下：

（1）6～10kV 配电装置，当短路电流较大、出线需带电抗器时。

（2）35～63kV 配电装置，当出线回路数超过 8 回或连接的电源较多、负荷较大时。

（3）110～220kV 配电装置，出线回路数为 5 回及以上或该配电装置在系统中居重要地位、出线回路数为 4 回及以上。

2. 双母线分段接线

为了缩小母线故障的影响范围，可将双母线中的一组母线分段或两组母线都分段。

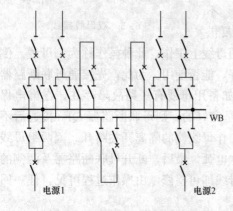

图 6-4　双母线三分段接线

（1）双母线三分段接线。双母线三分段接线如图 6-4 所示。它是用分段断路器将双母线中的一组母线分为两段，并设置两台母联断路器。该接线有两种运行方式：

1）上面一组母线作为备用母线，下面两段分别经一台母联断路器与备用母线相连。正常运行时，电源、线路分别接于两个分段上，分段断路器合上，两台母联断路器均断开，相当于单母线分段运行。该接线方式具有单母线分段接线和双母线接线的特点，比双母线接线有更高的可靠性和灵活性。例如，当工作母线的任一段检修或故障时，可以把该段回路全部倒换到备用母线上，仍可通过母联断路器维持两部分并列运行，这时，如果再发生母线故障也只影响一半左右的电源和负荷。

2）上面一组母线也作为一个工作母线，电源和负荷均分在三个分段上运行，母联断路器和分段断路器均合上。这种方式在一段母线故障时，停电范围约为 1/3。

（2）双母线四分段接线。双母线四分段接线如图 6-5 所示。它是用分段断路器将双母线中的两组母线各分为两段，并设置两台母联断路器。正常运行时，电源和线路均分在四段母线上，母联断路器和分段断路器均合上，四段母线同时运行。当任一段母线故障时，只有 1/4 的电源和负荷停电；当任一母联断路器或分段断路器故障时，只有 1/2 的电源和负荷停电。

双母线分段接线具有很高的可靠性和灵活性，但投资较大。这种接线广泛应用于发电厂的发电机电压配电装置中。同时在 220～500kV 大容量配电装置中也可采用这种接线。

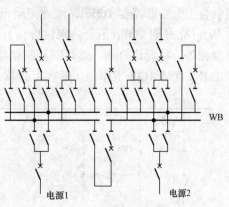

图 6-5 双母线四分段接线

（三）带旁路母线的单母线和双母线接线

断路器经过长期运行和多次切断短路电流后都需要检修。为了能使采用单母线分段或双母线接线的配电装置检修断路器时不中断对用户的供电，可增设旁路母线。

1. 单母线分段带旁路母线的接线

（1）具有专用旁路断路器的分段单母线带旁路母线接线如图 6-6 所示。接线中设有旁路母线 WBp 和旁路断路器 1QFp 和 2QFp。旁路母线 WBp 通过旁路断路器 1QFp 和 2QFp 分别与 Ⅰ、Ⅱ 段母线连接，每一回路均装有旁路隔离开关 QSp 与旁路母线 WBp 相连。平时，旁路断路器 1QFp 和 2QFp 及各旁路隔离开关 QSp 都是断开的。图中虚线表示旁路母线系统也可以用于检修电源回路中的断路器，但比较复杂，增大了投资，在发电厂一般旁路母线只与出线回路连接。

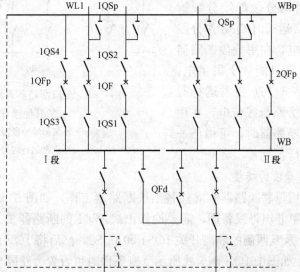

图 6-6 带专用旁路断路器的分段单母线带旁路母线接线

旁路母线的作用是：检修任一接入旁路母线的进出线回路的断路器时，由旁路断路器代替该回路断路器工作而使该回路不停电。

当检修出线 WL1 回路的断路器 1QF 时，首先合上旁路断路器 1QF 两侧的隔离开关，然后合上旁路断路器 1QFp，检查旁路母线 WBp 有无故障，如 WBp 有故障则 1QFp 分闸，如 WBp 完好则 1QFp 不会分闸；再合上出线 WL1 的旁路隔离开关 1QSp，因为 1QSp 两端电位相等，故允许合闸，然后断开断路器 1QF，断开其两侧的隔离开关 1QS2 和 1QS1，这样 1QFp 代替 1QF 工作，1QF 便可检修，而出线 WL1 不中断供电。

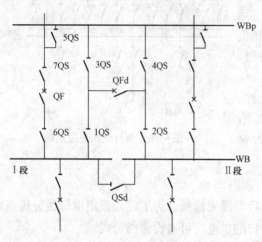

图 6 - 7　分段断路器兼作旁路断路器的
分段单母线带旁路母线接线

（2）分段断路器兼作旁路断路器的分段单母线带旁路母线接线。为了减少投资，可不设专用旁路断路器，而用母线分段断路器 QFd 兼作旁路断路器，常用的接线如图 6 - 7 所示。

旁路母线可与任一段母线连接。正常运行时，旁路母线侧的隔离开关 3QS、4QS 断开，隔离开关 1QS、2QS 和断路器 QFd 接通。当检修 I 段母线上的出线断路器时，利用隔离开关 1QS 和 4QS，断路器 QF 即可作旁路断路器使用。此时，为使 I、II 段母线并列工作，将分段隔离开关 QSd 合上。有些分段断路器 QFd 兼作旁路断路器的接线不设分段隔离开关 QSd，其缺点是在 QFd 作旁路断路器使用时，两段母线不能并列运行。

分段断路器兼作旁路断路器的其他接线形式如图 6 - 8 所示。其中，图 6 - 8（a）为不装母线分段隔离开关，在用分段断路器代替出线断路器时两分段母线分裂运行；图 6 - 8（b）正常运行时 QFd 作分段断路器，旁路母线带电，在用分段断路器代替出线断路器时，都只能从 I 段供电，两段分裂运行；图 6 - 8（c）正常运行时 QFd 作分段断路器，旁路母线带电，在用分段断路器代替出线断路器时，可由任一段供电，两段分裂运行。

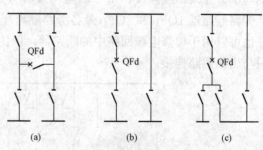

图 6 - 8　分段断路器兼作旁路断路器
的其他接线
（a）不装母线分段隔离开关；
（b）、（c）正常运行时旁路母线带电

2. 双母线带旁路母线的接线

双母线接线可以用母联断路器临时代替出线断路器工作，如图 6 - 9 所示。各回路都在第 I 组母线上工作，第 II 组母线备用，需要检修出线 WL1 的断路器 1QF 时的操作步骤是：首先断开断路器 1QF 及其两侧的隔离开关 1QS1 和 1QS2，然后将 1QF 两端接线拆开，并用"跨条"将缺口接通，如图中 1QF 侧虚线所示（有条件时可设置旁路隔离开关，如图 6 - 9 虚线 QSp 所示），再接通隔离开关 1QS2 和 1QS3，接通母联断路器两侧的隔离开关，最后接通母联断路器 QFc。这样电流即由第Ⅰ组母线经母联断路器，送至第Ⅱ组母线供给线路 WL1。此时线路 WL1 单独在第Ⅱ组母线上工作，母联断路器代替线路 WL1 的断路器，线路 WL1 仅短时停电，并不影响其他回路。但出线数目较多时，母联断路器经常被占用，降低了双母线工作的可靠性和灵活性，为此可设置旁路母线。

图 6-10（a）所示为带旁路母线的双母线接线。为了减少断路器的数目，可不设专用的旁路断路器，而用母联断路器 QFc 兼作旁路断路器，其接线如图 6-10（b）、（c）所示。图 6-10（b）所示接线的缺点是在断路器 QFc 作母联断路器用时，旁路母线带电。图 6-10（c）所示接线的缺点是断路器 QFc 作旁路断路器用时，只能接在一组母线上。

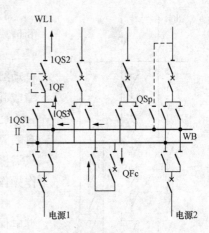

图 6-9　用母联断路器代替出线断路器时电流的途径

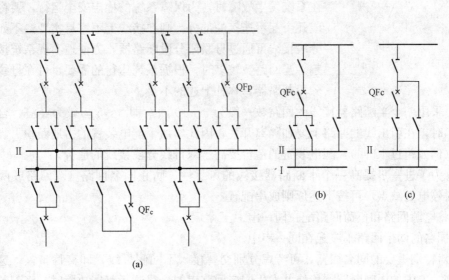

(a)

图 6-10　带旁路母线的双母线接线

(a) 带旁路母线的双母线接线；(b)、(c) 母联断路器 QFc 兼作旁路断路器

（四）一个半断路器接线

一个半断路器接线如图 6-11 所示。每一回路经一台断路器接至一组母线，两回路间设一联络断路器，形成一"串"。两个回路共用 3 台断路器，故又称 3/2 断路器接线。正常运行时，所有断路器都是接通的，形成多环状供电，因此具有很高的可靠性和灵活性。

1. 特点

（1）可靠性高。

1）任一组母线或任一台断路器检修时，各回路仍按原接线方式运行，不需要切换任何回路，避免了利用隔离开关进行大量倒闸操作。

2）母线故障时，只是与故障母线相连的断路器自动分闸，任何回路不会停电。

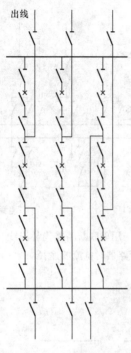
图 6-11 一个半断路器
接线

3）在两组母线同时故障或一组母线检修、一组母线故障的情况下，功率仍能继续输送。

4）除了联络断路器内部故障时（同串中的两侧断路器将自动跳闸）与其相连的两回路短时停电外，联络断路器外部故障或其他任何断路器故障最多停一个回路。

（2）运行调度灵活、检修方便。正常运行时两组母线和所有断路器均投入工作，从而形成多环形供电，操作程序简单，只需操作断路器，而不需操作隔离开关，避免了将隔离开关当作操作电器时的倒闸操作。检修母线时，回路不需要切换。

（3）所用设备多，占地面积大，投资大，二次回路接线和继电保护较复杂。

2. 注意事项

（1）一个半断路器接线各回路之间联系比较紧密，各回路之间可通过中间断路器（联络断路器）、母线断路器沟通。如在系统发生故障时，为保障系统的稳定安全运行，要将系统分成几个互不连接的部分，则在接线上不容易实现。不如双母线分段接线可通过母联或分段断路器，方便地实现系统接线的分割。当回路数较多时，根据系统运行的需要，可在母线上装设分段断路器，弥补上述的不足。

（2）采用一个半断路器接线的回路数一般为 6～10 回，即 3～5 串较为经济、合理；当少于 3 串时，在引线出的回路上要加隔离开关，因此增加了配电装置的占地面积。当回路数增加时（例如超过 12 回），配电装置的造价要高于双母线分段接线的造价。

（3）为了进一步提高一个半断路器接线的可靠性、防止同名回路（双回路或两台变压器）同时停电的缺点，可按下述原则成串配置：

1）将电源回路和负荷回路配在同一串中。

2）同名的两个回路不应配在同一串中。

3）对特别重要的同名回路，可考虑分别交替接入不同侧母线，即交替布置。这种布置可避免当一串中的中间断路器检修并发生同名回路串的母线侧断路器故障时，将配置在同侧母线的同名回路断开。由于这种同名回路同时停电的几率甚小，而且一串常需占两个间隔，增加了构架和引线的复杂性，扩大了占地面积，因此，在我国仅限于特别重要的同名回路采用交替布置。如发电厂的初期仅两个串时，才采用这种交替布置，进出线应装设隔离开关。

3. 适用范围

一个半断路器接线广泛用于大型发电厂和变电站的超高压配电装置中，特别重要的高压配电装置也可采用。

（五）变压器-母线组接线

变压器-母线组接线如图 6-12 所示，考虑到变压器是静止的设备，其运行可靠性较高、故障率较低、切换操作的次数也较少的特点，在采用双断路器接线或一个半断路器接线时，为节省投资，变压器不接在串内，而经隔离开关接到母线上；当变压器故障时，保护动作，断开各母线侧断路器。接线的回路数较多时，变压器故障要断开较多断路器（例如 5 台），也可将变压器经一台断路器接到母线上；当变压器故障时，只断开一台断路器。

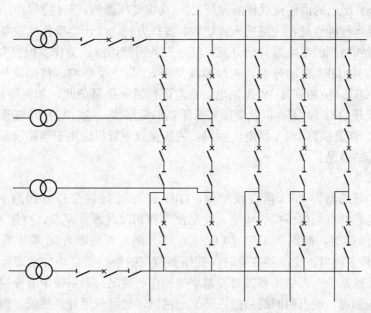

图 6-12　变压器-母线组接线

变压器台数较多的超高压变电站（例如有 4 台变压器），可将两台变压器接在母线上，而另两台变压器接在串内。这种接线不仅可靠性、灵活性都较高，而且布置也较方便。

四、无汇流母线类接线的特点及选择

当发电厂、变电站的母线发生故障时，与故障母线相连接的所有回路都将被迫退出运行。为了避免发生这种因为母线故障造成大面积停电的严重后果，于是出现了无汇流母线的主接线形式。

（一）桥形接线

当仅有两台变压器和两条线路时，可采用桥形接线，如图 6-13 所示。桥形接线仅有 3 台断路器 QF1、QF2 和 QF3，数量最少。它根据桥断路器 QF3 的位置，可分为内桥接线和外桥接线。

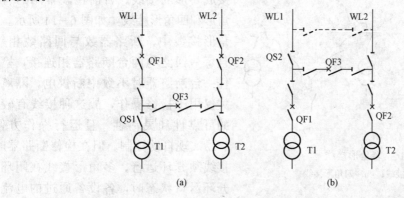

图 6-13　桥形接线

（a）内桥接线；（b）外桥接线

1. 内桥接线

图 6-13（a）所示的内桥接线桥断路器 QF3 接在变压器侧，断路器 QF1 和 QF2 接在引出线上。其主要运行特点是：线路投入和切除时操作方便，变压器操作比较复杂。如当线路故障时，仅故障线路侧的断路器自动分闸，其余三条回路可继续工作。但当变压器 T1 故障时，则需要 QF1 和 QF3 自动分闸，未故障线路 WL1 供电受影响。将隔离开关 QS1 断开，再接通 QF1 和 QF3，方可恢复 WL1 供电。正常运行情况也是如此，如需要切除变压器 T1 时，必须首先断开 QF1 和 QF3 以及变压器低压侧的断路器，然后断开隔离开关 QS1，再接通 QF1 和 QF3，恢复线路 WL1 供电。所以，内桥接线一般仅适用于线路较长、变压器不需要经常切换操作的情况。

2. 外桥接线

外桥接线的桥断路器 QF3 接在线路侧，QF1 和 QF2 接在变压器回路中，如图 6-13（b）所示。其运行特点与内桥接线相反，线路投入和切除时操作复杂，变压器的操作简单。如当线路 WL1 故障时，断路器 QF1 和 QF3 自动分闸，然后断开隔离开关 QS2，再合上 QF1 和 QF3 后恢复供电。变压器故障时仅变压器两侧的断路器自动分闸即可。因此，外桥接线一般适用于线路较短，变压器需要经常切换操作的情况。当系统中有穿越功率通过发电厂或变电站高压侧时，或当两回线路接入环形电网时，也可采用外桥接线。因为这时穿越功率仅通过一台桥断路器。此时如采用内桥接线，穿越功率需通过三台断路器，其中任一台断路器故障或检修时，将影响系统穿越功率的通过或迫使环形电网开环运行。采用外桥接线时，为避免在检修桥断路器时使环形电网开环，可在桥断路器外侧加一跨条，如图 6-13（b）中虚线所示。

桥形接线简单、使用设备少、建造费用低，并易于发展成为单母线接线或双母线接线。发电厂和变电站在建设初期，负荷小、出线少时，可优先采用桥形接线，预留位置。当负荷增大，出线数目增多时，再发展成为单母线分段或双母线接线。

桥形接线一般仅用于中、小容量发电厂和变电站的 35～110kV 配电装置中。

（二）多角形接线

多角形接线，相当于将单母线用断路器按电源和引出线数目分段，然后连接成环形的接线。目前比较常用的有三角形和四角形接线，如图 6-14 所示。多角形接线中，断路器数与回路数相等，且每一回路与两台断路器相连接，检修任一台断路器时不致中断供电，隔离开关仅用于检修操作，故这种接线有较高的可靠性和灵活性，且运行操作方便，容易实现自动控制。但在检修断路器时，接线须开环运行。多角形接线在闭环和开环运行状态时，各设备通过的电流差别很大，使设备选择困难，继电保护复杂化。此外，多角形接线不便于扩建。因此，这种接线多用于最终容量已确定的发电厂和变电站中 110kV 及以上的配电装置，且不宜超过六角

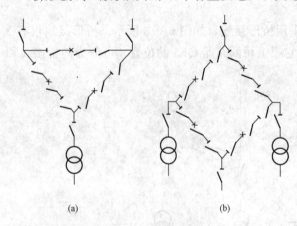

图 6-14　多角形接线

（a）三角形接线；（b）四角形接线

形，如水电厂及无扩建要求的变电站等。

（三）单元接线

发电机和主变压器直接连成一个单元，再经断路器接至高压系统，发电机出口处除厂用分支外不再装设母线，这种接线形式称为发电机-变压器单元接线，如图 6-15 所示。

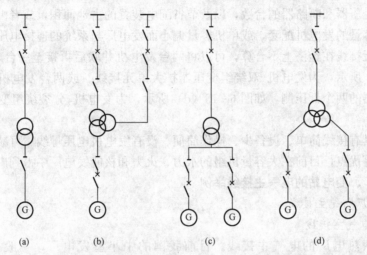

图 6-15　单元接线

（a）发电机-双绕组变压器单元接线；（b）发电机-三绕组变压器单元接线；
（c）发电机-双绕组变压器扩大单元接线；（d）发电机-分裂绕组变压器扩大单元接线

1. 发电机-双绕组变压器单元接线

图 6-15（a）所示为发电机-双绕组变压器单元接线。发电机和变压器容量相同，同时工作，所以在发电机与变压器之间可不装设断路器，但为了发电机调试方便，可装隔离开关。对于 200MW 及以上的发电机，因采用分相封闭母线，不宜装隔离开关，但应有可拆的连接片。发电机出口也有装断路器的，其主要目的是在机组起动时可从主变压器低压侧获得厂用电源，在机组解、并列时减少主变压器高压侧断路器的操作次数，该断路器不用来切断短路电流。

发电机-双绕组变压器单元接线方式在有大、中、小型机组中均有采用，尤其是在大型机组中广泛应用。然而，运行经验表明，它存在如下技术问题：

（1）当主变压器或厂用变压器发生故障时，除了跳主变压器高压侧断路器外，还需跳发电机的灭磁开关。由于大型发电机的时间常数较大，即使灭磁开关跳开后一段时间内，通过发电机-变压器组的故障电流仍很大；若灭磁开关拒跳，则后果更为严重。

（2）发电机定子绕组故障时，若变压器高压侧断路器失灵拒跳，则只能起动母差保护或发远方跳闸信号使线路对侧断路器跳闸；若远方跳闸信号失灵，则只能由对侧后备保护来切除故障，这样故障切除时间大大延长，会造成发电机、主变压器严重损坏。

（3）发电机事故跳闸时，将失去厂用工作电源，若备用电源切换不成功时，机组将面临厂用电中断的威胁。

2. 发电机-三绕组变压器（或自耦变压器）单元接线

图 6-15（b）所示为发电机-三绕组变压器（或自耦变压器）单元接线。为了在发电机停止工作时，变压器高压和中压侧仍能保持联系，在发电机与变压器之间装设断路器。为了

在检修高、中压侧断路器时隔离带电部分，其断路器两侧均应装设隔离开关。当机组容量为200MW 及以上时，断路器的选择困难，而且采用分相封闭母线后安装也较复杂，故大容量机组极少采用这种接线。

3. 发电机-变压器扩大单元接线

为了减少变压器和断路器的台数，以及节省配电装置的占地面积，或者由于大型变压器暂时没有相应容量的发电机配套，或单机容量偏小而发电厂与系统的连接电压又较高，考虑到用一般的单元接线在经济上不合算，可以将两台发电机并联后再接至一台双绕组变压器，如图 6-15（c）所示，为发电机-双绕组变压器扩大单元接线。或两台发电机分别接至有分裂绕组的变压器的两个低压侧，如图 6-15（d）所示，为发电机-分裂绕组变压器扩大单元接线。

单元接线具有接线简单、设备少、操作简便、没有发电机电压母线、可减小发电机出口侧的短路电流等优点，目前在大容量机组的水力、火力和核能发电厂中得到广泛应用。

五、发电厂、变电站的电气主接线举例

（一）发电厂电气主接线

1. 火电厂电气主接线

（1）中小型热电厂的电气主接线。目前我国的中小型发电厂，一般指单机容量在300MW 以下、总容量在 1000MW 以下的发电厂。这类发电厂一般靠近城市或工业负荷中心，电能大部分都用发电机电压直接馈送给地方用户，只将剩余的电能以升高电压送往系统。

发电机电压侧的接线，根据发电机容量及出线多少，可采用单母线分段、双母线或双母线分段接线。为了限制短路电流，可在母线分段回路中或引出线上安装电抗器。升高电压侧应根据情况具体分析，采用适当的接线。图 6-16 所示为中型热电厂电气主接线示例，该厂有 4 台 25MW 机组和一台 135MW 机组，110kV 出线有 7 回，35kV 出线 6 回，10kV 机端负荷 20 回。该厂近区负荷比较大，因此生产的电能大部分通过 10kV 馈线供给发电厂附近用户。规程规定，当容量为 25MW 及以上时应采用双母线接线，考虑 10kV 出线回路很多，因此发电机母线增设分段断路器，即实际形成三段结构可以保证对重要负荷供电可靠性和运行灵活性等要求。为了限制短路电流，装有母线分段电抗器，正常工作时分段断路器接通，各母线分段上的负荷应分配均衡。

该厂升高电压有两种等级（35kV 和 110kV），故采用两台三绕组变压器，把 10、35kV 及 110kV 三种电压的母线相互连接起来，以提高供电的可靠性和灵活性。在正常运行时，发电机除供电给附近用户外，通过两台三绕组变压器向 35kV 中距离负荷供电，然后将剩余功率送入 110kV 电网。另一台机组直接接于 110kV 母线。110kV 采用一般双母线接线形式。正常运行时，双母线同时工作，并列运行；35kV 侧采用单母线分段接线。

（2）大型火电厂电气主接线。大型发电厂一般是指总容量在 1000MW 以上，安装的单机容量在 200MW 以上大型机组的发电厂。大型火电厂一般都建在煤炭生产基地附近，距负荷中心较远，全部电能用 220kV 及以上的高压或超高压线路输送至远方，故又称为区域性电厂。大型发电厂在系统中占重要地位，担负着系统的基本负荷，其运行情况对系统影响较大。

图 6-17 所示为某大型火电厂的电气主接线。发电机和变压器采用最简单、最可靠的单

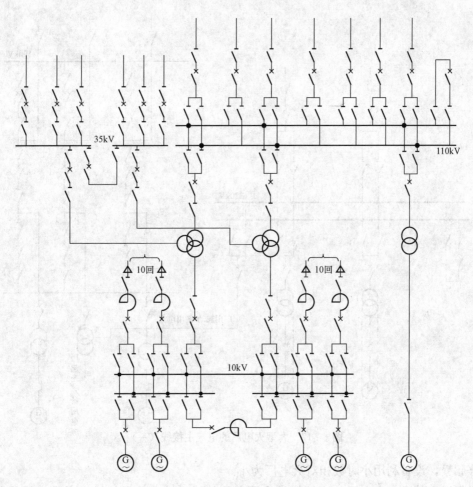

图 6-16　某中型热电厂电气主接线

元接线，直接接入 220kV 和 500kV 配电装置。220kV 侧采用双母线接线，500kV 配电装置采用一个半断路器接线，自耦变压器作为两级电压间的联络变压器，其低压绕组兼作厂用电的起动/备用电源。

　　图 6-18 所示为另一大型火电厂的较详细的主接线图（配置了互感器和避雷器）。该厂的电气主接线图与图 6-17 大致相同，联络变压器由 3 台单相变压器组成，每台容量为 167MVA，低压侧 35kV 经高压厂用起动/备用变压器降压为 6.3kV 供两段备用电源，500kV 侧采用一个半断路器接线方式，220kV 侧采用带旁路母线的双母线接线方式。发电机与变压器侧均采用单元接线。

　　2. 水电厂电气主接线

　　水电厂建在水力资源附近，一般距负荷中心较远，基本上没有发电机电压负荷，几乎全部电能用升高电压送入系统。发电厂的装机台数和容量是根据水能利用条件一次确定的，不考虑发展和扩建。水电厂附近一般地形复杂，为了缩小占地面积，电气主接线尽可能简单，使配电装置布置紧凑。水轮发电机组起动迅速，灵活方便，因此水电厂常被用作系统的事故备用和检修备用。对具有水库调节的水电厂，通常在洪水期承担系统基荷，枯水期多带尖峰负荷。很多水电厂还担负着系统的调频、调相任务。因此，水电厂的负荷曲线变化较大，机

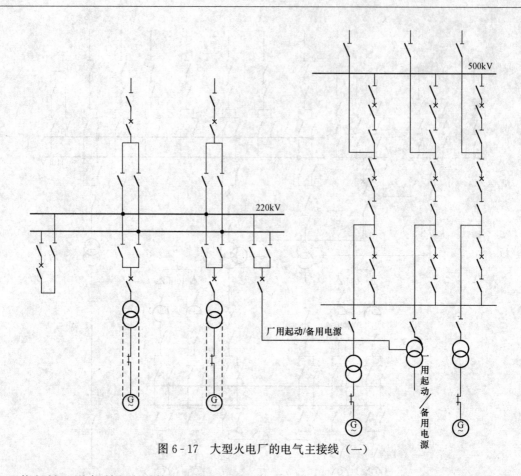

图 6 - 17　大型火电厂的电气主接线（一）

组开停频繁，设备利用小时数相对火电厂为小。

根据以上特点，水电厂的主接线常采用单元接线、扩大单元接线；当进出线回路不多时，宜采用桥形接线和多角形接线；当回路数较多时，根据电压等级、传输容量、重要程度，可采用双母线或一个半断路器接线。

图 6 - 19 所示为中型水电厂的电气主接线图。由于没有发电机电压负荷，发电机与变压器采用扩大单元接线。水电厂扩建的可能性小，其高压侧采用四角形接线，隔离开关只作为检修时隔离电压之用，故容易实现自动化。大型水电厂的电气主接线与大型火电厂接线基本相同。

（二）变电站的电气主接线

变电站电气主接线的选择，主要取决于变电站在电力系统中的地位、作用、负荷性质、出线数目的多少以及电网的结构等。

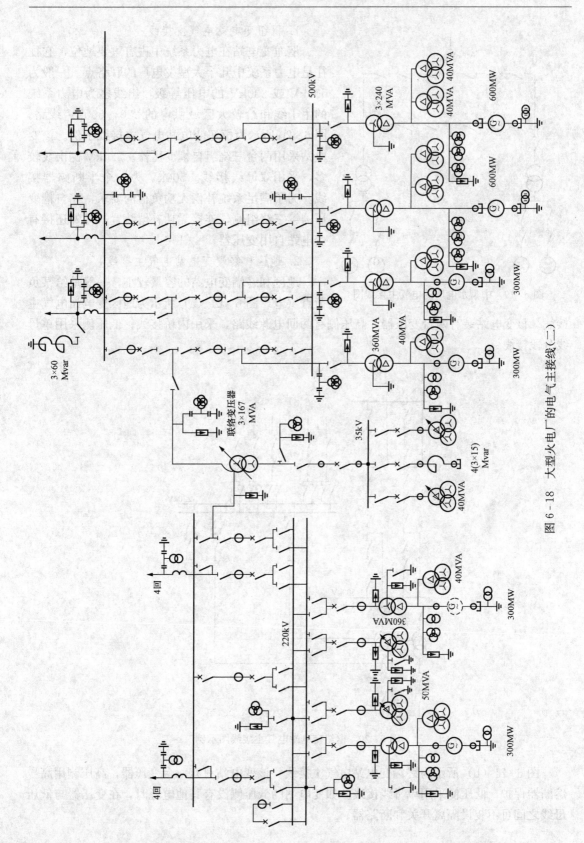

图 6 - 18　大型火电厂的电气主接线（二）

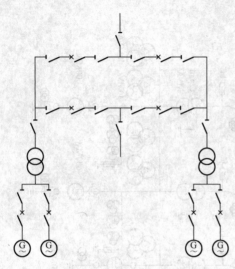

图 6-19　中型水电厂的电气主接线图

1. 枢纽变电站电气主接线

枢纽变电站在电力系统中占有重要地位，它往往是电力系统中几个大型发电厂的联络点。一般为 500kV 或 330kV 的电压等级，出线多为电力系统的主干线和给较大区域供电的 220～500kV 线路。图 6-20 所示为枢纽变电站电气主接线示例。该变电站采用两台三绕组自耦变压器。220kV 侧出线较多，采用双母线接线。500kV 为一个半断路器接线。为了满足系统补偿无功负荷的要求，在自耦变压器第三绕组侧，连接无功补偿装置，另外还接有变电站自用变压器。

2. 地区和终端变电站电气主接线

地区和终端变电站的容量较小，一般是给某负荷点供电。图 6-21（a）所示为地区变电站电气主接线。该变电站装有两台变压器，高压侧有两回电源线路，采用内桥接线；低压侧采用单母线分段接线。

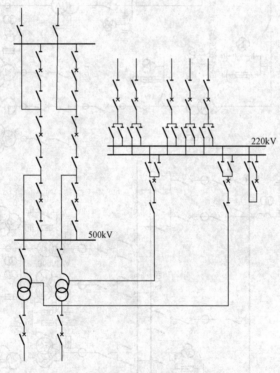

图 6-20　枢纽变电站电气主接线图示例

图 6-21（b）所示为终端变电站电气主接线。该变电站只有一台变压器，高压侧用高压熔断器保护，低压侧采用单母线接线。如变电站的低压侧没有其他电源时，在变压器与低压母线之间可不装设隔离开关和断路器。

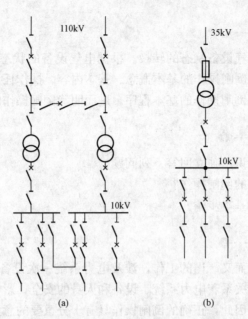

图 6-21　地区和终端变电站电气主接线

（a）地区变电站电气主接线；（b）终端变电站电气主接线

【任务实施】

试画出实习所在发电厂或变电站的电气主接线图。

任务 6.2　发电厂和变电站电气主接线倒闸操作

【教学目标】

1. 知识目标

（1）掌握电气设备倒闸操作的基本概念、操作原则和注意事项；

（2）掌握倒闸操作的基本程序。

2. 能力目标

（1）掌握倒闸操作的基本方法；

（2）具备倒闸操作的基本技能。

3. 态度目标

（1）能做到认真预习和收集上课所需要的资料；

（2）能认真上课，仔细看书，听老师所讲的内容，积极参与讨论并发表意见；

（3）尊重小组的决定，积极配合小组其他成员完成分配的工作任务；

（4）在学习中，学习他人的长处，改正自己的缺点，积极与老师、同学交流和探讨；

（5）能吃苦耐劳，团结互助，具备职业岗位所需要的基本素质。

【任务描述】

倒闸操作实质是对电气设备状态的转换。根据电气设备的状态及其状态间转换的概念，进而掌握变电站电气设备倒闸操作的基本概念、基本内容、操作任务、操作指令、操作原则及操作的一般规定；学习倒闸操作的基本程序，进而明确倒闸操作的基本步骤。

【任务准备】

课前预习相关部分知识，独立回答下列问题：

（1）什么是电气设备的倒闸操作？

（2）简述倒闸操作的基本步骤。

【相关知识】

倒闸操作是一项复杂而又严谨的工作，涉及电力系统一次设备及保护运行方式的改变。能否正确地进行倒闸操作关系着电力系统、设备和人身的安全，影响到供电的可靠性及国民经济的发展与社会稳定。因此，正确的倒闸操作具有十分重要的意义。

一、概述

（一）倒闸操作的基本概念、内容与要求

1. 倒闸操作的基本概念

将电气设备从一种状态转换为另一种状态，或由一种运行方式转变为另一种运行方式时所进行的一系列有序的操作称为倒闸操作。电力系统对用户的停电和送电、运行方式的改变和调整、设备由运行改为检修或投入运行等都是通过倒闸操作进行的。倒闸操作是变电运行值班员的主要工作任务。

2. 倒闸操作的主要内容

（1）电力线路的停、送电操作。

（2）发电机、变压器的停、送电操作。

（3）投入或退出继电保护及自动装置，改变继电保护和自动装置的运行方式或定值。

（4）母线接线方式的改变（倒母线操作）。

（5）装设或拆除接地线（合上或拉开接地开关）。

（6）中性点接地方式的改变。

（7）电网的合环与解环。

（8）改变有载调压变压器的分接头或消弧线圈的分接头。

（9）所用电源切换。

（10）其他一些特殊的操作。

3. 倒闸操作的基本要求

（1）操作中不得造成事故。

（2）尽量不影响或少影响系统对用户的供电。

（3）尽量不影响或少影响系统的正常运行。

（4）万一发生事故，影响的范围应尽量小。

在倒闸操作过程中要严格遵循上述要求，正确实现电气设备运行状态或运行方式的改变，保证系统安全、稳定、经济地运行。

（二）电气设备状态及设备操作的基本顺序

1. 电气设备的状态

电气设备的状态可分为运行状态、热备用状态、冷备用状态和检修状态 4 种。

（1）运行状态。运行状态是指隔离开关和断路器均在合闸位置，电源至受电端间的电路接通（包括辅助设备，如互感器、避雷器等）的状态。

（2）热备用状态。热备用状态是指断路器断开而隔离开关在合闸位置的状态，其特点是断路器一经合闸即将设备投入运行。

（3）冷备用状态。冷备用状态是指断路器和隔离开关（如接线方式中有的话）均在断开位置的状态。

（4）检修状态。检修状态是指断路器和隔离开关均断开，挂好接地线或合上接地开关，包括悬挂标示牌和装设遮栏（围栏）的状态。

2. 电气设备状态改变的操作基本顺序

（1）设备停电检修：由运行状态改为热备用，改为冷备用，改为检修。

（2）设备投入运行：由检修改为冷备用，改为热备用，改为运行。

二、倒闸操作的基本过程及操作票填写

（一）倒闸操作的基本过程

1. 操作指令

电网运行实行统一调度、分级管理的原则。倒闸操作一般需根据调度的指令进行。值班调度对调度管辖范围内的设备发布操作指令。操作指令有单项操作指令、逐项操作指令和综合操作指令等几种形式。

单项操作指令是指值班调度发布的指令只对一个单位，只有一项操作内容，由下级值班调度或现场运行人员完成的操作指令。

逐项操作指令是指值班调度将操作任务按顺序逐项下达，受命单位按指令的顺序逐项执行的操作指令。涉及两个以上单位的配合操作或需要根据前一项操作后对电网产生的影响才能决定下一项操作，必须使用逐项操作指令。

综合操作指令是指值班调度对一个单位下达的一个综合操作任务，具体操作项目、顺序由现场运行人员按规定自行填写操作票，在得到值班调度允许之后，即可进行操作。综合操作指令一般适用于只涉及一个单位的操作，如变电站倒母线和变压器停、送电等。

2. 操作步骤

倒闸操作必须严格执行过程中每一步的规定和要求，确保倒闸操作的正确性。正常情况下倒闸操作的步骤如下：

（1）接受操作预告。值班负责人接受值班调度的操作预告，接受预告时，应明确操作任务、范围、时间、安全措施及被操作设备的状态，同时记入值班记录簿内，并向发令人复诵一遍，得到其同意后生效。

（2）填写操作票。值班负责人根据操作预告，向操作人和监护人交代操作任务，由操作人根据记录，查对模拟系统图或电子接线图，参照典型操作票，逐项填写操作票或计算机开出操作票。

（3）核对操作票。操作人根据模拟系统图核对所填写的操作票正确无误，签名后交监护人。监护人按照操作任务，根据模拟系统图，核对操作票正确无误，签名后交值班负责人。值班负责人审核无误后签名，保存待用。

（4）发布和接受操作指令。实际操作前，由值班调度员向值班负责人发布正式的操作指令。发布指令应正确、清楚地使用规范的调度术语和设备双重名称（即设备名称和编号）。发令人发布指令前，应先和受令人互报单位和姓名。发布指令和接受指令的全过程都要录音，并做好记录。受令人必须复诵操作指令，并得到值班调度"对、执行"的指令后执行。

（5）模拟操作。在进行实际操作前必须进行模拟操作，监护人根据操作票所列的项目，逐项发布操作指令（检查项目和模拟盘没有的保护装置等除外），操作人听到指令并复诵后更改模拟系统图或电子接线图。

（6）实际操作：

1）监护人手持操作票，携带开锁钥匙，操作人应戴绝缘手套，穿绝缘靴，拿安全工具，一起前往待操作设备位置；核对设备名称、位置、编号以及实际运行状态与操作票要求一致后，操作人在监护人监护下，做好操作准备。

2）操作人和监护人面向待操作设备的名称编号牌，由监护人按照操作票的顺序逐项高声唱票。操作人应注视设备名称编号，按所唱内容独立地、用手指点着这一步操作应动部件后，高声复诵。监护人确认操作人复诵无误后，发出"对、执行"的操作指令，并将钥匙交给操作人实施操作。在操作中发生疑问时，应立即停止操作，向发令人汇报，待发令人进行许可后再进行操作，不准擅自更改操作票，不准随意解除闭锁装置。

3）监护人在操作人完成操作并确认无误后，在该操作项目上打"√"。对于检查项目，监护人唱票后，操作人应认真检查，确认无误后再复诵，监护人同时也进行检查，确认无误后并听到操作人复诵，在该项目上打"√"。严禁操作项目与检查项目一并打"√"。

4）如需在微机监控屏上进行遥控操作，操作人、监护人应单独输入自己的操作密码，分别核对鼠标点击处的设备名称、编号正确，监护人确认操作人鼠标点击处的设备名称编号正确，复诵无误后，发出"对、执行"的操作指令，操作人实施操作。在微机监控屏上执行的任何倒闸操作不得单人操作，不得使用他人的操作密码。

（7）复核。全部操作项目完毕后，应复核被操作设备的状态、表计及信号指示等是否正常、有无漏项等。

（8）汇报完成。完成全部操作项目后，监护人在操作票的结束处盖"已执行"章，并在操作票上记录操作结束时间后交值班负责人，值班负责人向调度汇报操作任务已完成。

3. 无人值班变电站的倒闸操作

对于无人值班变电站，由操作队进行倒闸操作，其步骤为：

（1）当操作队值班员接到调度下达操作预告后，按该变电站一次接线图在操作队填写操作票（临时性操作可在操作现场填写操作票）。

（2）操作队值班员到达操作变电站，与值班调度联系，得到操作指令后，开始操作。

（3）操作队值班员现场模拟操作无误后，即可按照操作规定及步骤进行现场操作。

（4）全部操作完毕后，操作队值班员立即汇报调度，并在返回操作队后立即更改操作队所在地该站一次接线图，与现场实际相符。

（二）操作票填写

倒闸操作票是运行值班人员依据调度下达的操作指令，按照有关规程的规定填写的，并作为现场操作的依据，它是操作指令、操作意图、操作方案的具体化。

倒闸操作与电气设备实际所处的状态密切相关，设备所处的状态不同，倒闸操作的步骤、复杂程度也不同。但要完成一个操作任务一般需要进行十几项甚至几十项的操作，仅靠记忆是办不到的，如果稍有失误，就会造成停电甚至人身、设备事故。因此倒闸操作必须根据设备实际状态和系统运行方式，先填写操作票，根据操作票上填写的内容依次进行有条不紊的操作。执行操作票制度是防止误操作的有效措施之一。

1. 倒闸操作票的内容

倒闸操作票主要包括单位、编号、发令人、受令人、发令时间、操作开始时间和操作结束时间、操作任务和操作人、监护人、值班负责人的签名等。单位指变电站名称；编号由发电（供电）企业统一编号，使用单位按规定分配编号顺序依次使用；发令时间指值班调度下达操作指令的时间；操作开始时间指操作人开始实施操作的时间；操作结束时间指全部操作完毕并复查无误后的时间；操作任务是指要进行的操作，应填写设备双重名称，并使用规范的操作术语，每份操作票只能填写一个操作任务。一个操作任务使用多页操作票时，在首页及以后的右下角填写"下接：×××号"，在次页及以后的各页左下角填写"上接：×××号"。微机打印一份多页操作票时，应自动生成上下接页号码。

2. 应填入倒闸操作票内的操作项目

（1）应拉合的断路器、隔离开关、接地开关和熔断器等。

（2）检查断路器和隔离开关的位置。例如断路器和隔离开关操作后，应检查其确在操作后的状态；拉、合隔离开关前，应检查与之有关的断路器处在断开位置。电气设备操作后的位置检查应以设备实际位置为准，无法看到实际位置时，可通过机械位置指示、电气指示、仪表及各种遥测、遥信信号的变化，且至少应有两个及以上指示同时发生对应的变化，才能确认设备已操作到位。

（3）装上或拆除接地线，并注明接地线的确切地点和编号。

（4）设备检修后送电前，检查待送电范围内的接地开关确已拉开或接地线确已拆除。

（5）装上或取下控制回路或电压互感器二次熔断器（丝）；装上或取下小车开关二次插头。

（6）切换保护回路端子或投入、停用保护装置，以及投入或解除自动装置。

（7）装设接地线或合上接地开关前，应对停电设备进行验电。

（8）在进行倒负荷或并列、解列操作前后，检查负荷分配（检查三相电流平衡）情况，并记录实际电流值。母线电压互感器送电后，检查母线电压指示是否正确。

3. 填写倒闸操作票注意事项

（1）填写倒闸操作票必须字迹工整、清楚，严禁并项、倒项、漏项和任意涂改；若有个别错、漏字需要修改时，应做到被改的字和改后的字均清晰可辨，且每份操作票的改字不得超过三个，否则另填新票。

（2）操作票中下列内容不得涂改：

1）设备名称、编号，连接片。

2）有关参数和终止符号。

3）操作动词，例如"拉开""合上""投入""退出"等。

（3）下列各项可不用操作票，但应记录在值班记录簿内：

1）事故应急处理。

2）拉合断路器的单一操作。

3）拉开或拆除全站唯一的一组接地开关或接地线。

4）投入、停用单一连接片。

4．变电站常用操作术语

变电站常用操作术语，如表6-1所示。

表 6 - 1　　　　　　　　　　　　变电站常用操作术语表

编号	操作术语	操 作 内 容
1	操作命令	值班调度员对其所管辖的设备运行、变更电气接线方式和事故处理而发布倒闸操作的命令
2	操作许可	调度管辖的电气设备在变更状态操作前，由值长或班长提出操作项目，经值班员许可方可操作
3	并列	发电机与系统（或两个系统间）经检查同期后并列运行
4	解列	发电机（或一个系统）与全系统解除并列运行方式
5	合环	在电气回路或电网上开口处经操作将断路器或隔离开关合上后形成闭合回路
6	解环	在电气回路或电网回路某处，经操作将回路断开
7	开机	将汽（水）轮发电机组起动，待与系统并列
8	停机	将汽（水）轮发电机解列后停止运行
9	自同期并列	将发电机（调相机）用自同期法与系统并列运行
10	非同期并列	将发电机（调相机）不经同期检查即进行并列合闸
11	合上	把断路器或隔离开关操作在接通位置
12	拉开	把断路器或隔离开关操作在断开位置
13	开启关闭	将主汽门或阀门操作为通路或非通路状态
14	跳闸（分相断路器的单相或三相）	断路器等开关设备在保护或自动装置作用下，自动由接通位置变为断开位置
15	倒母线	××线路（变压器）从×母线改接至×母线
16	冷倒	断路器在热备用状态，拉开×母隔离开关，合上×母隔离开关
17	强送	设备因故障跳闸后未经检查即送电
18	试送	设备因故障跳闸后经过初步检查后再送电
19	充电	不带电设备与电源接通，但不带负荷
20	验电	用校验工具验明设备是否带电
21	放电	设备停用后用工具将设备接地放去遗留电荷
22	核相	用校验仪器核对两带电设备对应端的相位是否相同

编号	操作术语	操作内容
23	挂（拆）接地线或合上（拉开）接地开关	用临时接地线或接地开关将设备与大地接通（或断开）
24	试相序	用校验工具核对电源的相序
25	短接	用临时导线或断路器或隔离开关等设备跨越旁路
26	带电拆接	在设备带电状态下拆断或接通短接线
27	拆引线或接引线	设备（如架空线路、断路器、隔离开关、电缆头等）引线或架空线跨越线（弓子线）的拆断或接通
28	变压器分接头从××kV（×挡）调至××kV（×挡）	变压器调分接头电压，分接头从×挡切换到×挡
29	带电巡线	在线路有电或停电但未接好接地线时对线路进行巡视
30	停电巡线	在线路停电并接好接地线的情况下对线路进行巡视
31	零起升压	利用发电机将设备电压从零起逐渐增至额定值
32	××（设备）××（保护）从停用改为信号（或从信号改为停用）	放上××保护直流熔断器（或合上直流电源开关）或取下直流熔断器（拉开直流电源开关）
33	××（设备）××（保护）从信号改为跳闸（或从跳闸改为信号）	放上（或取下）××保护跳闸连接片
34	放上（或停用）××（设备）××（保护）×段	放上（或取下）××（设备）××（保护）×段跳闸连接片
35	××（设备）××（保护）更改定值	将××（保护）整定的阻抗值或电压、电流时间等从××值改为××值
36	消弧线圈从×调到×挡	调整消弧线圈补偿电流，将其分接头从×挡切换到×挡
37	××断路器改为非自动	将××断路器直流控制电源断开
38	××断路器改为自动	接通××断路器的自动断路器直流操作回路
39	××保护信号动作	××保护动作，发出信号
40	信号复归	将××保护信号指示恢复原位
41	放上或取下熔丝	将熔丝放上或取下
42	紧急拉电（或拉路）	事故情况下（或超计划用电时）将向用户供电的线路切断，停止送电
43	限电	限制用户用电
44	××kV母差改为固定接线	××kV母差保护的母线（正、副或分段）选择元件投入运行
45	××母差改为破坏固定接线（或单母方式）	××kV母差保护的母线（正、副或分段）选择元件退出运行并短接

（三）安全技术措施

1. 停电

检修设备停电，必须把各方面的电源完全断开。禁止在只经断路器断开电源的设备上工作，必须拉开隔离开关，使各方面有一个明显的断开点，小车开关必须拉至试验或检修位置。检修设备和可能来电侧的断路器、隔离开关必须断开控制电源和合闸电源，隔离开关操作把手必须锁住，确保不会误送电。对难以做到与电源完全断开的检修设备，可以拆除设备与电源之间的电气连接。

2. 验电

要检修的电气设备和线路停电后，在装设接地线之前，必须进行验电。通过验电证明停电设备确无电压，以防发生带电装设接地线或带电合接地开关等恶性事故。验电时，应注意以下事项：

（1）验电时应使用相应的电压等级而且合格的接触式验电器，在装设接地线或合接地开关处对各相分别验电。验电前应先在有电设备上进行试验，确认验电器良好。

（2）高压验电必须戴绝缘手套。验电器的伸缩式绝缘棒长度必须拉足，验电时手必须握在手柄处且不得超过护环，人体必须与验电设备保持安全距离，雨雪天时不得进行室外直接验电，验电部位应符合表 6-2 的要求。

表 6-2　　　　　　　　　　　对验电部位的要求

工 作 场 所	验 电 部 位
电气设备	电源侧、负荷侧的各相分别验电
线路	逐相验电
母联断路器或隔离开关	在两侧各相上分别验电
同杆架设多层电力线路	先验低压，后验高压；先验下层，后验上层

（3）对无法进行直接验电的设备可以进行间接验电，即检查隔离开关的机械指示位置、电气指示、仪表及带电显示装置指示的变化，且至少应有两个及以上指示已同时发生相应变化；若进行遥控操作，则必须同时检查隔离开关的状态指示，遥测、遥信信号及带电显示装置的指示进行间接验电。

3. 接地

为防止工作地点突然来电，消除停电设备或线路上静电感应电压和泄放停电设备上的剩余电荷，保证工作人员的安全，需将设备可靠接地。对于电缆及电容器接地前应充分放电；对于可能送电至停电设备的各方面都必须装设接地线或合上接地开关，所装接地线与带电部分间应考虑地线摆动时仍符合安全距离；对于因平行或相邻带电设备导致检修设备可能产生感应电压时，必须加装接地线或工作人员使用个人保安接地线（个人保安接地线由工作人员自装自拆）。检修部分若分为几个在电气上不相连接的部分（如分段母线以及断路器隔开分成几段），则各段应分别验电并接地。降压变电站全部停电时，应将各个可能来电侧的部分接地短路，其余部分不必每段都接地。

装、拆接地线均应使用绝缘棒和戴绝缘手套。装设接地线必须先接接地端，后接导体端。拆接地线的顺序相反。接地线必须使用专用的线夹固定在导体上，严禁用缠绕的方法进行接地。人体不得碰撞接地线或未接地的导线，以防止静电感应触电。在配电装置上，接地线应装在该装置导电部分的规定地点，这些地点的油漆必须刮去，并画有黑色标记。所有配电装置的适当地点，均应设有与接地网相连的接地端，接地电阻必须合格。接地线应采用三相短路式接地线，若使用分相式接地线，应设置三相合一的接地端。严禁工作人员擅自移动或拆除接地线。高压回路上的工作，例如测量母线和电缆的绝缘电阻，测量线路参数，检查断路器触头是否同时接触等需要拆除全部或一部分接地线后才能进行时，必须征得运行人员的许可（根据调度指令装设的接地线必须征得调度员的许可），方可进行，工作完毕后立即恢复。每组接地线应编号，并存放在固定地点。对于装、拆的接地线，应做好记录，以便交接。

4. 悬挂标示牌和装设遮栏

为了防止工作人员走错位置、误合断路器及隔离开关而造成事故，应在适当的场所悬挂标示牌和装设遮栏，并严禁擅自将其移动或拆除。需悬挂标示牌和装设遮栏的场所主要有：

（1）在一合闸即可送电到工作地点的断路器和隔离开关的操作把手上，应悬挂"禁止合闸，有人工作！"的标示牌。对由于设备原因，接地开关与检修设备之间连有断路器，在接地开关和断路器合上后，在断路器操作把手上应悬挂"禁止分闸！"的标示牌。如果线路上有人工作，应在线路断路器和隔离开关操作把手上悬挂"禁止合闸，线路有人工作！"的标示牌。当在显示屏上进行操作时，以上这些断路器和隔离开关的操作处也应设置相应的标示牌。

（2）在室内高压设备上工作，应在工作地点两旁及对面运行设备间隔的遮栏上和禁止通行的过道遮栏上悬挂"止步，高压危险！"的标示牌。

（3）高压开关柜内小车开关拉出后，隔离带电部位的挡板封闭后禁止开启，并设置"止步，高压危险！"的标示牌。

（4）在室外高压设备上工作，应在工作地点四周装设围栏，其出入口要围至邻近道路旁边，并设有"从此进出！"的标示牌。若室外配电装置的大部分设备停电，只有个别地点保留有带电设备而其他设备无触及带电导体的可能时，可以在带电设备四周装设全封闭围栏，围栏上悬挂适当数量的"止步，高压危险！"标示牌，标示牌必须朝向围栏外面。严禁超越围栏。

（5）在工作地点位置设置"在此工作！"的标示牌。

（6）在室外构架上工作，则应在工作地点邻近带电部分的横梁上，悬挂"止步，高压危险！"的标示牌。在工作人员上下铁架或梯子上，应悬挂"从此上下！"的标示牌。在邻近其他可能误登的带电构架上，应悬挂"禁止攀登，高压危险！"的标示牌。

【任务实施】

根据提供的倒闸操作票格式，完成对某一线路"运行转检修"的倒闸操作票填写。

变电站（发电厂）倒闸操作票

单位＿＿＿＿＿＿　　编号＿＿＿＿＿＿

发令人		受令人		发令时间	年　月　日　时　分	
操作开始时间： 　　　　　年　月　日　时　分				操作结束时间： 　　　　　　　　　　　年　月　日　时　分		
	（　）监护下操作　　（　）单人操作　　（　）检修人员操作					
操作任务：						

续表

顺序	操　作　项　目	√

备注：

操作人：　　　　　　监护人：　　　　　　值班负责人（值长）：

任务6.3　线路停送电操作

【教学目标】

1. 知识目标

（1）掌握需停送电线路所在系统的运行方式；

（2）掌握线路停送电的倒闸操作原则。

2. 能力目标

（1）会对线路进行停送电的操作；

（2）会填写线路停送电的倒闸操作票。

3. 态度目标

（1）能做到认真预习和收集上课所需要的资料；

（2）能认真上课，仔细看书，听老师所讲的内容，积极参与讨论并发表意见；

（3）尊重小组的决定，积极配合小组其他成员完成分配的工作任务；

（4）在学习中，学习他人的长处，改正自己的缺点，积极与老师、同学交流和探讨；

（5）能吃苦耐劳，团结互助，具备职业岗位所需要的基本素质。

【任务描述】

各组组长组织各自学习小组认真分析运行规程，填写线路停送电操作票后，正确完成线路停电操作，并确保系统安全、经济运行。

【任务准备】

课前预习相关部分知识，根据系统接线的运行方式和运行特点，经小组讨论后制订线路的停电的操作票，并独立回答下列问题：

（1）系统的运行方式和电气主接线的特点是什么？

（2）线路停送电的操作原则是什么？

【相关知识】
--------------------------○

一、线路停电操作原则

（1）线路停电操作顺序应从各端按以下步骤进行：

1）拉开线路断路器。

2）拉开断路器线路侧隔离开关、母线侧隔离开关及线路电压互感器隔离开关。

3）在线路侧验电并三相接地短路（合上线路接地开关），悬挂"禁止合闸，线路有人工作！"标示牌。

（2）110kV线路停电操作顺序：应先拉受电端断路器，后拉送电端断路器。

（3）220kV联络线停电操作（或并联双回电源停用一回线的操作），一般先拉送电端断路器，后拉受电端断路器。为防止误操作和过电压，终端线停电操作时，应先拉受电端断路器，后拉送电端断路器。

联络线停电操作一般分为三步进行，即两侧运行—两侧热备用—两侧冷备用—两侧检修，恢复送电时顺序相反。为安全起见，在操作过程中一般不要一侧由检修转热备用状态，而另一侧还在检修状态。

（4）在线路停电操作中，若调度没有下令停投保护及重合闸装置时，保护及重合闸应保持原状态。在任何情况下利用完整保护的断路器向线路送电过程中，其保护必须投入。

二、线路送电操作原则

（1）线路送电操作顺序应从各端按以下步骤进行：

1）拉开线路接地开关，取下"禁止合闸，线路有人工作！"标示牌。

2）合上线路电压互感器隔离开关、断路器母线侧隔离开关、线路侧隔离开关。

3）合上线路断路器。

（2）110kV线路停电操作顺序：应先合送电端断路器，后合受电端断路器。

（3）220kV联络线送电操作，一般先合受电端断路器，后合送电端断路器。为防止误操作和过电压，终端线送电操作时，应先合送电端断路器，后合受电端断路器。

三、线路停送电操作注意事项

线路停送电操作主要分为两类操作任务：一类是断路器检修；一类是线路检修。

1. 断路器检修操作的注意事项

断路器检修操作时，必须遵循上述线路停送电操作的基本原则进行操作。这样规定的目的是防止停电时可能出现的两种误操作：一是断路器没断开或经操作实际未断开，而拉应停电线路的隔离开关；二是断路器虽已断开，但拉隔离开关时走错位置错拉不应停电线路的隔离开关。这两种情况都会造成带负荷拉隔离开关。

假设断路器未断开，先拉负荷侧隔离开关，弧光短路发生在断路器保护范围以内，线路断路器跳闸，可切除故障缩小事故范围。若先拉母线侧隔离开关，弧光短路发生在线路断路器保护范围以外，由于误操作而引起的故障电流并未通过电流互感器，该线路断路器保护不动作，线路断路器不会跳闸，将造成母线短路并使上一级断路器跳闸，扩大了事故范围。

送电时，如果断路器在误合位置便去合隔离开关，比如先合负荷侧隔离开关，后合母线侧隔离开关，等于用母线侧隔离开关带负荷操作，一旦发生弧光短路便造成母线故障。

另外，从检修方面考虑，即使由误操作发生的事故，检修负荷侧隔离开关时只需停一条线路，而检修母线侧隔离开关却要停用母线，造成大面积停电。

2. 线路检修操作的注意事项

线路检修操作时，除按上述基本原则操作外，因是直接从运行状态改为检修状态，所以拉开线路断路器与隔离开关后应在其操作把手上挂"禁止合闸，线路有人工作"的标示牌，以提示操作人员。

总之，上述操作的要点就是：设备停电检修必须把此设备各方面电源完全断开，被检修设备与带电部分之间应有明显的断开点；操作步骤要符合倒闸操作的基本原则和技术原则，各操作步骤不允许出现带负荷拉合隔离开关的误操作可能。

3. 新线路送电应注意的问题

新线路送电除应遵守倒闸操作的基本原则外，还应注意：

(1) 双电源线路或双回路在并列或合环前应经过核相。

(2) 分别来自两母线电压互感器的二次电压回路（经母线隔离开关辅助触点接入）也应核相。

(3) 配合专业人员，对继电保护自动装置进行检查和试验。特别是当用工作电压、负荷电流检查保护特性（如检查零序电流保护的方向）时，要防止二次电压回路短路及电流回路开路。

(4) 线路第一次送电，应进行全电压冲击合闸，其目的是利用操作过电压来检验线路的绝缘水平。

4. 线路重合闸的停用

一般在下列情况下将线路重合闸停用：

(1) 系统短路容量增加，断路器的开断功能满足不了一次重合的要求。

(2) 断路器事故跳闸次数已接近规定，若重合闸投入，重合失败，跳闸次数将超过规定。

(3) 设备不正常或检修，影响重合闸动作。

(4) 重合闸临时处理缺陷。

(5) 线路断路器跳闸后进行试送或线路上有带电作业。

5. 投入和停用低频减负载装置电源时注意事项

投入和停用低频减负载装置，瞬时有一反作用力矩，能将触点瞬时接通，因直流存在，可能使继电器误动。所以以投入时先合交流电源，进行预热并检查触点在分开状态，然后再合直流电源；停用时先停直流电源后停交流电源。

倒换电压互感器时应保证不断开低频减负载装置的电源。先将两台电压互感器并列后，再断开停用的电压互感器，以保证低频减负载装置不失去电源。当两台电压互感器不能并列式，倒换电压互感器前应先停低频减负载装置的直流电源。

【任务实施】

写出某线路停送电的倒闸操作步骤。

任务6.4 母线停送电操作

【教学目标】

1. 知识目标
(1) 掌握双母线接线的运行方式；
(2) 掌握母线停送电操作原则。

2. 能力目标
(1) 会对母线进行停电的操作；
(2) 会填写母线停电的倒闸操作票；
(3) 能描述双母线接线的运行方式和特点。

3. 态度目标
(1) 能做到认真预习和收集上课所需要的资料；
(2) 能认真上课，仔细看书，听老师所讲的内容，积极参与讨论并发表意见；
(3) 尊重小组的决定，积极配合小组其他成员完成分配的工作任务；
(4) 在学习中，学习他人的长处，改正自己的缺点，积极与老师、同学交流和探讨；
(5) 能吃苦耐劳，团结互助，具备职业岗位所需要的基本素质。

【任务描述】

母线在运行状态下，各组组长组织各自学习小组认真分析运行规程，填写母线停电操作票后，正确完成母线停电操作，并确保系统安全、经济运行。

【任务准备】

课前预习相关部分知识，根据双母线接线的运行方式和特点，经小组讨论后制订母线停电的操作票，并独立回答下列问题：
(1) 双母线接线的运行方式和电气主接线的特点是什么？
(2) 母线停电的操作原则是什么？

【相关知识】

一、倒母线操作基本原则

倒母线操作时，母联断路器应先合上，并取下母联断路器的操作电源（熔断器），以保证母线隔离开关在并列、解列时满足等电位操作的要求，防止可能带负荷拉合隔离开关的误操作事故。

倒母线操作的基本原则是"先合后拉"。操作母线隔离开关方法有二：①合上一组倒用母线侧的隔离开关，再立即拉开相应一组（要停用）工作母线侧的隔离开关；②先合上所要操作的全部倒用母线侧的隔离开关后，再拉开全部工作母线侧的隔离开关。先用何种方法，各变电站可视情况而定。

二、母线操作原则及注意事项

1. 母线操作一般原则

（1）运行中的双母线，当一组母线上的部分或全部断路器（包括热备用状态）倒至另一组母线时（冷备用状态除外），应确保母联断路器及其隔离开关在合闸状态。

1）对微机型母差保护，在倒母线操作前应做出相应切换（如投入互联或单母线方式连接片等），要注意检查切换后的情况（指示灯及相应光字牌亮），然后短时将母联断路器改为非自动。倒母线操作结束后应自行将母联断路器恢复自动，母差保护改为与一次方式相一致。

2）操作隔离开关时，应遵循"先合、后拉"的原则（即热倒）。其操作方法有两种：①先合上全部应合的隔离开关、后拉开全部应拉的隔离开关；②先合上一组应合的隔离开关、后拉开相应的一组应拉的隔离开关。

3）在倒母线操作过程中，要严格检查各回路母线侧隔离开关的位置指示情况（应与现场一次运行方式相一致），确保保护回路电压可靠；对于不能自动切换的，应采用手动切换，并做好防止误动作的措施，即切换前停用保护，切换后投入保护。

（2）对于母线上热备用状态的线路，当需要将热备用状态线路由一组母线倒至另一组母线时，应先将该线路由热备用状态转为冷备用状态，然后再操作调整至另一组母线上热备用状态，即遵循"先拉、后合"的原则（冷倒），以免发生通过两条母线侧隔离开关合环或解环的误操作事故。这种操作无需将母联断路器改非自动。

（3）运行中的双母线并列、解列操作必须用断路器来完成。倒母线应考虑各组母线的负荷和电源分布的合理性。一组运行母线及母联断路器停电，应在倒母线操作结束后，拉开母联断路器，再拉开停电母线侧隔离开关，最后拉开运行母线侧隔离开关。

（4）单母线停电时，应先拉开停电母线上所有负荷断路器，后拉开电源断路器，再将所有间隔设备（含母线电压互感器、站用变压器等）转为冷备用状态，最后将母线三相短路接地。

2. 母线操作注意事项

（1）运行中的双母线当停用一组母线时，要做好防止运行母线电压互感器对停用母线电压互感器二次反充电的措施，即母线转热备用状态后，应先断开该母线上电压互感器的所有二次电压断路器（或取下熔断器），再拉开该母线上电压互感器的高压隔离开关（或取下熔断器）。

（2）运行中的双母线倒母线操作时，应注意线路的继电保护、自动装置及电能表所用的电压互感器电源的相应切换；如不能切换到运行母线的电压互感器上，则在操作前将这些保护停用。

（3）无论是回路的倒母线还是母线停电的倒母线操作，在合上（或拉开）某回路母线侧隔离开关后，应及时检查该回路保护电压切换箱所对应的母线指示灯以及微机型母差保护回路的位置指示灯指示是否正确。

母线停电倒母线操作后，在拉开母联断路器之前，应再次检查回路是否已全部倒至另一组运行母线上，并检查母联断路器电流指示是否为零；当拉开母联断路器后，应检查停电母线上的电压指示是否为零。

检修完工的母线在送电前，应检查母线设备确认完好，无接地点。用断路器向母线充电前，应将空母线上只能用隔离开关充电的附属设备，如母线电压互感器、避雷器先行投入。

（4）在母线侧隔离开关的合上（或拉开）过程中，如可能发生较大火花时，应依次先合靠母联断路器最近的母线侧隔离开关，以尽量减少母线侧隔离开关操作时的电位差。

（5）带有电容器的母线停电前应先拉开电容器的断路器（送电后合上电容器的断路器），以防母线过电压，危及设备绝缘。

3. 其他注意事项

（1）严禁将检修中的设备或未正式投运设备的母线隔离开关合上。

（2）禁止用分段断路器（串有电抗器）代替母联断路器进行充电或倒母线。

（3）当拉开工作母线隔离开关后，若发现合上的备用母线隔离开关接触不好、起弧，应立即将拉开的隔离开关再合上，查明原因。

（4）停电母线的电压互感器所带的保护（如低电压、低频、阻抗保护等），如不能提前切换到运行母线的电压互感器上供电，则事先应将这些保护停用，并断开跳闸连接片。

【任务实施】

写出双母线接线中倒母线的倒闸操作步骤。

任务6.5　变压器停送电操作

【教学目标】

1. 知识目标

（1）掌握系统正常运行时的运行方式和特点；

（2）掌握变压器停送电的倒闸操作原则。

2. 能力目标

（1）会对变压器进行停送电的操作；

（2）会填写变压器停送电的倒闸操作票；

（3）能描述系统接线的运行方式和特点。

3. 态度目标

（1）能做到认真预习和收集上课所需要的资料；

（2）能认真上课，仔细看书，听老师所讲的内容，积极参与讨论并发表意见；

（3）尊重小组的决定，积极配合小组其他成员完成分配的工作任务；

（4）在学习中，学习他人的长处，改正自己的缺点，积极与老师、同学交流和探讨；

（5）能吃苦耐劳，团结互助，具备职业岗位所需要的基本素质。

【任务描述】

变压器在运行状态下，各组组长组织各自学习小组认真分析运行规程，填写变压器停送电操作票后，正确完成变压器停送电操作，并确保系统安全、经济运行。

【任务准备】

课前预习相关部分知识，根据系统接线的运行方式和运行特点，经小组讨论后制订变压器的停送电的操作票，并独立回答下列问题：

（1）系统的运行方式和电气主接线的特点是什么？

（2）变压器停送电的操作原则是什么？

【相关知识】

一、变压器停送电操作基本原则

变压器停送电的总原则是：变压器送电时，先合电源侧断路器，后合负荷侧断路器；停电时，先断开负荷侧断路器，后断开电源侧断路器。具体如下：

（1）双绕组升压变压器停电时，应先拉开高压侧断路器，再拉开低压侧断路器，最后拉开两侧隔离开关；送电时的操作顺序与此相反。

（2）双绕组降压变压器停电时，应先拉开低压侧断路器，再拉开高压侧断路器，最后拉开两侧隔离开关。送电时的操作顺序与此相反。

（3）三绕组升压变压器停电时，应依次拉开高、中、低压三侧断路器，再拉开三侧隔离开关。送电时的操作顺序与此相反。

（4）三绕组降压变压器停送电的操作顺序与三绕组升压变压器相反。

二、变压器停送电操作及注意事项

（1）变压器投入运行时，应选择励磁涌流影响较小的一侧送电，一般先从电源侧充电，后合上负荷侧断路器。

（2）向空载变压器充电时，应注意：

1）充电断路器应有完备的继电保护，并保证有足够的灵敏度。同时应考虑励磁涌流对系统继电保护的影响。

2）中性点直接接地的大接地短路电流系统中空载变压器的中性点接地开关应合上。对中性点为半绝缘的变压器，则中性点更应接地。

3）检查电源电压，使充电后变压器各侧电压不超过其相应分接头电压的5％。

（3）变压器在充电状态下及停送电操作时，必须将其中性点接地开关合上，以防止单相接地产生过电压和避免产生某些操作过电压。

（4）运行中的变压器中性点接地的数目及地点，应按继电保护的要求设置。对于中低压侧具有电源的发电厂、变电站，至少应有一台变压器中性点接地。在双母线运行时，应考虑当母联断路器跳闸后，保证被分开的两个系统至少应有一台变压器中性点接地。

（5）在运行中需要拉合变压器中性点接地开关时，由所辖调度发令操作。运行中的110kV或220kV双绕组及三绕组变压器，若需一侧断路器断开，如该侧为中性点直接接地系统，则该侧的中性点接地开关应先合上。

（6）运行中的变压器中性点接地开关如需倒换，应先将原未接地的中性点接地开关合上，再拉开原来那台变压器中性点接地开关，并考虑零序电流保护的切换。

（7）中性点带有消弧线圈的变压器停电前，必须先将消弧线圈断开后再停电，不得将两台变压器的中性点同时接到一台消弧线圈上。

（8）110kV及以上变压器处于热备用状态时（断路器一经合上，变压器即可带电），其中性点接地开关应合上。

（9）新投产或大修后的变压器，在投入运行时应进行核相，有条件的应尽可能采用零起升压。对可能构成环路运行的变压器，应进行核相。

（10）变压器新投入或大修后投入，操作送电前除应考虑遵守倒闸操作的基本要求外，还应注意以下问题：

1）对变压器外部进行检查。

2）摇测绝缘电阻。

3）对冷却系统进行检查及试验。

4）对有载调压装置进行传动。

5）对变压器进行全电压冲击合闸 3～5 次，若无异常即可投入运行。

（11）两台变压器并列运行时，如果一台变压器需要停电，在未拉开这台变压器的断路器之前，应检查总负荷情况，确保一台变压器停电后不会导致另一台变压器过负荷。变压器并列、解列运行要保证操作的准确性，操作前应检查负荷分配情况。

（12）变压器停送电操作时的一般要求：

1）变压器停电时的要求：应将变压器接地中性点及消弧线圈倒出。变压器停电后，其重瓦斯保护动作可能引起其他运行设备跳闸时，应将连接片由跳闸改为信号。

2）变压器送电时的要求：送电前应将变压器中性点接地，由电源侧充电，负荷侧并列。

3）对强油循环冷却的变压器，不起动潜油泵不准投入运行。变压器送电后，即使是处在空载状态，也应按厂家规定起动一定数量潜油泵，保持油路循环，使变压器得到冷却。

（13）三绕组升压变压器高压侧停电操作：

1）合上该变压器高压侧中性点接地开关，以保证高压侧断路器拉开后，变压器该侧发生单相短路时，差动保护、零序电流保护能够动作。

2）拉开高压侧断路器。

3）断开零序过电流保护跳其他主变压器的跳闸连接片。

4）断开高压侧低电压闭锁连接片（因主变压器过电流保护一般采用高、低压两侧电压闭锁），避免主变压器过负荷时过电流保护误动。

（14）对已停电的变压器，其继电保护若有联跳的，应停用其联跳连接片。

三、变压器操作中异常情况的处理原则

（1）强迫油循环风冷变压器在充电过程中，应检查冷却系统运行是否正常；若异常应查明原因，处理正常后方可带负荷运行。

（2）变压器电源侧断路器合上后，若发现下列情况之一，应立即拉开变电压电源侧断路器，将其停运：

1）声音明显增大，很不正常，内部有爆裂声。

2）严重漏油或喷油，使油面下降到低于油位计的指示限度。

3）套管有严重的破损和放电现象。

4）变压器冒烟着火等。

【任务实施】

写出变压器停送电的倒闸操作步骤。

【项目总结】

通过本项目的学习，学生能独立完成如下任务：

1. 能够正确画出各种电气主接线，并说明其特点与运行方式。
2. 掌握倒闸操作的要求及步骤。
3. 根据不同主接线形式的适用范围，能够对某发电厂或变电站进行电气主接线设计。
4. 能够正确进行典型主接线的倒闸操作，并做工作记录。

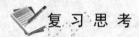 复 习 思 考

1. 对电气主接线有哪些基本要求？为什么说可靠性不是绝对的？
2. 有母线类接线和无母线类接线都包括哪些基本接线形式？
3. 主母线和旁路母线的作用是什么？回路中断路器和隔离开关的作用是什么？
4. 给用户送电和停电时线路的操作步骤是什么？为什么必须这样操作？不这样操作会发生什么问题？
5. 在图 6-2 所示的单母线分段接线中，分段断路器 QFd 接通运行时，需检修电源 1 的母线隔离开关，如何操作？
6. 在图 6-7 所示分段断路器兼作旁路断路器的接线中，当需要检修出线断路器时如何操作？
7. 在图 6-3 所示双母线接线中，如出线的断路器运行中，由于触头熔焊不能断开时，如何处理？

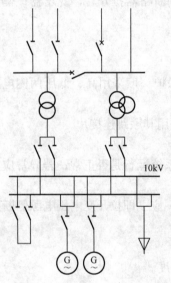

图 6-22　发电厂部分电气主接线

8. 一个半断路器接线有什么优点？交叉配置为什么更能提高供电可靠性？
9. 在图 6-13 所示桥形接线中，当变压器需要停电检修时，内桥和外桥接线各如何操作？内桥和外桥接线的应用范围是什么？
10. 为什么发电机-双绕组变压器单元接线中，发电机与变压器之间可不装断路器，而发电机-三绕组变压器单元接线中要装断路器？
11. 试改正图 6-22 所示发电厂部分电气主接线图中的错误。
12. 电气设备的状态有哪几种？倒闸操作应具备哪些条件？
13. 简述倒闸操作的步骤。
14. 试写出单母线接线中线路停送电操作的操作票。
15. 试写出双母线接线中倒母线操作的操作票。

项目七

配电装置的布置

【项目描述】

本项目介绍配电装置的分类及要求、各种配电装置的类型及布置方式。通过本项目学习与训练，充分理解配电装置安全净距的概念，并能够根据现场配电装置图纸，分析各类配电装置的布置情况以及各设备的连接情况。

【教学目标】

（1）掌握配电装置的安全净距。

（2）能看懂所提供的配电装置图纸内容。

（3）熟知各类典型配电装置的布置情况。

（4）根据配电装置的安全净距，掌握配电装置的总体要求、施工要求、运行要求及检修要求。

（5）了解配电装置的类型、特点及适用范围，能够对配电装置做出初步的选型。

（6）能够读懂描述配电装置的图纸。

【教学环境】

教学场所：多媒体教室、实训基地。

教学设备：电脑、投影仪、展台、扩音设备、纸质及电子资料。

教学资源：实训场地符合安全要求，实训设备充足可靠。

任务 7.1 配电装置的一般问题

【教学目标】

1. 知识目标

（1）掌握配电装置的概念、作用、类型及特点；

（2）掌握电气安全距离，熟悉相关术语和三种表达图。

2. 能力目标

（1）能根据配电装置的安全净距，掌握各种情况下的最小安全净距的规定；

（2）掌握配电装置的总体要求、施工要求、运行要求及检修要求；

（3）了解配电装置的类型、特点及适用范围，能够对配电装置做出初步的选型。

3. 态度目标

(1) 能做到认真预习和收集上课所需要的资料；

(2) 能认真上课，仔细看书，听老师所讲的内容，积极参与讨论并发表意见；

(3) 尊重小组的决定，积极配合小组其他成员完成分配的工作任务；

(4) 在学习中，学习他人的长处，改正自己的缺点，积极与老师、同学交流和探讨；

(5) 能吃苦耐劳，团结互助，具备职业岗位所需要的基本素质。

【任务描述】

正确理解配电装置安全净距的概念，对配电装置有直观认识，知道其类型、特点及适用范围，能根据现场条件对配电装置做出初步选型。

【任务准备】

课前预习相关部分知识，根据配电装置的基本知识，经讨论后能独立回答下列问题：

(1) 配电装置有哪些类型？各有什么优缺点？应用在什么条件下？

(2) 配电装置应满足哪些基本要求？

(3) 配电装置的安全净距是如何确定的？

【相关知识】

一、配电装置的基本概念

(1) 配电装置：根据电气主接线的接线方式，由开关设备、母线装置、保护和测量电器、必要的辅助设备等构成，按照一定技术要求建造而成的特殊电工建筑物，称为配电装置。

配电装置的作用：正常运行时进行电能的传输和再分配，故障情况下迅速切除故障部分恢复运行。

(2) 间隔：一个完整的电气连接，其大体上对应主接线图中的接线单元，以丰设备为主，加上附属设备组成的一整套电气设备（包括断路器、隔离开关、电压互感器、电流互感器、端子箱等）。

在发电厂或变电站内，间隔是配电装置中最小的组成部分，根据不同设备的连接所发挥的功能不同，有主变压器间隔、母线设备间隔、母联间隔、出线间隔等。

(3) 层：设备布置位置的层次。配电装置有单层、两层、三层布置。

(4) 列：一个间隔断路器的排列次序。配电装置有单列式布置、双列式布置、三列式布置。双列式布置是指该配电装置纵向布置有两组断路器及附属设备。

(5) 通道：为便于设备的操作、检修和搬运，配电装置在布置时设置了维护通道（用来维护和搬运各种电器的通道）、操作通道〔设有断路器（或隔离开关）的操动机构、就地控制屏〕、防爆通道（与防爆小室相通）。

二、配电装置的类型及其特点

1. 配电装置的类型

配电装置按电气设备装置地点的不同，可分为屋内配电装置和屋外配电装置。配电装置按组装的方式又可分为两种：①电气设备在现场组装的装配式配电装置；②在工厂预先将开关电器、互感器等安装在柜（屏）中，然后成套运至安装地点的成套配电装置。

（1）屋内配电装置的特点：

1）由于允许安全净距小，且可以分层布置，故占地面积较小。

2）维修、操作、巡视在室内进行，比较方便，且不受气候影响。

3）外界污秽空气对电气设备影响很小，维护工作可以减轻。

4）需建造房屋建筑，投资较大。但35kV及以下电压等级可采用价格较低的户内型设备，减少一些设备投资。

（2）屋外配电装置的特点：

1）土建工程量和费用较少，建设周期短。

2）扩建较方便。

3）相邻设备之间的距离较大，便于带电作业。

4）占地面积大。

5）设备露天，受外界污秽影响较大，使得设备运行条件较差，所以须加强绝缘。

6）外界气候变化对设备维护和操作有较大影响。

（3）成套配电装置的特点：一般布置在屋内，结构紧凑、占地面积小、建造周期短、运行可靠、维护方便，便于扩建和搬迁，但耗用钢材较多、造价较高。

2. 配电装置型式的选择

配电装置型式的选择，应考虑所在地区的地理情况和环境条件，因地制宜、节约用地，并结合运行及检修要求，通过技术经济比较确定。

在发电厂和变电站中，一般35kV及以下的配电装置采用屋内型，110kV以上的采用屋外型。但在严重污秽地区，如海边、化工厂区或大城市中心，当技术经济合理时，110～220kV配电装置也可采用屋内配电装置。目前我国生产的3～35kV各种成套配电装置在发电厂和变电站中已普遍应用，110～500kV SF$_6$全封闭组合电器也得到了广泛应用。

三、对配电装置的基本要求

（1）配电装置的设计和建造，应认真贯彻国家的技术经济政策和有关规程的要求，因地制宜，特别应注意节约用地，争取不占或少占良田。

（2）保证运行安全和工作可靠，按照系统和自然条件，对设备进行合理选型。布置应力求整齐、清晰。在运行中必须满足对设备和人身的安全距离，并应有防火、防爆措施。

（3）巡视、操作和检修设备安全方便。

（4）在保证上述条件要求下，布置紧凑，力求节约材料、减少投资。

（5）考虑施工、安装和扩建（水电厂考虑过渡）的方便。

四、配电装置安全净距

配电装置的整个结构尺寸，是综合考虑设备外形尺寸，运行维护、检修、搬运的安全距离，电气绝缘距离等因素决定的。各种间隔距离中最基本的是空气中的最小安全距离，即DL/T 5352—2006《高压配电装置设计技术规程》中所规定的A_1和A_2的值（A值通过计算和试验确定），它们表明了带电部分至接地部分之间及不同相的带电部分之间的最小安全净距。保持这一距离时，无论在正常或过电压的情况下，都不致发生空气绝缘的电击穿。其余部分的尺寸都是在A_1和A_2值的基础上，加上运行维护、设备搬运和检修工具活动范围，施工误差等尺寸而确定的。屋内、屋外配电装置安全净距校验图分别如图7-1和图7-2所示。DL/T 5352—2006 规定的屋内、屋外配电装置的安全净距，见表 7-1 和表 7-2。

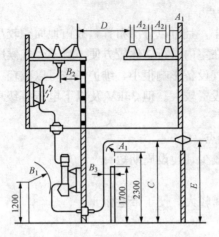

图 7-1　屋内配电装置安全净距校验图

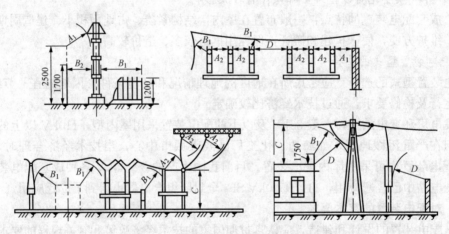

图 7-2　屋外配电装置安全净距校验图

表 7-1　　　　　　　　　　屋内配电装置的安全净距　　　　　　　　　　mm

符号	适用范围	额定电压（kV）								
		3	6	10	20	35	60	110J	110	220J
A_1	(1) 带电部分至接地部分之间； (2) 网状和板状遮栏向上延伸线 2.3m 处，与遮栏上方带电部分之间	75	100	125	180	300	550	850	950	1800
A_2	(1) 不同相的带电部分之间； (2) 断路器和隔离开关的断口两侧带电部分之间	75	100	125	180	300	550	900	1000	2000
B_1	(1) 栅状遮栏至带电部分之间； (2) 交叉的不同时停电检修的无遮栏带电部分之间	825	850	875	930	1050	1300	1600	1700	2550

符号	适用范围	额定电压（kV）								
		3	6	10	20	35	60	110J	110	220J
B_2	网状遮栏至带电部分之间	175	200	225	280	400	650	950	1050	1900
C	无遮栏裸导体至地（楼）面之间	2375	2400	2425	2480	2600	2850	3150	3250	4100
D	平行的不同时停电检修的无遮栏裸导体之间	1875	1900	1925	1980	2100	2350	2650	2750	3600
E	通向屋外的出线套管至屋外通道的路面	4000	4000	4000	4000	4000	4500	5000	5000	5500

注 J指中性点直接接地系统。

表 7-2　　　　　　　　　　屋外配电装置的安全净距　　　　　　　　　　mm

符号	适用范围	额定电压（kV）								
		3～10	20	35	60	110J	110	220J	330J	500J
A_1	(1) 带电部分至接地部分之间； (2) 网状和板状遮栏向上延伸线 2.5m 处，与遮栏上方带电部分之间	200	300	400	650	900	1000	1800	2500	3800
A_2	(1) 不同相的带电部分之间； (2) 断路器和隔离开关的断口两侧引线带电部分之间	200	300	400	650	1000	1100	2000	2800	4300
B_1	(1) 设备运输时，其外廓至无遮栏带电部分之间； (2) 交叉的不同时停电检修的无遮栏带电部分之间； (3) 栅状遮栏至绝缘体和带电部分之间； (4) 带电作业时的带电部分至接地部分之间	950	1050	1150	1400	1650	1750	2550	3250	4550
B_2	网状遮栏至带电部分之间	300	400	500	750	1000	1100	1900	2600	3900
C	(1) 无遮栏裸导体至地（楼）面之间； (2) 无遮栏裸导体至建筑物、构筑物顶部之间	2700	2800	2900	3100	3400	3500	4300	5000	7500
D	(1) 平行的不同时停电检修的无遮栏裸导体之间； (2) 带电部分与建筑物、构筑物的边沿部分之间	2200	2300	2400	2600	2900	3000	3800	4500	5800

注 J指中性点直接接地系统。

　　设计配电装置，选择带电导体之间和导体对接地结构架的距离时，应考虑减少相间短路的可能性及减少电动力，软绞线在短路电动力、风摆、温度等因素作用下使相间及对地距离的减少，以及减少大电流导体附近的铁磁物质的发热。35kV 以上要考虑减少电晕损失、带电检修因素等。工程上所采用的各种实际距离，通常要大于表 7-1、表 7-2 的数据。

【任务实施】

　　（1）根据相关知识，完成表 7-3。

表 7-3　　　　　　　　　　　　　　配电装置中 A_1、A_2 的含义

名称	含　义
A_1	
A_2	

　　（2）根据相关知识，完成表 7-4。

表 7-4　　　　　　　　　　　　配电装置类型、特点及适用范围

	类型	特点	适用范围
配电装置			

任务 7.2　屋内配电装置的布置

【教学目标】

　　1. 知识目标
　　（1）掌握屋内配电装置的特点和分类；
　　（2）掌握屋内配电装置的布置原则；
　　（3）熟悉屋内配电装置各设备的连接关系。
　　2. 能力目标
　　（1）能读懂屋内配电装置的图纸；
　　（2）能够分析和判断实际屋内配电装置的类型、特点。
　　3. 态度目标
　　（1）能做到认真预习和收集上课所需要的资料；

（2）能认真上课，仔细看书，听老师所讲的内容，积极参与讨论并发表意见；

（3）尊重小组的决定，积极配合小组其他成员完成分配的工作任务；

（4）在学习中，学习他人的长处，改正自己的缺点，积极与老师、同学交流和探讨；

（5）能吃苦耐劳，团结互助，具备职业岗位所需要的基本素质。

【任务描述】

在对屋内配电装置的特点、类型及布置方式有详细了解之后，根据现场提供的屋内配电装置实物图，分析各设备的相互连接关系，了解不同设备的布置要求。

【任务准备】

课前预习相关部分知识，根据对屋内配电装置特点及布置原则的学习，经小组讨论后，对照实际屋内配电装置进行分析和判别，并独立回答下列问题：

（1）屋内配电装置有哪些类型？各有什么优缺点？应用在什么条件下？

（2）屋内配电装置的布置要求？

【相关知识】

一、屋内配电装置概述

1. 屋内配电装置的类型及其特点

屋内配电装置的结构形式，不仅与电气主接线形式、电压等级和采用的电气设备型式等有着密切关系，还与施工条件、检修条件、运行经验和习惯有关。

屋内配电装置按其布置形式的不同，可分为单层和二层。

发电厂6~10kV屋内配电装置因采用真空断路器，其体积较小，所以配电装置结构形式主要和有无出线电抗器有关。目前，无出线电抗器的配电装置多为单层式，该方式是将所有电气设备布置在一层建筑中，其占地面积大，通常采用成套开关柜，以减少占地面积，主要用在中小容量的发电厂中和发电厂的厂用配电装置中。有出线电抗器的配电装置多为二层式，二层式是将母线、母线隔离开关等较轻设备放在第二层，将电抗器、断路器等较重设备布置在底层，与单层式相比占地面积小，但造价较高。

35kV屋内配电装置多采用二层式，110kV屋内配电装置有单层和二层式两种。

2. 配电装置图

为了表示整个配电装置的结构，以及其中设备的布置和安装情况，通常用平面图、断面图和配置图三种图说明。平面图是按比例画出房屋及其间隔、走廊和出口等处的平面布置轮廓。平面图上的间隔只是为了确定间隔数及其排列位置，并不画出其中所装设备。断面图是表明配电装置某间隔所取断面中，各设备的相互连接及其具体布置的结构图，断面图按比例画出。配置图是一种示意图，是按一定方式根据实际情况表示配电装置的房屋走廊，间隔以及设备在各间隔内布置的轮廓。它不需按比例画出，故不表明具体的设备安装情况。配置图主要是便于了解整个配电装置设备的内容和布置，以便统计采用的主要设备。

二、屋内配电装置的布置原则

屋内配电装置，多采用成套配电装置，即由制造厂成套供应的高压开关柜。高压开关柜大多是一个柜构成一个回路，少数由两个柜构成一个回路，所以一个柜就是一个间隔。制造厂生产的各种开关柜，如架空出线柜、电缆出线柜、进线柜、电压互感器柜、计量柜等，使用时可按设计的电气主接线方案，选用各种功能的开关柜，组合起来构成整个配电装置。

高压开关柜在配电装置室内，可以双列布置和单列布置，可以靠墙布置和独立布置。

1. 配电装置的通道和出口

配电装置的布置应便于设备操作、检修和搬运，故要求设维护通道、操作通道和防爆通道。凡用来维护和搬运设备的通道，为维护通道；通道内设有断路器、隔离开关的操动机构或就地控制屏的通道，为操作通道；仅与防爆小间相通的通道为防爆通道。

屋内配电装置内各种通道的最小宽度为：维护通道0.8～1m；操作通道1.5～2.0m；防爆通道1.2m。

为保证工作人员安全和工作方便，屋内配电装置设有不同数目的出口，长度小于7m的配电装置设一个出口，长度大于7m的设有两个出口，长度大于60m时再增加一个出口。配电装置门应向外开，并装弹簧锁。

2. 配电装置室的采光和通风

配电装置室可以开窗采光和通风，但应采取防止雨雪、风沙、污秽和小动物进入室内的措施。配电装置室应按事故排烟要求，装设足够的事故通风装置。

三、屋内配电装置实例

图7-3为采用XGN□-12（Z）型高压开关柜的配电装置布置图。图7-4为采用XGN□-12（Z）型高压开关柜的配电装置配置图。其配电装置的电气主接线为单母线分段接线，共有2条进线6条出线，每段母线上装有一组电压互感器和避雷器。高压开关柜为单列独立式布置。

XGN□-12（Z）型高压开关柜的前面是操作通道，开关柜出线侧为维护通道，开关柜的后面用金属网门与维护通道隔开，防止工作人员误入间隔造成事故。

【任务实施】

以小组为单位，根据图7-3和图7-4所提供的XGN□-12（Z）型高压开关柜的配电装置布置图、配置图，试分析各设备的相互连接关系以及不同设备的布置要求。

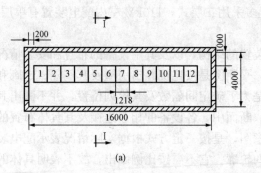

(a)

图7-3　采用XGN□-12（Z）型高压开关柜的配电装置布置图（一）

(a) 平面图

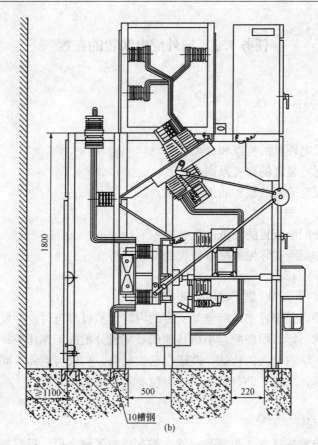

图 7-3 采用 XGN□-12 (Z) 型高压开关柜的配电装置布置图 (二)

(b) 断面图

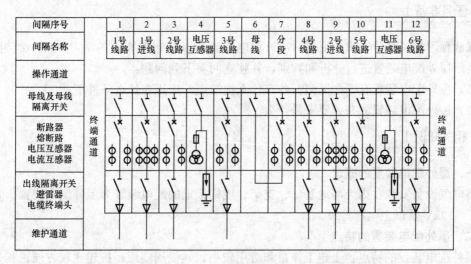

间隔序号	1	2	3	4	5	6	7	8	9	10	11	12
间隔名称	1号线路	1号进线	2号线路	电压互感器	3号线路	母线	分段	4号线路	2号进线	5号线路	电压互感器	6号线路

图 7-4 采用 XGN□-12 (Z) 型高压开关柜的配电装置配置图

任务 7.3　屋外配电装置的布置

【教学目标】

1. 知识目标

（1）掌握屋外配电装置的特点和分类；

（2）掌握屋外配电装置的布置原则；

（3）熟悉屋外配电装置各设备的连接关系。

2. 能力目标

（1）能读懂屋外配电装置的图纸；

（2）能够分析和判断实际屋外配电装置的类型、特点等。

3. 态度目标

（1）能做到认真预习和收集上课所需要的资料；

（2）能认真上课，仔细看书，听老师所讲的内容，积极参与讨论并发表意见；

（3）尊重小组的决定，积极配合小组其他成员完成分配的工作任务；

（4）在学习中，学习他人的长处，改正自己的缺点，积极与老师、同学交流和探讨；

（5）能吃苦耐劳，团结互助，具备职业岗位所需要的基本素质。

【任务描述】

在对屋外配电装置的特点、类型及布置方式有详细了解之后，根据现场提供的屋外配电装置实物图，分析各设备的相互连接关系，了解不同设备的布置要求。

【任务准备】

课前预习相关部分知识，根据对屋外配电装置特点及布置原则的学习，经小组讨论后，对照实际屋外配电装置进行分析和判别，并独立回答下列问题：

（1）屋外配电装置有哪些类型？各有什么优缺点？应用在什么条件下？

（2）屋外配电装置的布置要求是什么？

【相关知识】

一、屋外配电装置的概念

将电气设备安装在露天场地基础、支架、或构架上的配电装置为屋外配电装置。它一般多用于 110kV 及以上电压等级。

二、屋外配电装置的特点

屋外配电装置的特点：土建工作量和费用较小，建设周期短；扩建比较方便；相邻设备之间距离较大，便于带电作业；占地面积大；受外界环境影响，设备运行条件较差，需加强绝缘；不良气候对设备维修和操作有影响。

三、屋外配电装置的类型及其特点

根据电气设备和母线布置的高度和重叠情况，屋外配电装置可分为中型、半高型和高型三种。中型配电装置又分为普通中型和分相中型两种。

中型配电装置是把所有电气设备都安装在地面的基础上，或安装在设备支架上，使各种电气设备基本处在同一水平面内，以保持带电部分与地之间必要的高度，母线布置在比电气设备较高的水平面内，母线和各种电气设备均不上、下重叠布置。所以，无论在施工、运行和检修方面都比较方便，而且可靠，但占地面积较大。中型屋外配电装置是我国采用较多的一种类型。但由于占地面积大，110～220kV 一般只在地震烈度较高的地区或土地贫瘠地区才可采用普通中型屋外配电装置，其余可采用分相中型布置；330～500kV 均采用分相中型屋外配电装置。

高型和半高型配电装置，是将母线布置抬高，母线和电气设备布置在几个不同高度的水平面上，并且上、下重叠。高型屋外配电装置，是将两组母线上、下重叠，两组母线隔离开关也上、下重叠布置。半高型屋外配电装置，只是抬高母线，两组母线并不上、下重叠布置，仅将母线与断路器、电流互感器等设备上、下重叠布置。所以，高型配电装置和半高型配电装置较中型配电装置可少占大量农田，但操作、检修不方便，抗震能力差，采用较少。

四、屋外配电装置的布置原则

1. 母线及构架的布置

屋外配电装置的母线有软母线和硬母线两种。软母线多采用钢芯铝绞线或分裂导线，三相母线水平布置，用悬式绝缘子串悬挂在母线构架上。软母线可用较大的档距，但档距增大之后，将增加导线的弧垂，且为保证导线的对地距离，必须使构架增高。另外，软母线需考虑风吹时导线的摆动，所以相间距离较大。硬母线常用的有管形和分裂管形。目前我国110kV 及以上配电装置中，多用管形硬母线，用支柱绝缘子安装在支架上。硬母线的弧垂小，不需要高大的构架；母线不会摇摆，相间距离可缩小；与剪刀式隔离开关配合，可以节省占地面积。管形母线直径大，表面光滑，可提高电晕临界电压；但易产生微风共振和存在端部效应，抗震能力也较差。

屋外配电装置的构架，可由型钢或钢筋混凝土制成。钢构架经久耐用，机械强度好，便于固定设备，抗震能力强，运输方便，维护简单。钢筋混凝土环形杆可以在工厂成批生产，并可分段制造，运输和安装也还方便，但固定设备时不方便。目前我国在220kV 及以下的配电装置中，多用由钢筋混凝土环形杆和镀锌钢梁组成的构架。在大跨距 500kV 配电装置中，多用由钢板焊成的板箱式构架和钢管混凝土柱，此类构架钢材用得少，机械强度也比较高。

2. 电力变压器的布置

电力变压器是屋外配电装置中体积最大、含油量最多的设备，布置时应特别注意防火安全。变压器的基础一般为双梁形，上面铺以铁轨，轨距与变压器的滚轮中心距相等。为了防止变压器事故时燃油流散，对单个油箱的油量超过 1000kg 的变压器，在变压器下面应设置贮油池，其尺寸应比设备外廓大 1m。为了迅速灭火，贮油池内一般铺设厚度不小于 0.25m的卵石层。容量在 90MVA 以上的变压器，有条件时宜设置水喷雾灭火装置。

电力变压器与建筑物的距离不应小于 1.25m。当变压器油重超过 2500kg 以上时，两台变压器之间的防火净距不应小于以下数值：35kV 为 5m，110kV 为 6m，220kV 及以上为10m。如布置有困难，应设置防火墙，防火墙高度不低于变压器油枕高度，长度大于贮油池两侧各 1m。

3. 电器设备的布置

断路器、隔离开关、互感器和避雷器等设备，在屋外配电装置中有低位和高位两种布置方式，一般均采用高位布置，即安装在约 2m 高的混凝土基础上。

4. 其他

屋外配电装置中的电缆沟，有横向和纵向两种布置。横向一般布置在断路器和隔离开关之间。纵向为主干电缆沟。电缆数目较多时，纵向电缆沟一般可分为两路。

为了运输设备和消防，大中型变电站内一般应铺设宽 3m 的环形道路。此外，屋外配电装置中应设置 0.8～1m 宽的巡视小道，以便运行人员巡视电气设备。

发电厂和大型变电站的屋外配电装置，其周围宜围以高度不低于 1.5m 的围栏，以防止外人任意进入。

五、屋外配电装置实例

普通中型屋外配电装置是我国较多采用的一种类型，但由于占地面积过大，近年来逐步限制了它的使用范围。随着配电装置电压的增高，出现了分相中型、高型和半高型配电装置，并得到了广泛的应用。下面介绍几种屋外配电装置布置实例。

1. 中型配电装置

中型配电装置按照隔离开关的布置方式，分为普通中型和分相中型两种。

(1) 普通中型配电装置。图 7-5 所示为普通中型配电装置，除避雷器外，所有电气设备都布置在 2～2.5m 高的基础上。主母线及旁路母线的边相距隔离开关较远，故在引下线设支持绝缘子 15。将两组主母线、电压互感器和专用旁路断路器合并在一个间隔内，以节约占地面积。搬运设备的环形道路，设在断路器和母线架之间，检修和搬运设备比较方便，道路还可兼作断路器的检修场地。采用钢筋混凝土环形杆三角钢梁，母线架 17 与中央门形架 13 合并，使结构简化。

普通中型配电装置的优点是：布置比较清晰，不易误操作，运行可靠，施工和维修较方便，构架高度较低，造价低；经过多年的实践，已积累了丰富的经验。但其最大的缺点是占地面积较大。

(2) 管母分相中型配电装置。该方案将隔离开关分相直接布置在母线的正下方，如图 7-6所示。

本方案断路器采用三列布置，所有出线都从第一、二列断路器之间引出，所有进线均从第二、三列断路器间引出，布置清晰，占地面积小。当只有两台变压器时，应将其中一台主变压器与出线交叉布置，以提高接线的可靠性。为了不使交叉引线多占间隔，可与母线电压互感器及避雷器共占两个间隔，以提高场地利用率。

采用管形硬母线及伸缩式隔离开关，可降低构架高度，减小母线相间距离，节约占地面积。并联电抗器布置在线路侧，可减少跨线。

2. 半高型配电装置

图 7-7 所示为 110kV 单母线、进出线带旁路、半高型布置的进出线断面图。该方案的特点是将旁路母线架抬高为 12.5m，与出线断路器、电流互感器重叠布置，而主母线及其他电气设备与普通中型相同。这种布置既保留了中型配电装置在运行、维护和检修方便方面的大部分优点，又使占地面积比中型布置节约约 30%。

由于旁路母线与主母线采用不等高布置，很方便地实现了进出线均带旁路。

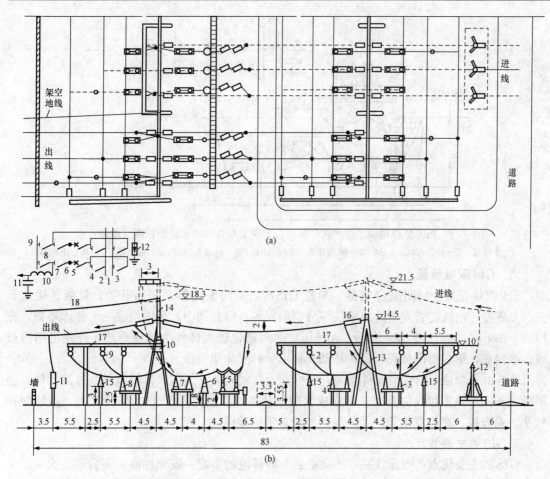

图 7 - 5 220kV 双母线进出线带旁路、合并母线架、断路器单列布置的中型配电装置（单位：m）

(a) 平面图；(b) 断面图

1、2、9—母线Ⅰ、Ⅱ和旁路母线；3、4、7、8—隔离开关；5—断路器；6—电流互感器；

10—阻波器；11—耦合电容器；12—避雷器；13—中央门形架；14—出线门形架；

15—支持绝缘子；16—悬式绝缘子；17—母线构架；18—架空地线

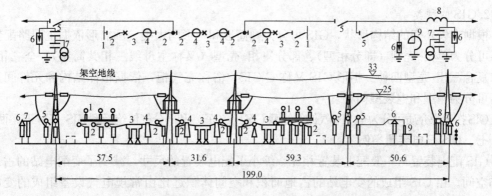

图 7 - 6 500kV、3/2 断路器接线、断路器三列布置的进出线断面图（单位：m）

1—管形硬母线；2—单柱式隔离开关；3—断路器；4—电流互感器；5—双柱伸缩式隔离开关；

6—避雷器；7—电容式电压互感器；8—阻波器；9—高压并联电抗器

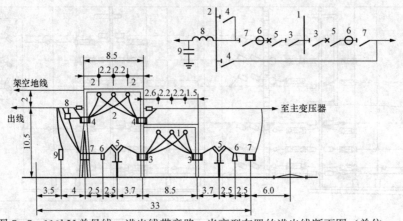

图 7-7　110kV 单母线、进出线带旁路、半高型布置的进出线断面图（单位：m）

1—主母线；2—旁路母线；3、4、7—隔离开关；5—断路器；6—电流互感器；8—阻波器；9—耦合电容器

六、GIS 配电装置

SF_6 气体绝缘全封闭组合电器，简称 GIS，它是将断路器、隔离开关、母线、接地开关、互感器、出线套管或电缆终端头等分别装在各自密封间中，集中组成一个整体外壳，充以 $(3.039 \sim 5.065) \times 10^5 Pa$（3～5 大气压）的六氟化硫气体作为绝缘介质。外壳可用钢板或铝板制成，形成封闭外壳，保护活动部件不受外界物质侵蚀。

GIS 由各个独立的标准元件组成，各标准元件制成独立气室，再辅以一些过渡元件，便可适应不同形式主接线的要求，组成成套配电装置。其主要用于 110kV 及以上，占地面积较小、高海拔、高烈度地震区及外界环境较恶劣的地区。

1. GIS 的主要特点

GIS 的主要优点：可靠性高，不会受到外界环境的影响；安全性高，不会产生火灾，不存在触电的危险；占地面积小，各电气设备之间、设备对地之间的最小安全净距小；安装、维护方便，工期大大缩短；检修周期长，维护方便，维护工作量小。

GIS 的主要缺点：密封性能要求高，对加工的精度有严格的要求；金属耗费量大，价格较昂贵；故障后危害较大，检修时有毒气体（SF_6 气体与水发生化学反应后产生）会对检修人员造成伤害。

2. GIS 的种类

根据充气外壳的结构形状，GIS 可分为圆筒形和柜形两大类。圆筒形依据主回路配置方式还可分为单相-壳型（即分相型）、部分三相-壳型（又称主母线三相共筒型）、全三相-壳型和复合三相-壳型四种。柜形 GIS 又称 C-GIS，俗称充气柜，依据柜体结构和元件间是否隔离可分为箱型和铠装型两种。

GIS 按绝缘介质可分为全 SF_6 气体绝缘型 GIS（F-GIS）和部分气体绝缘型 GIS（H-GIS）两类。

七、GIS 配电装置举例

GIS 配电装置与一般配电装置相比，缩小了配电装置的尺寸，减少了变配电站的占地面积和空间。由 GIS 组成的变电站的占地面积和空间体积远比由常规电气设备组成的变电站小，电压等级愈高，效果愈显著。

图 7-8、图 7-9 和图 7-10 分别为 110kV GIS 单母线分段接线、桥形接线、双母线接线断面图与一次原理图。

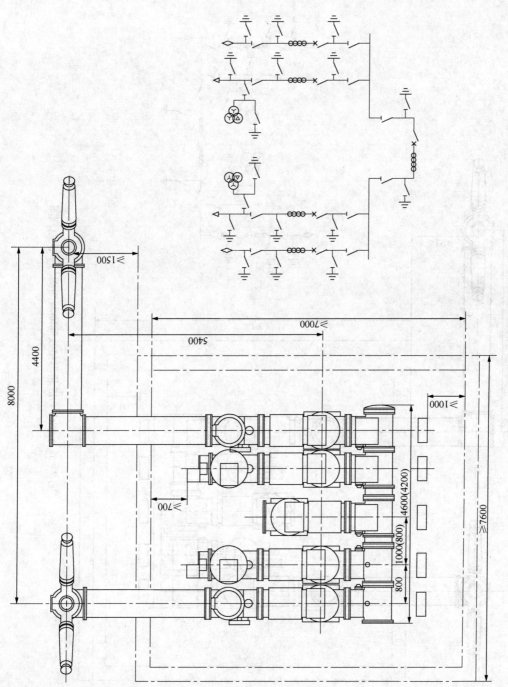

图 7 - 8 110kV GIS 单母线分段间隔断面图与一次原理图

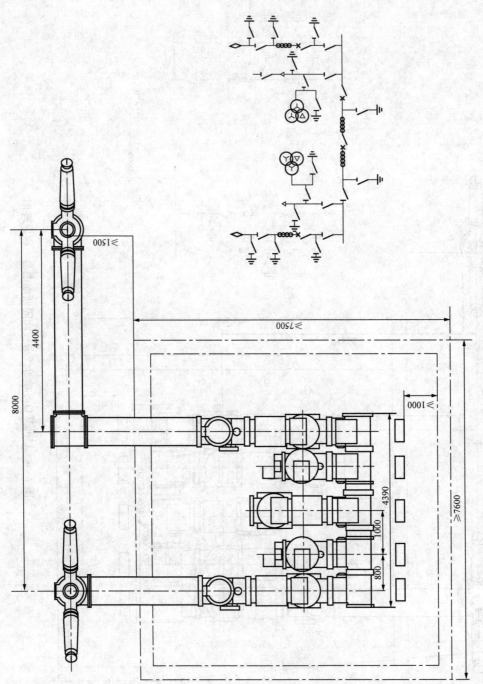

图 7 - 9　110kV GIS 桥形接线间隔断面图与一次原理图

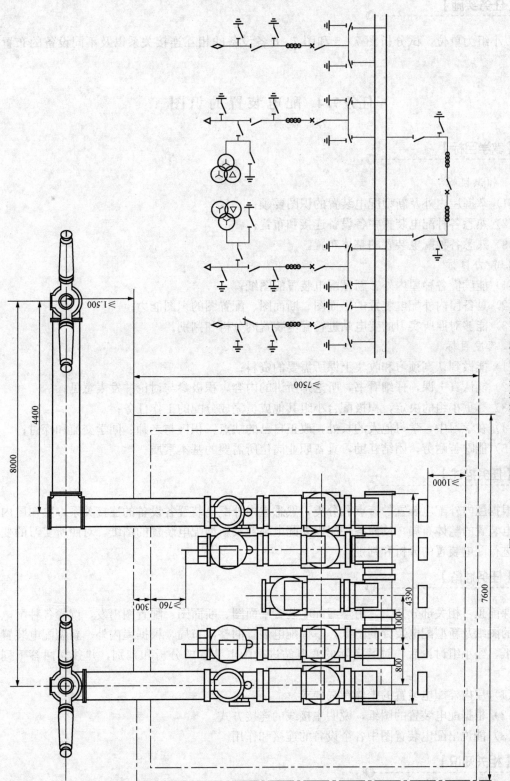

图 7 - 10 110kV GIS 双母线接线间隔断面图与一次原理图

【任务实施】

　　以小组为单位，试分析图 7-5 和图 7-6 各设备的相互连接关系以及不同设备的布置要求。

任务 7.4　配电装置的识图

【教学目标】

　　1. 知识目标

　　(1) 掌握屋内外及新型配电装置的识图要领；

　　(2) 熟悉各种配电装置中各设备连接和布置；

　　(3) 熟悉各种配电装置的整体布置。

　　2. 能力目标

　　(1) 能读懂各种屋内外、新型配电装置的图纸；

　　(2) 具备屋内外配电装置的平面图、断面图、配置图的识图能力；

　　(3) 能够对照所实习的变电站进行配电装置的分析和判别。

　　3. 态度目标

　　(1) 能做到认真预习和收集上课所需要的资料；

　　(2) 能认真上课，仔细看书，听老师所讲的内容，积极参与讨论并发表意见；

　　(3) 尊重小组的决定，积极配合小组其他成员完成分配的工作任务；

　　(4) 在学习中，学习他人的长处，改正自己的缺点，积极与老师、同学交流和探讨；

　　(5) 能吃苦耐劳，团结互助，具备职业岗位所需要的基本素质。

【任务描述】

　　根据屋内外配电装置的特点和分类，熟悉屋内外配电装置各设备的连接关系，熟知屋内外配电装置的整体布局，读懂各种屋内外配电装置及新型配电装置的图纸，对照所实习的变电站进行配电装置的分析和判别。

【任务准备】

　　课前预习相关部分知识，由学习配电装置平面图、断面图、配置图出发，读懂各种配电装置的图纸及新型配电装置的图纸，掌握配电装置的整体布局。根据屋内外、新型配电装置的图纸，经小组讨论后，对照实际的变电站进行配电装置的分析和判别，并独立回答下列问题：

　　(1) 屋内外配电装置的整体布局要求。

　　(2) 根据配电装置的图纸，说明主接线的连接方式。

　　(3) 能说出配电装置图中各个设备的连接和作用。

【相关知识】

　　为了表示整个配电装置的结构，以及其中设备的布置和安装情况，通常用三种图说明，即平面图、断面图和配置图。

平面图是按比例画出房屋及其间隔、走廊和出口等处的平面布置轮廓。平面图上的间隔只是为了确定间隔数及其排列位置，并不画出其中所装设备。

断面图是表明配电装置某间隔所取断面中，各设备的相互连接及其具体布置的结构图。断面图按比例画出。

配置图是一种示意图，是按一定方式根据实际情况表示配电装置的房屋走廊、间隔以及设备在各间隔内布置的轮廓。它不按比例画出，故不表明具体的设备安装情况。配置图主要是便于了解整个配电装置设备的内容和布置，以便统计采用的主要设备。

【任务实施】

以小组为单位，读懂所提供的配电装置图纸（见图7-11～图7-14），并分析各设备之间的连接与布置情况。

（1）110kV屋外配电装置图例。

（2）220kV屋外配电装置图例。

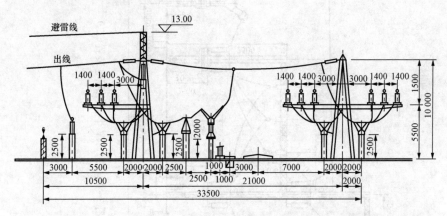

图7-11 110kV双母线带旁路母线管母屋外普通中型配电装置

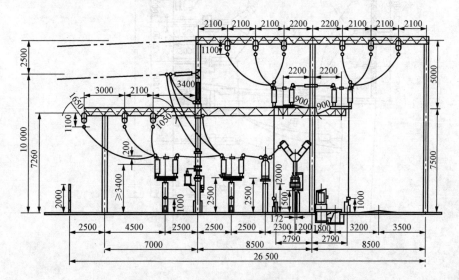

图7-12 110kV半高型配电装置（一）

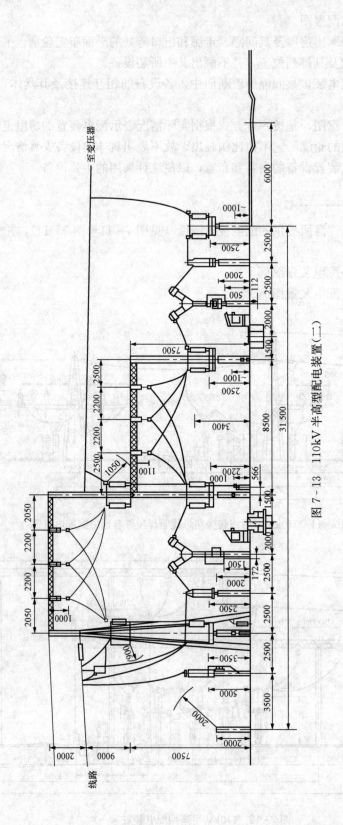

图 7 - 13　110kV 半高型配电装置(二)

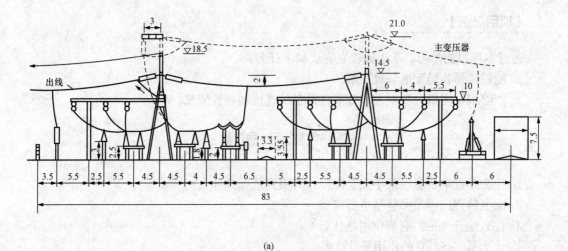

(a)

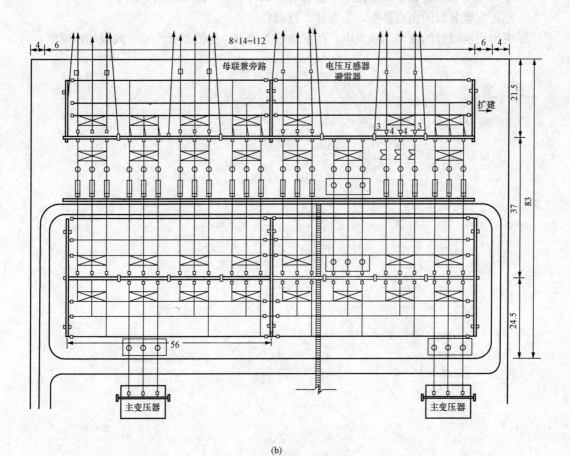

(b)

图 7 - 14 220kV 双母线带旁路母线普通中型配电装置

(a) 断面图；(b) 平面图

【项目总结】

通过本项目的学习，学生能独立完成如下任务：

1. 能够读懂各类配电装置图纸。

2. 能够根据图纸分析配电装置中各设备的连接和布置情况。

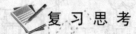 复 习 思 考

1. 什么是配电装置的最小安全净距？其决定依据是什么？

2. 配电装置应满足哪些基本要求？

3. 什么是开关柜？它的作用是什么？

4. 什么是 GIS？它的作用是什么？

5. 屋外中型、高型和半高型配电装置各有什么特点？应用在什么情况下？

6. 描述配电装置的图有哪些，各有什么特点？

7. 说出所参观过的变电站或发电厂的配电装置类型，并简要画出某一间隔的断面图。

参 考 文 献

[1] 黄兴泉，郭琳. 电气设备运行与检修. 北京：中国电力出版社，2010.
[2] 曲在辉. 变电设备检修实训. 北京：中国电力出版社，2010.
[3] 李晓南. 变电检修. 北京：中国电力出版社，2007.
[4] 李开勤，肖艳萍. 电气设备检修. 北京：中国电力出版社，2011.
[5] 杨娟. 电气运行技术. 北京：中国电力出版社，2009.
[6] 凌子恕. 高压互感器技术手册. 北京：中国电力出版社，2005.
[7] 黄绍平，李永坚，秦祖泽. 成套电器技术. 北京：机械工业出版社，2005.
[8] 国家电网公司. 高压开关设备管理规范. 北京：中国电力出版社，2006.
[9] 陈家斌. 变电设备运行异常及故障处理技术. 北京：中国电力出版社，2009.
[10] 陈化钢，张开贤，程玉兰. 电力设备异常运行及事故处理. 北京：中国水利水电出版社，2008.
[11] 单文培，单欣安，王兵. 电气设备安装运行与检修. 北京：中国水利水电出版社，2008.
[12] 丁颖. 变电设备及运行处理. 北京：中国电力出版社，2007.
[13] 张利生. 高压并联电容器运行及维护技术. 北京：中国电力出版社，2006.
[14] 陈家斌. 常用电气设备倒闸操作. 北京：中国电力出版社，2006.